BestMasters

Mit „BestMasters" zeichnet Springer die besten Masterarbeiten aus, die an renommierten Hochschulen in Deutschland, Österreich und der Schweiz entstanden sind. Die mit Höchstnote ausgezeichneten Arbeiten wurden durch Gutachter zur Veröffentlichung empfohlen und behandeln aktuelle Themen aus unterschiedlichen Fachgebieten der Naturwissenschaften, Psychologie, Technik und Wirtschaftswissenschaften. Die Reihe wendet sich an Praktiker und Wissenschaftler gleichermaßen und soll insbesondere auch Nachwuchswissenschaftlern Orientierung geben.

Springer awards **"BestMasters"** to the best master's theses which have been completed at renowned Universities in Germany, Austria, and Switzerland. The studies received highest marks and were recommended for publication by supervisors. They address current issues from various fields of research in natural sciences, psychology, technology, and economics. The series addresses practitioners as well as scientists and, in particular, offers guidance for early stage researchers.

Hannes Matt

Erzählungen und Wirklichkeit unternehmerischer Nachhaltigkeit

Konflikte in der Messung und Steuerung der ökologischen Nachhaltigkeit von Unternehmen

Hannes Matt
Universität der Künste Berlin
Berlin, Deutschland

ISSN 2625-3577   ISSN 2625-3615 (electronic)
BestMasters
ISBN 978-3-658-46539-1   ISBN 978-3-658-46540-7 (eBook)
https://doi.org/10.1007/978-3-658-46540-7

Die Deutsche Nationalbibliothek verzeichnet diese Publikation in der Deutschen Nationalbibliografie; detaillierte bibliografische Daten sind im Internet über https://portal.dnb.de abrufbar.

© Der/die Herausgeber bzw. der/die Autor(en), exklusiv lizenziert an Springer Fachmedien Wiesbaden GmbH, ein Teil von Springer Nature 2024

Das Werk einschließlich aller seiner Teile ist urheberrechtlich geschützt. Jede Verwertung, die nicht ausdrücklich vom Urheberrechtsgesetz zugelassen ist, bedarf der vorherigen Zustimmung des Verlags. Das gilt insbesondere für Vervielfältigungen, Bearbeitungen, Übersetzungen, Mikroverfilmungen und die Einspeicherung und Verarbeitung in elektronischen Systemen.
Die Wiedergabe von allgemein beschreibenden Bezeichnungen, Marken, Unternehmensnamen etc. in diesem Werk bedeutet nicht, dass diese frei durch jede Person benutzt werden dürfen. Die Berechtigung zur Benutzung unterliegt, auch ohne gesonderten Hinweis hierzu, den Regeln des Markenrechts. Die Rechte des/der jeweiligen Zeicheninhaber*in sind zu beachten.
Der Verlag, die Autor*innen und die Herausgeber*innen gehen davon aus, dass die Angaben und Informationen in diesem Werk zum Zeitpunkt der Veröffentlichung vollständig und korrekt sind. Weder der Verlag noch die Autor*innen oder die Herausgeber*innen übernehmen, ausdrücklich oder implizit, Gewähr für den Inhalt des Werkes, etwaige Fehler oder Äußerungen. Der Verlag bleibt im Hinblick auf geografische Zuordnungen und Gebietsbezeichnungen in veröffentlichten Karten und Institutionsadressen neutral.

Planung/Lektorat: Karina Kowatsch
Springer Gabler ist ein Imprint der eingetragenen Gesellschaft Springer Fachmedien Wiesbaden GmbH und ist ein Teil von Springer Nature.
Die Anschrift der Gesellschaft ist: Abraham-Lincoln-Str. 46, 65189 Wiesbaden, Germany

Wenn Sie dieses Produkt entsorgen, geben Sie das Papier bitte zum Recycling.

Danksagung

Für die Unterstützung beim Verfassen dieser Masterthesis möchte ich mich bei einigen Personen herzlich bedanken. Dieser Dank geht an meine Kolleginnen und Kollegen von United Sustainability Anna Katharina Meyer, Dr. Kalle Bendias, Dr. Dirk Hamann, Prof. Dr. Günter Koch und Dr. Daniel Dahm. Der Austausch mit ihnen inspirierte mich maßgeblich zu dieser Arbeit. Günter gebührt der Dank für die Einreichung der Arbeit zur Publikation in der Springer BestMaster Reihe. Besonderes dankbar bin ich Daniel, der durch die gemeinsame Arbeit und viele Gespräche mein Denken seit vielen Jahren prägt. Seine Ideen zu Nachhaltigkeit durchdringen den Text dieser Arbeit an vielen Stellen und sein Buch *Sustainability Zeroline* (2019) war für sie ideengebend. Mein Dank geht ebenso an Chiara Welter, Martina Matt und Walter Ziser, welche die Arbeit durch wertvolle Anmerkungen bereichert haben.

Vorab

There is story told of a very famous and very rich CEO who was worried that his stakeholders did not love him as they should. He called in all the most expensive consultants from across the land and from over the seas. And they came from far and wide to suggest how the CEO might get his stakeholders to love him as they should. But none of the consultants could suggest anything to please the CEO and each of them was dismissed to return to their homes in disgrace until one consultant announced:

„*What you need, sire, is a triple bottom line!*"

„*And how might I gain one of those?*" *Asked the CEO.*

„*Oh that is simple, sire, a sustainability cloak for all the stakeholders to see! It will be spun of the very finest and most subtle of all concepts and evidence. Once you don the cloak and walk amongst your stakeholders it will convince all of them that you have a triple bottom line and that is all very well indeed throughout all the industry.*"

„*In that case*" *stated the CEO, well-pleased with what he had heard* „*you shall make one of these for me immediately.*"

And it was done. A sustainability cloak of the very finest and most subtle of evidence and concepts was created especially for the CEO and all the board members looked at it and said:

„*This is so very fine it is truly the most marvelous of all cloaks.*"

And the external verifiers also looked at it and said „This cloak is of the very finest of constructs, it exemplifies state of the art technologies and it is in truth a very fair cloak."

And the CEO announced, „I will wear this cloak and I will go forth and hold dialogue with my stakeholders."

And the CEO walked amongst his stakeholders and held dialogue with them. And all of the stakeholders were in awe of this new triple bottom line and murmured to themselves „this is truly a very fine sustainability cloak." *And they nodded their heads because all was clearly very well with the industry.*

But then one small campaigner, sitting on the shoulders of its NGO, shouted:

„But the CEO is naked! He has no triple bottom line! His ecological footprint is still growing! His business increases wealth disparities! There is no sustainability cloak."

And all the people were shocked and fell back in horror. But the mayor, and the prime minister and all the other politicians who worked for the CEO stepped in and removed the NGO's funding and sent the campaigner away to work for a pittance in some out of the way place doing community social audits. So all was well again and they all lived happily ever after (just as in ordinary fairy stories) – or at least they did until it became apparent even to the government and the media that sustainability was a real thing and that no amount of rhetoric or optimism was going to re-introduce species, stop people starving or allow society to exercise control over the economy.

The cloak of sustainability, Rob Gray (2002)

Inhaltsverzeichnis

1	Einleitung	1
2	**Methodik und Hintergrund**	3
	2.1 Vorgehen	3
	2.2 Zielsetzung	5
	2.3 Methodik	7
	2.4 Starke Nachhaltigkeit als Orientierung und Perspektive	9
	2.5 Leitende Grundannahmen	12
	2.5.1 Scheitern der Nachhaltigkeitstransformation	12
	2.5.2 Greenwashing ist Status quo	14
	2.5.3 Unzulängliche Stakeholdertheorie	15
	2.5.4 Planetare Belastungsgrenzen als Maßstab Starker Nachhaltigkeit	17
	2.6 Systemimmanente Kritik und Pragmatismus	19
	2.7 Hintergrund und Relevanz	21
3	**Ideengeschichtliche und konzeptionelle Konflikte des Nachhaltigkeitsmanagements**	29
	3.1 Die Beginne der Umweltpolitik und die Entpolitisierung der Nachhaltigkeit	29
	3.2 Die Mär vom grünen Wachstum	35
	3.3 Naturkapital in der Schwachen und Starken Nachhaltigkeit	43
	3.4 Grundlegende konzeptionelle Konflikte des Nachhaltigkeitsmanagements	50
	3.4.1 Best-in-Class statt normativer Benchmark	50

	3.4.2	Mangelnde Evidenz	53
	3.4.3	Primat des Ökonomischen	55
	3.4.4	Un-nachhaltige Nachhaltigkeit – Eine begrifflichen Sinnentleerung	60

4 Nachhaltigkeitsreporting, -accounting und -risikomanagement 71
- 4.1 Nachhaltigkeitsreporting 71
  - 4.1.1 Geschichte des Nachhaltigkeitsreportings 72
  - 4.1.2 Wozu Nachhaltigkeitsreporting? 73
  - 4.1.3 GRI – Ziele & Zielerreichung 78
  - 4.1.4 GRI – Berichtsinhalt und Berichtsqualität 80
  - 4.1.5 GRI – Das Beispiel *Nike* 83
  - 4.1.6 GRI – Ausblick 86
  - 4.1.7 Integrated Reporting – Relevanz 89
  - 4.1.8 Integrated Reporting – <IR> Framework 90
  - 4.1.9 IFRS Foundation und ISSB 94
  - 4.1.10 ESRS-Vorschlag der EFRAG 101
  - 4.1.11 Fazit 104
- 4.2 Nachhaltigkeitsaccounting 108
  - 4.2.1 Geschichte des Nachhaltigkeitsaccountings 108
  - 4.2.2 Die Managerialisierung des Nachhaltigkeitsaccountings 110
  - 4.2.3 Von Managern und Kritikern 113
- 4.3 Nachhaltigkeitsrisikomanagement 116
  - 4.3.1 Risikokategorien 116
  - 4.3.2 Nachhaltigkeitsrisikomanagement – Mikro- und Makroebene 123
  - 4.3.3 Nachhaltigkeitsrisikomanagement – Ansätze auf der Mikroebene 124
- 4.4 Unzulänglichkeiten des gegenwärtigen Nachhaltigkeitsmanagements 127
  - 4.4.1 Stakeholdertheorie und CSR – Die Suche nach einer theoretischen Basis 127
  - 4.4.2 A Business Case for *weak* Sustainability 133
  - 4.4.3 Nachhaltigkeitsmanagement im Kontext der ökologischen Wirklichkeit? 135
  - 4.4.4 Datengrundlagen des Nachhaltigkeitsmanagements 146

5	**Von Schwacher Nachhaltigkeit zum Methodenstandard einer regenerativen Ökonomie**	151
	5.1 Ökologischer Kontext als naturwissenschaftliche Basis	159
	5.2 Naturkapitalaccounting als Datengrundlage	169
	5.3 Risikomanagement – Die Verbindung der Mikro- mit der Makroebene	178
	5.4 Ecosystem Restoration und Stakeholderinklusion	182
6	**Schluss**	185
Literaturverzeichnis		189

Abkürzungsverzeichnis

A4S	Accounting for Sustainability
AESA	absolute environmental sustainability assessment
ARCS	Alliance for Research on Corporate Sustainability
BBC	British Broadcasting Corporation
BMUV	Bundesministerium für Umwelt, Naturschutz, nukleare Sicherheit und Verbraucherschutz
BMZ	Bundesministerium für wirtschaftliche Zusammenarbeit
bpb	Bundeszentrale für politische Bildung
BSI	British Standards Institution
CBA	cost-benefit-analysis
CBD	Convention on Biological Diversity (Übereinkommen über die biologische Vielfalt)
CCBA	Climate, Community & Biodiversity Alliance
CDP	Carbon Disclosure Project
CDSB	Climate Disclosure Standards Board
CEM	Commissions on Ecosystem Management
CERP	Certified Ecological Restoration Practitioner
CEV	Corporate Ecosystem Valuation
CFA	Chartered Financial Analyst
CNN	Cable News Network
CO_2	Kohlenstoffdioxid
CO_2e	CO_2 equivalents (CO_2 Äquivalente)
COP	Conference of the Parties
CPA	Certified Practising Accountant

CRIC e.V.	Corporate Responsibility Interface Center e.V.
CSR	Corporate Social Responsibility (gesellschaftliche Unternehmensverantwortung)
CSRD	Corporate Sustainability Reporting Directive
DAX	Deutscher Aktienindex
DDT	Dichlordiphenyltrichlorethan
DG ENV	Directorate General for Environment of the European Commission (Generaldirektion Umwelt der Europäischen Kommission)
DG RTD	Directorate General for Research and Innovation of the European Commission (Generaldirektion Forschung und Innovation der Europäischen Kommission)
DNK	Deutscher Nachhaltigkeitskodex
DRSC	Deutsches Rechnungslegungs Standards Committee
Ebd.	Ebenda
EEA	European Accounting Association; European Environment Agency; Europäische Freie Allianz
EFFAS	European Federation of Financial Analysts Societies
EFRAG	European Financial Reporting Advisory Group
EIA	Environmental Impact Assessment der UNEP
EIB	economic intensity boundaries
EIO-LCA	economic input–output life cycle assessment
ELD	The Economics of Land Degradation
ERM	enterprise risk management; Environmental Resources Management
ESG	Environmental, Social, Governance (Anlagekriterien)
ESMA	European Securities and Markets Authority (Europäische Wertpapier- und Marktaufsichtsbehörde)
ESRS	European Sustainability Reporting Standards
EU	Europäische Union
EZB	Europäische Zentralbank
FAO	Food and Agriculture Organization of the United Nations (Ernährungs- und Landwirtschaftsorganisation der Vereinten Nationen)
FASB(I)	Financial Accounting Standards Board (Interpretations)
FCA	full cost accounting
FCA	Full Cost Accounting

FCCC	United Nations Framework Convention on Climate Change (Rahmenübereinkommen der Vereinten Nationen über Klimaänderungen)
GFN	Global Footprint Network
GHG	greenhouse gas (Treibhausgas)
GLS	Gemeinschaftsbank für Leihen und Schenken
GRI (SRS)	Global Reporting Initiative (Sustainable Reporting Standards)
GS	Gold Standard Siegel
GWÖ	Gemeinwohl-Ökonomie
HDI	Human Development Index
HPI	Happy Planet Index
Hrsg.	Herausgeber
IASB	International Accounting Standards Board
ICC	International Chamber of Commerce (Internationale Handelskammer)
IFRS	International Financial Reporting Standards Foundation
IIPP	Institute for Innovation and Public Purpose
IIRC	International Integrated Reporting Council
INCA	Accounting for ecosystems and their services in the European Union
IPBES	Intergovernmental Platform on Biodiversity and Ecosystem Services (Weltbiodiversitätsrat)
IPCC	International Panel on Climate Change (Weltklimarat)
IR	Integrated Reporting
ISO	International Organization for Standardization (Internationale Organisation für Normung)
ISSB	International Sustainability Standards Board
IUCN	International Union for Conservation of Nature (Weltnaturschutzunion)
JRC	Joint Research Centre of the European Commission (Gemeinsame Forschungsstelle der Europäischen Kommission)
KIT	Karlsruher Institut für Technologie
KSG	Bundes-Klimaschutzgesetz
LCA	product life-cycle assessment (Lebenszyklusanalyse)
LCC	Life Cycle Costing
LkSG	Lieferkettensorgfaltspflichtengesetz
MCED	Ministerial Conference on Environment and Development
NABU	Naturschutzbund Deutschland e.V.

NCP	Natural Capital Protocol
NEF	New Economics Foundation
NFRD	Non-Financial Reporting Directive
NGFS	Network of Greening the Financial System
NGO	Non-governmental organization (Nichtregierungsorganisation)
OECD	Organisation for Economic Co-operation and Development (Organisation für wirtschaftliche Zusammenarbeit und Entwicklung)
PB	planetary boundaries (planetare Grenzen)
PBL	Planbureau voor de Leefomgeving (Netherlands Environmental Assessment Agency)
PIK	Potsdam Institut für Klimafolgenforschung
PLM	product life-cycle management (Produktlebenszyklusmanagement)
PR	Public Relations
PRI	Principles for Responsible Investment
PROSA	Product Sustainability Assessment des Öko-Instituts
PTF-ESRS	Project Task Force on European sustainability reporting standards
RD	Rio Declaration on Environment and Development (Rio-Erklärung über Umwelt und Entwicklung)
RNE	Rat für Nachhaltige Entwicklung
S.	Seite
SASB	Sustainability Accounting Standards Board
SDG(s)	UN Sustainable Development Goal(s) (Ziele für nachhaltige Entwicklung der Vereinten Nationen)
SEC	US Securities and Exchange Commission
SEEA	System of Environmental-Economic Accounting
SER	Society for Ecological Restoration
SNA	System of National Accounts
TCFD	Task force on Climate-related Financial Disclosures
TEEB	The Economics of Ecosystems & Biodiversity
TMG	Töpfer, Müller, Gaßner GmbH – Think Tank for Sustainability
TNFD	Taskforce on Nature-related Financial Disclosures
UBA	Umweltbundesamt
UN	United Nations (Vereinte Nationen)
UNCCD	United Nations Convention to Combat Desertification (Übereinkommen der Vereinten Nationen zur Bekämpfung der Wüstenbildung)

UNDP	United Nations Development Programme (Entwicklungsprogramm der Vereinten Nationen)
UNEP	United Nations Environment Programme (Umweltprogramm der Vereinten Nationen)
UNEP FI	United Nations Environment Program Finance Initiative (Finanz-Initiative des Umweltprogramms der Vereinten Nationen)
UNEP-WCMC	UNEP World Conservation Monitoring Centre (Weltüberwachungszentrum für Naturschutz)
UNFCCC	United Nations Framework Convention on Climate Change (Rahmenübereinkommen der Vereinten Nationen über Klimaänderungen)
UNSD	United Nations Statistics Division (statistische Division der Vereinten Nationen)
US	United States
VCS	Verified Carbon Standard
VDI	Verein Deutscher Ingenieure
Vgl.	Vergleiche
VRF	Value Reporting Foundation
WBCSD	World Business Council for Sustainable Development
WEF	World Economic Forum
WG	Working Group
WI	Worldwatch Institute
WMO	World Meteorological Organization
WRI	World Ressource Institute
WWF	World Wide Fund For Nature

Abbildungsverzeichnis

Abbildung 2.1	Global Overshoot	14
Abbildung 2.2	Die planetaren Grenzen 2022	24
Abbildung 3.1	Globale Entwicklung des BIP und des Material-Fußabdrucks	39
Abbildung 4.1	Doppelte Wesentlichkeit nach TNFD 2022	106
Abbildung 5.1	AESA Framework nach Bjørn et al. 2018	160
Abbildung 5.2	Die Sustainability Zeroline nach Dahm 2019	169

Einleitung 1

At this juncture in our history, as corporations and governments turn their attention to sustainability, it is crucial that the meaning of sustainability not get lost in the trappings of corporate speak [...]. I am concerned that good housekeeping practices such as recycled hamburger shells will be confused with creating a just and sustainable world.

Paul Hawken 2002

„I still believe the biggest danger is not inaction, the real danger is when politicians and CEOs are making it look like real action is happening when in fact almost nothing is being done apart from clever accounting and creative PR."

Greta Thunberg, Rede auf der COP25 2019[1]

In der Fachliteratur herrscht die Diagnose vor, dass das gegenwärtige System des Nachhaltigkeitsmanagements in Wahrheit keine Nachhaltigkeit managt. Vielmehr ist es vor allem für zwei Zwecke ausgelegt: Zum einen bietet es Unternehmen erzählerische Rahmen, um sich öffentlichkeitswirksam als verantwortungsvolle Wirtschaftsakteure zu entwerfen. Zum anderen soll es Investorinnen dabei unterstützen, ihre Anlagen vor den Risiken des Umwelt- und Klimakatastrophe zu bewahren – *clever accounting and creative PR*, wie Greta Thunberg diese beiden Zwecke im Eingangszitat richtig benennt.

Nicht nur ist dieses System ungeeignet, zwischen solchen unternehmerischen Aktivitäten, die dem Erhalt der menschlichen Lebensgrundlagen auf dem Planeten Erde förderlich, und solchen, die diesem Ziel abträglich sind, zu unterscheiden. Seine gegenwärtigen Funktionen stehen sich jenem Ziel diametral entgegen: Denn

---

[1] Für die ganze Rede siehe: Extinction Rebellion UK 2019.

während Investoren vor allem nach Transparenz über die *tatsächlichen* Nachhaltigkeitswirkungen von Unternehmen verlangen, profitieren die Unternehmen selbst vor allem von deren Verschleierung und Beschönigung. Gleichzeitig ist um die Themen unternehmerischer Nachhaltigkeit ein profitabler Markt für Standardsetzer, ESG-Rating Anbieter, CSR-Beratungen (Corporate Social Responsibility, gesellschaftliche Unternehmensverantwortung) und PR-Agenturen entstanden, der das bestehende System zementiert und seine fundamentalen Unzulänglichkeiten mittels inkrementeller Innovationen in die Zukunft extrapoliert. Die wissenschaftlichen Analysen vieler kritischer Beobachterinnen dieses Systems haben sich in den letzten circa drei Jahrzehnten kaum auf die unternehmerische Praxis ausgewirkt oder blieben unbeachtet.

In diesem Umfeld konnte sich die ursprüngliche Idee der Nachhaltigkeit, nämlich dass die Bewertung von Nachhaltigkeit vor dem Hintergrund ökologischer und sozialer Kapazitäten und Belastungsgrenzen erfolgen muss und niemals ohne diese und dass sich alle Wirtschaftsakteure und -aktivitäten an der Einhaltung dieser Grenzen messen lassen müssen, nicht durchsetzen. Ihr Ideal spiegelt sich in den Methoden und Standards des heutigen Nachhaltigkeitsmanagements nicht wider, weshalb diese nicht zum Gelingen der Nachhaltigkeitstransformation und der Bewahrung der Grundlagen menschlichen Lebens auf dem Planeten Erde beitragen, sondern diese Ziele entscheidend hemmen.

Die vorliegende Masterthesis hat die Analyse der Methoden und Standards des Nachhaltigkeitsmanagements sowie deren Entstehungsgeschichte zum Gegenstand. Der Autor möchte ergründen, weshalb die heutigen Methodenstandards für die Messung und Steuerung von Nachhaltigkeit in Unternehmen ungeeignet sind. Aufbauend auf der einschlägigen Literatur beleuchtet die Arbeit hierzu zunächst die historischen Kontexte sowie die zentralen Diskurse der vergangenen 60 Jahre, die Einfluss auf die Auslegung von Nachhaltigkeit und ihre methodische Operationalisierung im Unternehmensmanagement hatten. Alsdann unterzieht sie die gegenwärtigen Methodenstandards einer kritischen Analyse und arbeitet ihre grundlegenden Konflikte und Unzulänglichkeiten heraus. Zuletzt zeichnet sie auf dieser Grundlage sowie durch die Betrachtung der bestehenden methodischer Ansätze, die über den Status quo des Nachhaltigkeitsmanagements hinausreichen, den Rahmen für einen zukunftsfähigen Methodenstandard und diskutiert einige der in diesem Zusammenhang auftretenden methodischen Detailfragen.

Methodik und Hintergrund 2

2.1 Vorgehen

Gegenstand der vorliegenden Arbeit ist eine kritische Analyse des gegenwärtigen Entwicklungsstandes des Nachhaltigkeitsmanagements im Lichte der multiplen ökologischen Krise, welcher sich die Menschheit gegenübersieht. Entsprechend umfassen die Ziele der Arbeit

(a) eine Analyse der Ideengeschichte der Nachhaltigkeit mit Hinblick auf die heutigen Methodenstandards des Nachhaltigkeitsmanagements sowie eine Analyse der grundlegenden konzeptionellen und begrifflichen Konflikte dieser Ideengeschichte, darauf aufbauend,
(b) eine kritische Analyse der heute gängigen Methodenstandards für Nachhaltigkeitsmanagement in Unternehmen und zuletzt
(c) eine abschließende Beschreibung der Bedingungen und Möglichkeiten der Überwindung der Unzulänglichkeiten dieser Methodenstandards, sowie der hierzu bestehenden Ansätze und Initiativen.

Im ersten Teil (Kapitel 3) geht die Arbeit der Ideengeschichte der Nachhaltigkeit seit dem Beginn der modernen Umweltpolitik in den 1960er Jahren nach. Die erstmalige Institutionalisierung der Umweltpolitik durch nationale Umweltämter, die Gründung transnationaler Organisationen wie der UNEP (United Nations Environment Programme, Umweltprogramm der Vereinten Nationen) und die ersten multilateralen Umweltabkommen prägten die Auslegung und Deutung von Nachhaltigkeit, deren Organisation und folglich auch die Methoden des Nachhaltigkeitsmanagements, ebenso wie die in Wissenschaft, Politik, Wirtschaft und Zivilgesellschaft geführten Nachhaltigkeitsdiskurse, beispielsweise über ‚grünes

Wachstum'[1], das *Drei-Säulen-Modell*[2] und das Verhältnis von Natur- zu Sachkapital[3]. Hierdurch wird (entsprechend Ziel (a)) zunächst ein kritisches Verständnis für den ideengeschichtlichen Kontext, aus dem die heutigen Methodenstandards für das Management von Nachhaltigkeit hervorgegangen sind, geschaffen, sowie für die herbei zentralen konzeptionellen und begrifflichen Konflikte.

Ausgehend von dieser Basis werden im zweiten Teil (Kapitel 4) die gängigen Methodenstandards des Nachhaltigkeitsmanagements, konkret der Nachhaltigkeitsberichterstattung (Sustainability Reporting), des Nachhaltigkeitsaccountings (Sustainability Accounting) und des Nachhaltigkeitsrisikomanagements (Sustainability Risk Management) kritisch analysiert. Ihre methodischen Umzulänglichkeiten für das Management und die Steuerung *Starker* Nachhaltigkeit (↓ Abschnitt 2.5) werden, aufbauend auf der einschlägigen Literatur, herausgearbeitet und kontextualisiert. (Ziel b)

Da es den Rahmen der Arbeit sprengen würde, alle existierenden Methoden des Nachhaltigkeitsmanagement zu betrachten, nimmt die Arbeit jene Methoden in den Fokus, die derzeit als Standards im Nachhaltigkeitsmanagement erachtet werden. Dies wird zum einen daran bemessen, welche Anzahl an Unternehmen sich sektorenübergreifend und international an diesen Standards orientiert, und zum anderen daran, welche Bedeutung den Standards in der einschlägigen Literatur, von den standardsetzenden Institutionen sowie von den politischen Regulierungsinstitutionen zugeschrieben wird. Der Fokus der standardsetzenden und regulierenden Institutionen liegt derzeit auf großen, oft multinationalen Unternehmen, wobei kleine und mittlere Unternehmen von dieser bisher nicht explizit adressiert werden. Entsprechend wird auf Ersteren auch der Fokus der Arbeit liegen. Auch wird im Rahmen dieser Arbeit keine erschöpfende Betrachtung aller Konflikte und Unzulänglichkeiten der Standards für Nachhaltigkeitsmanagement geleistet werden können. Sie orientiert sich daher am Leitkonzept Starker Nachhaltigkeit. Aus dieser Perspektive lassen sich einige Konflikte als fundamental identifizieren. Hinsichtlich der Dimensionen der Nachhaltigkeit wird es, ebenfalls um den Rahmen der Arbeit einzuengen, primär um die *ökologische* Dimension gehen, während soziale und kulturelle Aspekte nur am Rande oder exemplarisch behandelt werden.

---

[1] Siehe hierzu: Sachs 2005; Kungl 2021.
[2] Siehe hierzu: Dahm 2019.
[3] Siehe hierzu: Döring et al. 2007; Jollands et al. 2019.

Im letzten Teil der Arbeit (Kapitel 5) steht ein Ausblick. Die gewonnen Erkenntnisse werden im Lichte der derzeitigen Bemühungen um einen zukünftigen Methodenstandard für eine Regenerative Ökonomie[4], wie er unter anderem durch die *UN Decade on Ecosystem Restoration*[5] von UNEP und FAO (Food and Agriculture Organization of the United Nations, Ernährungs- und Landwirtschaftsorganisation der Vereinten Nationen) anvisiert wird, betrachtet. Entlang der kritischen Analyse sollen die grundlegenden Anforderungen eines solchen neuen Standards im Sinne Starker Nachhaltigkeit und der Notwendigkeit des (Wieder-)Aufbaus der natürlichen Lebensgrundlagen skizziert, die in diesem Kontext zentralen Akteure und methodischen Ansätze benannt und einige der methodischen Detailfragen und Fallstricke diskutiert werden.

2.2 Zielsetzung

Die Arbeit strebt an, auf Basis der einschlägigen Literatur, Studien und Empirie über die drei Kapitel hinweg die folgende Argumentation zu entwickeln: Aus der Perspektive Starker Nachhaltigkeit – welche die einzige Auslegung des Begriffs der Nachhaltigkeit ist, der konzeptionell den Erhalt der Grundlagen menschlichen Lebens auf dem Planeten Erde anvisiert – erweisen sich die gegenwärtigen Methodenstandards für das Management von Nachhaltigkeit in Unternehmen, ebenso wie viele der derzeitigen Bemühungen um Weiterentwicklung und Harmonisierung derselben, als ungeeignet. Sofern Unternehmen, wie dies in Politik, Wirtschaft, Wissenschaft und Gesellschaft seit drei Jahrzehnten zunehmend der Fall ist, als zentrale Gestalter der Nachhaltigkeitstransformation betrachtet werden, und diese Transformation innerhalb und unter Aufrechterhaltung der bestehenden wirtschaftlichen Ordnung erfolgen soll, sind diese Methodenstandards zentral für das Gelingen oder Misslingen jener Transformation. Nur die Umsetzung Starker Nachhaltigkeit in den Methodenstandards kann es leisten, die wirtschaftlichen Aktivitäten innerhalb der planetaren Belastungsgrenzen zu halten, die natürlichen Lebensgrundlagen der Menschen zu erhalten und so ökologische Katastrophen zu verhindern oder zumindest einzudämmen.

Das Konzept der Starken Nachhaltigkeit dient hierbei als analytische Perspektive. Vier weitere Grundannahmen (Abschnitt 2.4) dienen als Ausgangspunkt und Orientierung der Erkenntnissuche. In vier Einschüben (Kapitel I, II, III und IV)

---

[4] Siehe hierzu: Dahm 2021.
[5] decadeonrestoration.org.

sollen relevante Wissensbausteine, die nicht unmittelbar Teil des Argumentationsstranges sind, deren Verständnis aber wichtig für denselben ist, ausgeführt werden. Zudem führt die Arbeit Hintergrundinformationen in den Fußnoten an und stellt darüber hinaus einen breiten Fundus weiterführender Literatur zur Verfügung.[6]

Der Autor wählt zur Entwicklung seiner Argumentation zudem einen ‚pragmatischen' Ansatz. Das bedeutet, dass er in weiten Teilen zwar Kritik an den herrschenden Konzepten und Methoden des Nachhaltigkeitsmanagements übt, aber hierdurch doch die Verbesserung derselben zum Ziel hat. Folglich soll die Kritik anschlussfähig, und die vorgeschlagenen Maßnahmen praktikabel sein. Die Arbeit wird daher zum einen, insbesondere ab Abschnitt 4.2, Vorschläge zur Veränderung der kritisierten Umstände anzubieten, die dann am Ende des zweiten Teils zusammengeführt und, im letzten Teil, perspektivisch erweitert werden. Diese Vorschläge werden weitestgehend innerhalb der bestehenden Systemlogiken verbleiben, also anschlussfähig für die derzeitigen Systeme des Nachhaltigkeitsmanagements, die Ordnungspolitik, sowie die Management- und Finanztheorie sein.

---

[6] Steht in der Fußnote nur der Quellenverweis (sofern möglich, mit Seitenangabe) handelt es sich um ein direktes Zitat. Ein solches ist im Text stets mit Anführungszeichen kenntlich gemacht. Sofern nicht mit „Hervorhebung(en) durch den Autor", „Übersetzung durch den Autor" oder eckige Klammern innerhalb des Zitats gekennzeichnet, wurden keine Änderungen vorgenommen. Bei Quellen ohne Seitenzahlen entfällt die Angabe derselben;

Sind die Quellenverweise mit „vgl." angeführt, hat der Autor die dort befindlichen Quelle oder Textstellen nicht wörtlich, aber getreu des Inhalts oder der Informationen wiedergegeben;

Steht „siehe hierzu" oder „siehe hierzu exemplarisch", bildet die genannte Quelle oder Textstelle die inhaltliche Grundlage für die Herleitungen oder Argumentationen des Autors;

Steht „siehe auch", handelt es sich beim Quellenverweis um weiterführende oder ergänzende Inhalte, die jedoch nicht zentral für das Belegen der Herleitung oder Argumentation des Autors sind;

Steht in der Fußnote ausschließlich der Quellenverweis (ohne Seitenangabe), und es handelt sich nicht um ein wörtliches Zitat, ist der Gegenstand der Quelle lediglich die dem Literaturverzeichnis entsprechende Benennung einer vom Autor im Fließtext benannten oder beschrieben Referenz;

An manchen Stellen wurden Internetlinks zu genannten Organisationen oder Initiativen angegeben.

2.3 Methodik

Da sich der Gegenstand der Arbeit auf Basis der bestehenden Literatur untersuchen lässt, bedient sie sich methodisch primär der Literaturanalyse (literature review). Hierbei stellten sich einige Herausforderungen, die der Autor im Folgenden kurz benennen und seinen Umgang damit schildern wird.

Hart (2001, S. 13) benennt diese Herausforderungen der Literaturanalyse wie folgt:

> „Die *Auswahl* verfügbarer (veröffentlichter und unveröffentlichter) Dokumente zum Thema, die Informationen, Ideen, Daten und Beweise enthalten, die von einem bestimmten Standpunkt aus geschrieben wurden, um bestimmte Ziele zu erreichen oder bestimmte Ansichten über die Art des Gegenstands und die Art und Weise, wie er untersucht werden soll, auszudrücken, sowie die *effektive Bewertung dieser Dokumente in Bezug auf die anvisierte Untersuchung*."[7]

Die erste Herausforderung war die Auswahl der relevanten einschlägigen Literatur. Hierbei legte der Autor für die drei Teile der Arbeit unterschiedliche Schwerpunkte. Im ersten Teil konzentrierte sich die Literaturrecherche und -analyse zunächst auf die zentralen politischen Dokumente wie Positionspapiere der Europäischen Union und der Vereinten Nationen, letztere insbesondere im Kontext der internationalen Umweltkonferenzen sowie die Rezeption derselben durch die Vertreterinnen der Positionen Starken Nachhaltigkeit.[8] Auf diese Weise wurden die für den Gegenstand der Arbeit zentralen konzeptionellen Konflikte innerhalb der Ideengeschichte der Nachhaltigkeit identifiziert. Für ein besseres Verständnis dieser Konflikte sowie die Verdeutlichung der Positionen der zitierten Autorinnen wurde an manchen Stellen die wissenschaftliche Primärliteratur zurate gezogen.

Im zweiten Teil musste zunächst festgelegt werden, welches die gegenwärtigen Methodenstandards für Nachhaltigkeitsmanagement sind. Wie bereits geschildert, orientierte sich die Auswahl vor allem an der Zahl der Unternehmen, von denen die jeweiligen Standards angewandt wurden, sowie an der ihnen zugeschriebenen Bedeutung in der einschlägigen Literatur und den politischen Positionspapieren. Ausgangspunkt für die Recherche waren folgende Einblicke: Die Europäische Kommission (2021, S. 5) nennen in ihrem Vorschlag zur Harmonisierung der

---

[7] Übersetzung und Hervorhebungen durch den Autor.
[8] Wenn im Text Vertreterinnen und Vertreter aller Geschlechter adressiert werden, hat der Autor abwechselnd die weibliche und die männliche Form verwendet, für juristische Personen und Institutionen das generische Maskulinum.

bestehenden Standards und Verbesserung der Nachhaltigkeitsberichterstattung (CSR-Richtlinienentwurf)[9] namentlich folgende Initiativen: Die International Financial Reporting Standards Foundation (IFRS), die Global Reporting Initiative (GRI), das Sustainability Accounting Standards Board (SASB), den International Integrated Reporting Council (IIRC), das Climate Disclosure Standards Board (CDSB) und das Carbon Disclosure Project (CDP).[10] Dahm (2019, S. 125–149) gibt einen systematischen Überblick über alle relevanten Berichterstattungs- und Umweltstandards, Siegel, ESG-Rankings und -Ratings und sonstigen Bewertungsmethoden für Nachhaltigkeit. Das Karlsruher Institut für Technologie (KIT) erstellte 2019 in einem Forschungsprogramm (Andes 2019) eine Methodensammlung für Nachhaltigkeitsbewertung. Entsprechend des Gegenstands der Arbeit wurden Bewertungsmethoden für Nachhaltigkeit nur insofern betrachtete, als sie Teil des *unternehmerischen* Managements von Nachhaltigkeit sind. Konkret wurden hierbei in der einschlägigen Literatur Nachhaltigkeitsreporting, -accounting und -risikomanagement als die zentralen Managementmethoden identifiziert. Bewertungsmethoden wurden nur berücksichtig, soweit sie in der Literatur als relevant und repräsentativ für den Gegenstand der Arbeit erachtet wurden.[11]

Die einschlägige Literatur wurde mit Hinblick auf das Leitprinzip *Starke Nachhaltigkeit* bewertet und entsprechend des pragmatischen Ansatzes der Arbeit selektiert. Es fanden vor allem solche Autoren Beachtung, welche die kritische Analyse der Praxis des Nachhaltigkeitsmanagements und ihrer Methodenstandards sowie die Entwicklung von Lösungsansätzen zum Ziel hatten. Um ihre

---

[9] Diese soll die bestehende CSR-Richtlinie 2014/95/EU (Europäisches Parlament & Rat 2014) ablösen.

[10] Dies deckt sich weitestgehend mit den von Barker & Eccles (2018, S. 16) und der EFRAG (2021, S. 130) als relevant identifizierten Reporting-Standards.

[11] Wenn Bewertungsmethoden nicht explizit behandelt wurden, lag dies unter anderem auch daran, dass sie nicht den Rang eines *Standards* in dem Sinne haben, dass sie von einer relevanten Anzahl von Unternehmen *international* angewendet werden (beispielsweise die *Gemeinwohl-Ökonomie*, GWÖ). Andere Methoden weißen gegenüber den behandelten Standards keine fundamentalen Unterschiede auf, beziehungsweise bleiben qualitativ hinter ihnen zurück (beispielsweise der *Deutsche Nachhaltigkeitskodex*, DNK). Viele Methoden aus dem Umfeld des Nachhaltigkeitsmanagements fanden ebenfalls keine Beachtung, da sie zwar Relevanz für die Bewertung von Nachhaltigkeit haben, jedoch nicht explizit im unternehmerischen Kontext (insbesondere Nachhaltigkeitssiegel). Andere fanden keine Beachtung, da sie, obwohl sie zwar weit verbreitet sind, keine Vorgaben machen, die substanziell und umfassend genug sind, um unternehmerisches Handeln zu steuern (vor allem Umweltmanagementstandards wie die ISO-14000er Reihe und Verhaltensstandards- und kodizes, wie die *Ziele für nachhaltige Entwicklung der Vereinten Nationen* (*UN Sustainable Development Goals*, SDGs), der *UN Global Compact* und die *OECD-Leitsätze für multinationale Unternehmen*).

kritischen Analysen nachvollziehen und exemplifizieren zu können, wurden alsdann die konkreten Rahmenwerke und Strategiepapiere der Methodenstandards sowie einige Anwendungen derselben aus der unternehmerischen Praxis betrachtet. Ob der Prädominanz der Praxis der Berichterstattung (insbesondere nach dem Standard der Global Reporting Initiative) im Feld des Nachhaltigkeitsmanagements wurde auch in der Analyse ein Fokus hierauf gewählt. Ein erheblicher Teil der Literatur befasst sich mit Nachhaltigkeitsmanagement rein aus Managementperspektive, geht also der Frage nach, welchen potenziellen Nutzen und welche strategische Relevanz Nachhaltigkeitsmanagement für die Performance von Unternehmen haben. Dieser ‚managementorientierte Zweig' wurde lediglich anhand einiger weniger Meta-Studien analysiert und darüber hinaus vielmehr problematisiert.

Im letzten Teil orientierte sich die Literaturrecherche an der Frage, welche gegenwärtigen Ansätze und Ideen für Nachhaltigkeitsmanagement dazu geeignet sind, Starke Nachhaltigkeit für Unternehmen zu operationalisieren. Der Fokus wurde hierbei vor allem auf Ansätze gelegt, welche entweder die *planetaren Grenzen* (*planetary Boundaries*, PB) oder vergleichbare Konzepte zu ihrem methodologischen Ausgangspunkt nehmen oder sich aber mit dem Leitbild der Wiederherstellung von Ökosystemen (Ecosystem Restoration) beziehungsweise dem Erhalt und (Wieder-)Aufbau der natürlichen Lebensgrundlagen auseinandersetzen.

2.4 Starke Nachhaltigkeit als Orientierung und Perspektive

Die Arbeit legt *Starke Nachhaltigkeit* (im englischen mit *strong* oder *deep sustainability* übersetzt[12]) als einzig sinnvolle Auslegung von Nachhaltigkeit, beziehungsweise als einzig sinnvolles Konzept für die Orientierung und Steuerung politischen Handelns im Kontext von Nachhaltigkeit zugrunde. Das Konzept wurde im deutschsprachigen Raum namentlich vor allem von dem Philosophen und Ethiker Konrad Ott und dem Ökonomen Ralf Döring geprägt.[13] Unter dem Begriff ‚Umweltraum' (die Menge an natürlichen Ressourcen, die genutzt werden können, ohne die Regenerationsfähigkeit der Ökosysteme überzustrapazieren) war Starke Nachhaltigkeit ein Leitprinzip der Studie *Zukunftsfähiges*

---
[12] Vgl.: Buriti 2018.
[13] Siehe hierzu: Döring 2004; Döring & Ott 2001. Siehe auch: Landrum 2017. Für kritische Perspektiven auf das Konzept siehe: Sagoff 1995; Weidema & Brandão 2015.

Deutschland des Wuppertal Instituts (1996), die maßgebend für den Nachhaltigkeitsdiskurs in Deutschland war.[14] Starke Nachhaltigkeit wurde als Antwort auf die zunehmend vage Auslegung des Nachhaltigkeitsbegriffs in politischen Diskursen entwickelt und um demgegenüber einen verbindlicheren Orientierungsrahmen entlang naturwissenschaftlicher Kriterien für politisches Handeln und ordnungspolitische Maßnahmen zu bieten.[15]

Das Konzept ist in seinem Grundgedanken bestechend einfach: Es gibt vor, dass Naturkapitalbestände über die Zeit hinweg mindestens konstant gehalten werden müssen. Jede (ökonomische) Aktivität, die – absolut gesehen – zum Abbau von Naturkapital[16] und folglich in der Regel zur Minderung der Integrität der natürlichen Lebensgrundlagen beiträgt (oder anders formuliert: negative Wirkungen in Naturkapitalien und Gemeingüter *externalisiert*), ist demnach nicht nachhaltig.[17] *Zukunftsverantwortung*[18], *Lebensdienlichkeit* und *Zukunftsfähigkeit*[19] sind Begriff, die im Zusammenhang mit Starker Nachhaltigkeit geprägt wurden. Anknüpfend an die Brundtland-Definition der Nachhaltigkeit (↓ Abschnitt 3.4.4) haben alle Auslegungen Starker Nachhaltigkeit gemein, dass sie den Erhalt der Integrität der natürlichen Umwelt der Erde (ihrer Naturkapitalien) für die Verwirklichung intergenerationaler Gerechtigkeit *unbedingt* miteinschließen. Positionen *Schwacher Nachhaltigkeit* (*weak sustainability*) gehen

---

[14] Der SPIEGEL beispielsweise sprach ihr „gute Chancen" zu, „zur grünen Bibel der Jahrtausendwende zu werden." Vgl.: oekom 2017.

[15] Vgl.: Döring & Muraca 2010: S. 1.

[16] Naturkapital ist streng genommen ein unscharfer Begriff. Er hat sich in Praxis und Wissenschaft zwar durchgesetzt, wird aber verschiedentlich ausgelegt und definiert, was, wie wir im Weiteren sehen werden (↓ Abschnitt 3.3), in der Vergangenheit zu Konflikten führte, die sich zum Teil bis in die Gegenwart reproduzieren. Im Grunde meint Naturkapital die Gesamtheit der (materiellen) natürlichen Umwelt. Sofern es um die Relevanz der Natur für Ökonomie geht, wird ihr oft lediglich der Term *Kapital* angehängt. Naturkapital wird so oft zu einem ‚Alles-und-Nichts-Begriff'. Dies zeigt beispielsweise die Definition der Convention on Biological Diversity, CBD (2021) der UNEP: „Natural Capital can be defined as the world's stocks of natural assets which include geology, soil, air, water and all living things."

[17] Vgl.: Gray 1991. Dahm (2019) fordert über dem Erhalt des der verbleibenden Bestände an Naturkapital hinaus zudem den sukzessiven Wiederaufbau degradierter Bestände. Er verwendet in diesem Zusammenhang vorrangig den Begriff der natürlichen Lebensgrundlagen.

[18] Siehe hierzu: von Egan-Krieger et al. 2007.

[19] Siehe hierzu: Dahm 2019: S. 154: „Soll Nachhaltigkeit lebensdienlich sein, verlangt dies mehr als Substanzerhalt. Erst mit dem (Wieder-)Aufbau der degradierten Lebenssysteme und der Renaturierung und Rekultivierung der geschädigten Biokapazität des Planeten beginnt echte Zukunftsfähigkeit." Siehe auch: Dahm 2012.

2.4 Starke Nachhaltigkeit als Orientierung und Perspektive

demgegenüber davon aus, dass Naturkapitalien auch durch Sach- oder Humankapitalien substituiert (beziehungsweise negative Externalitäten durch Sachleistungen kompensiert) werden können, und somit intergenerationale Gerechtigkeit beispielsweise auch über Ausgleichszahlungen erreicht werden kann (↓ Abschnitt 3.3).

Wie die Arbeit zeigen wird, werden Vorstellungen und Konzepte, die Schwache Nachhaltigkeit repräsentieren, wie beispielsweise die Gleichrangigkeit, beziehungsweise das Nebeneinander ökonomischer mit sozialen und ökologischen Faktoren und die Vorstellung einer ökonomischen Dimension der Nachhaltigkeit, wie sie durch das Drei-Säulen-Modell nahegelegt wird, die Idee der Vereinbarkeit quantitativen Wirtschaftswachstums und Nachhaltigkeit durch Effizienzsteigerungen, Konzepte wie ‚grünes Wachstum' oder *Green Economy*, oder die Vorstellung, die verschiedenen Formen von Naturkapital durch Sach- und Humankapital substituieren zu können, aus der Perspektive der Starken Nachhaltigkeit abgelehnt und gelten unter ihren Vertretern oft als unwissenschaftlich. Die vorliegende Arbeit schließt sich dieser Sichtweise an.

Hieraus ergibt sich notwendigerweise auch die Ablehnung eines menschlichen Exzeptionalismus[20], also der Vorstellung, dass der Menschheit keine natürlichen/ökologischen Grenzen gesetzt sind, beziehungsweise sie außerhalb der Natur steht, und sie daher all ihrer Probleme mittels kulturellen Fortschritts und Technologie alleine Herrin werden kann. Man kann daran glauben, dass die Menschheit durch die richtigen Technologien im geeigneten Moment noch das Ruder wird herumreißen können. Es gibt aber bisher kaum Evidenz für diese Annahme (↓ Abschnitt 3.2) und erscheint obendrein riskant, sich auf sie zu verlassen:

„Each society is called upon to search for indigenous models of prosperity, which allow society's course to stay at a comfortable distance from the edge of the abyss, living graciously within a stable or shrinking volume of production. It is analogous to driving a vehicle at high speed towards a canyon – either you equip it with radar, monitors and highly trained personnel, correct its course and drive it as hard as possible along the rim, or you slow down, turn away from the edge and drive here and there without too much attention to precise controls. Too many global ecologists, implicitly or explicitly, favour the first choice."[21]

In Sachs' Analogie befinden wir uns weiter im Zustand der Beschleunigung. Jedoch beschleicht uns langsam aber sicher das ungute Gefühl, dass wir unser

---

[20] Siehe hierzu exemplarisch: Dunlap & Cotton 1994; Murdoch 2001. Für eine Bewertung von Exzeptionalismus im Kontext unternehmerischen Nachhaltigkeitsmanagements siehe: Milne & Gray 2012: S. 15.

[21] Sachs 2005: S. 36.

Fahrzeug nicht rechtzeitig zum Fliegen werden bringen können, gleichzeitig seine Steuerfunktionen zu versagen scheinen und uns nicht mehr genügen Bremsweg zur Verfügung steht.

2.5 Leitende Grundannahmen

Die Arbeit geht von einigen Grundannahmen aus, welche dann in den Folgekapiteln aufgegriffen und begründet werden. Neben der Perspektive Starker Nachhaltigkeit dienen diese als Orientierungskompass der Erkenntnissuche. Gleichzeitig spiegelt sich in diesen Grundannahmen aber auch die akademische Prägung des Autors und somit gewissermaßen auch Limitationen der Arbeit. Durch die Formulierung dieser Grundannahmen möchte der Autor den Leserinnen die Möglichkeit geben, seine Position nachvollziehen, hinterfragen und Stellung dazu beziehen zu können. Der Autor möchte sie dieser Stelle dazu ermutigen, seine Annahmen und deren Begründung, ebenso wie den auf diesem Fundament aufbauenden Argumentationsgang kritisch zu hinterfragen und etwaige Kritik, Ergänzungen oder Hinweise an ihn zurückzuspiegeln.

2.5.1 Scheitern der Nachhaltigkeitstransformation

Auf der Grundlage umfassender empirischer Evidenz geht die Arbeit von der Diagnose aus, dass die Transformation zu einer nachhaltigen oder nachhaltigeren Gesellschaft, gemessen an der ökologischen Integrität des Planten Erde, bisher umfassend scheitert.[22] Auf der einen Seite sind unsere naturwissenschaftlichen Kenntnisse der Energie- und Stoffkreisläufe des Planeten und seiner Ökosysteme in den letzten Jahrzehnten umfassender und valide geworden. Auch haben wir – das zeigt ein Blick in die Forschung um die planetaren Grenzen (↓ Abschnitt 2.6) – mindestens näherungsweise die Möglichkeiten zur praktischen

---

[22] Siehe hierzu unter anderem den *Ecological Wealth of Nations Report* des Global Footprint Network (GFN) (2010), den *Vital Signs Report* des Worldwatch Institute (WI) (2014), den UNEP (2019) *Global Environment Outlook*, den *Living Planet Report* des World Wide Fund For Nature (WWF) (2020), das *Millennium Ecosystem Assessment* des *World Resources Institute* (WRI) (2005), den *Human Development Report* des Entwicklungsprogramm der Vereinten Nationen (UNDP) (2020), den *Earth for All Report* an den Club of Rome (Dixson-Declève et al. 2022) sowie den aktuellen Sachstandsbericht des Weltklimarats (IPCC) (IPCC 2021; IPCC WGII 2022; IPCC WGIII 2022) und den gemeinsamen Workshops des IPCC mit dem Weltbiodiversitätsrat (IPBES) (Pörtner et al. 2021).

2.5 Leitende Grundannahmen

Operationalisierung dieser Kenntnisse, beispielsweise durch die Entwicklung von Belastungsgrenzen und Indikatoren auf der Grundlage von Erdsystemmodellierungen, den Geowissenschaften und der ökologischen Ökonomie.[23] Wir verfügen über ein breites Repertoire möglicher (umwelt-)ökonomischer, ordnungspolitischer und juristischer Regulationen und Anpassungen, mittels derer wir die Nachhaltigkeitstransformation gestalten könnten. Zudem hat die Menschheit einen technologischen Entwicklungsstand erreicht, der für viele Herausforderungen mögliche Lösungen bereitstellt, während wir gleichzeitig über das notwendige Wissen zu den technologischen Lock-in Effekte und Pfadabhängigkeiten, die uns oft noch davon abhalten, diese Lösungen zu nutzen oder zu skalieren, verfügen.[24]

Auf der anderen Seite scheitern wir aber an dieser Transformation und befinden uns weitestgehend nicht auf dem Weg zu einer nachhaltigen, intergenerational gerechten Gesellschaft. Der *Earth Overshoot Day* (Abbildung 2.1), der Tag, an dem die Menschheit die Biokapazität der Erde über deren Regenerationsfähigkeit hinaus verbraucht hat, rückt, getrieben durch unseren weiterhin steigenden ökologischen Fußabdruck, mit jedem Jahr weiter Richtung Jahresanfang. Wir türmen also einen ökologischen Schuldenberg gegenüber unserer eigenen Zukunft und zukünftigen Generationen auf, überschreiten immer weiter planetare Grenzen, erhöhen damit die Risiken ökologischer Katastrophen und des Erreichens von Tipping-Points und vermindern die Resilienz unserer Lebenssysteme und somit den uns zur Verfügung stehenden Handlungsspielraum für systemische Anpassungen. *Wissen* und *Können* klaffen im Kontext der Nachhaltigkeit diametral auseinander.[25]

---

[23] Siehe hierzu: UNDP 2020: S. 94 ff; Gray et al. 2006: S. 799 f.
[24] Siehe hierzu in Bezug auf Deutschland: Kahlenborn et al. 2019.
[25] Siehe hierzu: Dixson-Declève et al. 2022: S. 9 f.

How many Earths does it take to support humanity?

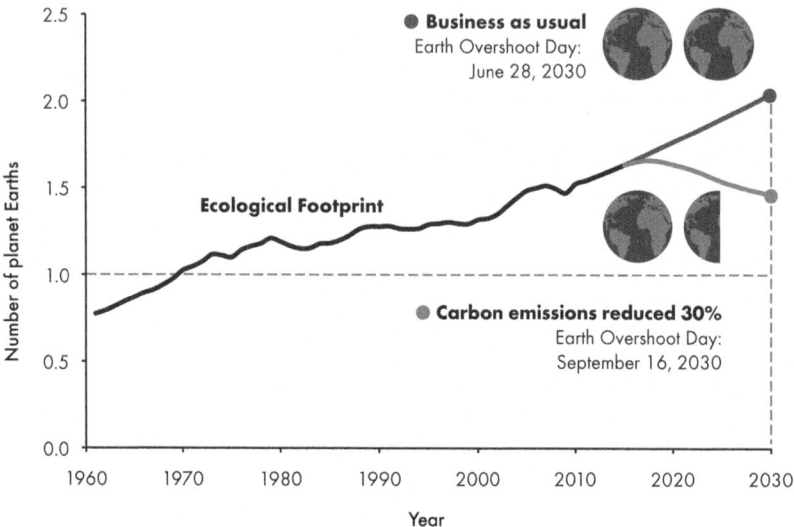

Abbildung 2.1 Global Overshoot[26]

2.5.2 Greenwashing ist Status quo

Das Scheitern der Nachhaltigkeitstransformation nimmt angesichts der breiten Anerkennung der Problematik und der allseits beschworenen Bereitschaft, zu ihrer Lösung beizutragen, groteske Züge an. Akteurinnen aus Politik und Wirtschaft kommen nicht mehr umhin, sich zur Nachhaltigkeit zu bekennen, und insbesondere für Unternehmen ist es in den letzten beiden Jahrzehnten unumgänglich geworden, sich, beziehungsweise ihre Produkte und Leistungen, nachhaltig zu rahmen. Hiermit geht allerdings bisher nur in Ausnahmefällen eine substanzielle Verbesserung der Wirkungen der Unternehmen hinsichtlich nachhaltiger Gesichtspunkte einher. Vielmehr ist die gängige Praxis noch oft, dass Unternehmen in Werbekampagnen und öffentlichen Berichten inkrementelle

---

[26] Nach Pressenza IPA 2015. Siehe auch: Platform Footprint Deutschland e. V. (2022). Für eine Schätzung des Global Overshoot unter verschiedenen Zukunftsszenarien siehe: Global Footprint Network 2015 zitiert bei Dahm 2019: S. 155.

Innovationen und Verbesserungen, selektiv geförderte Nachhaltigkeitsprojekte oder bloße Erzählungen von sich als verantwortungsvolle Unternehmen und Treiber nachhaltiger Innovationen öffentlichkeitswirksam in den Vordergrund rücken, während sie ihre tatsächlichen Wirkungen beschönigen und verschleiern, und damit ‚business as usual' weiterführen. Der Status quo unternehmerischer Nachhaltigkeitstransformation ist daher oft Greenwashing. Und die gegenwärtigen Methodenstandards für das Management dieser Transformation, sowie die hierbei entstandenen Geschäftsfelder begünstigen und zementieren diesen Status quo und hemmen damit einen Wandel zu tatsächlicher Nachhaltigkeit. Insbesondere der unternehmerischen Praxis der CSR wird daher in Fachkreisen mit „cynicism and disbelief"[27] begegnet. Accountancy Europe, ein Zusammenschluss von 50 europäischen Organisationen, die eine Million professionelle Buchhalter, Wirtschaftsprüfer und Berater vertreten, diagnostiziert (2019) beispielsweise:

> „[...] hundreds of non-financial information (NFI) reporting frameworks and standards have been developed, which are leading to confusion and the potential for greenwashing."

Spence et al. (2010) diagnostizieren dem gesamten wissenschaftlichen Feld des Nachhaltigkeitsreportings und -accountings Selbstreferenzialität, Unwissenschaftlichkeit (*cargo cult science*), Widersprüchlichkeit und Missachtung anderer sozialwissenschaftlicher Disziplinen.

2.5.3 Unzulängliche Stakeholdertheorie

CSR und Nachhaltigkeitsmanagement stehen in engem Zusammenhang mit der Inklusion von Stakeholdern in unternehmerische Entscheidungsprozesse (Multistakeholder-Ansatz, Stakeholderpartizipation). Entgegen der Vorstellung der neoklassischen Ökonomie, dass Unternehmen ausschließlich ihren Shareholdern verpflichtet seien („the business of business is business", wie Milton Friedman (1970) einst prominent sagte), gehen Ansätze der Stakeholdertheorie davon aus, dass auch andere gesellschaftliche Interessensgruppen im Umfeld des Unternehmens in dessen Entscheidungen Berücksichtigung finden sollten, sowohl aus ethischen Gründen als auch aus strategischen.[28]

---

[27] Fleming et al. 2013: S. 338.
[28] Siehe hierzu: Rausch 2011.

Liest man beispielsweise die Agenda 21[29], die im Zuge des ersten Erdgipfels in Rio de Janeiro 1992 beschlossen wurde, wird deutlich, dass die Nachhaltigkeitstransformation damals als ein Projekt der globalen Gerechtigkeit und des Friedens verstanden wurde. Durch die Beteiligung Aller – global gesehen mit besonderem Augenmerk auf die Länder des globalen Südens, lokal gesehen vor allem durch die Einbindung engagierter Bürgerinnen – sollten die Menschen in einer „gerechte[n] weltweite[n] Partnerschaft" miteinander anerkennen, „dass die Erde, unsere Heimat, ein Ganzes darstellt, dessen Teile miteinander in Wechselbeziehung stehen"[30].

Die Arbeit wird zeigen, dass Nachhaltigkeit heute nicht mehr primär ein Projekt der Gerechtigkeit und des Friedens ist, sondern ein finanz- und unternehmensstrategisches. Im unternehmerischen Kontext bestimmt das Leitbild des *Business Case for Sustainability*, beziehungsweise des *Business Case for Corporate Social Responsibility*[31] das Management von Nachhaltigkeit. Im Zuge dessen verstehen sich Unternehmen in der Regel, außer in ihrer Außendarstellung, auch nicht als Gestalter einer nachhaltigeren Welt, sondern als Entwickler profitabler Lösungen für dieselbe. Entsprechend werden in der Praxis die normativen Leitideen der Stakeholdertheorie, beziehungsweise des Stakeholder-Kapitalismus reduktionistisch gehandhabt, in dem Sinne, dass nur solche Stakeholder und Interessen in unternehmerischen Entscheidungen Berücksichtigung finden, die finanziell relevant und strategisch anschlussfähig erscheinen. In den weit verzweigten globalen Lieferketten dieser Unternehmen, insbesondere multinationaler Konzerne, findet daher ein Großteil der Stakeholder und ihrer Interessen kaum Beachtung, ungeachtet der Tatsache, dass, wie wir sehen werden, die Inklusion von Stakeholdern zentrales Ziel aller Methodenstandards des Nachhaltigkeitsmanagements ist. Die unzureichende Berücksichtigung des Großteils aller Stakeholder eines Unternehmens, insbesondere wenn diese arm, geografisch weit entfernt und medial nicht gut repräsentiert sind, erschwert, ja verunmöglicht, oft eine tatsächliche unternehmerische Nachhaltigkeitstransformation und damit Nachhaltigkeit als Projekt des globalen Friedens und der Gerechtigkeit. Denn nur die unzureichende Einbeziehung der meisten Stakeholder, um nicht zu sagen die systematische Missachtung derselben, erlaubt die Auslagerung negativer externer Effekte (Externalitäten) an den Beginn der globalen Lieferketten, meistens also in die Länder des Globalen Südens, in die dortigen Ökosysteme, Landschaften und Gemeinschaften. Barnett (2016, S. 2) schreibt:

---

[29] UN 1992b.
[30] Beide: UN 1992.
[31] Siehe hierzu: Barnett 2016.

2.5 Leitende Grundannahmen 17

„As firms have taken an increasingly strategic view of CSR (McWilliams, Siegel, & Wright, 2006), those without the power to directly affect firms—that is, most of those suffering the worst of society's ills—have become less likely to find a place on corporate agendas. Thus, despite hundreds of studies linking corporate social and financial performance, the gap between the interests of business and society may be widening, not shrinking."

2.5.4 Planetare Belastungsgrenzen als Maßstab Starker Nachhaltigkeit

Our argument is simple: there is no other possible future for each country, and humanity, than to eventually live off the planet's regeneration, not its liquidation. The only agency we each have in the matter is to decide how fast we will transition.

Global Footprint Network, 2020: S. 8. Teil der Begründung der Notwendigkeit eines Nachhaltigkeitsaccountings.

Aus der Perspektive Starker Nachhaltigkeit erscheint es evident, dass der einzig gangbare Weg der Nachhaltigkeitstransformation darin begründet sein muss, unser Wirken auf den Planeten, inklusive unserer ökonomischen Aktivitäten, innerhalb der natürlichen Belastungsgrenzen zu halten und seine Kapazitäten zur Selbstregeneration und -regulation nicht überzustrapazieren. In der Folge bedeutet dies, dass der jeweilige wissenschaftliche Stand über diese Belastungsgrenzen und Kapazitäten (sowie näherungsweise Indikatoren für die Messung dessen, inwieweit diese Belastungsgrenzen erreicht sind) die beste Basis zur Operationalisierung von Nachhaltigkeit, also zur Übersetzung des Konzepts in praktische und konkrete Leitprinzipien, ordnungspolitische Maßnahmen und Mess- und Steuermethoden (in Unternehmen, wie auch gesamtgesellschaftlich) sind.

Damit geht offenkundig einher, dass die Ökonomie, wie jedes funktionale Teilsystem der Gesellschaft, sich den natürlichen Belastungsgrenzen und den Kapazitäten zur Selbstregeneration der Lebenssysteme der Erde unterzuordnen hat. Sofern wir Ökonomie als ein System verstehen, das im Dienst der Menschheit stehen soll, entbehrt eine Ökonomie, welche die Belastungsgrenzen der Erde überschreitet und ihre Kapazitäten zur Selbstregeneration überstrapaziert, demnach ihrer Legitimation. Alle Märkte, Wirtschaftsbranchen und -akteure müssen sich an dieser Regel messen lassen, ebenso wie die Standards und Methoden, die ihnen als Bemessungsgrundlage dienen.

Nennenswerte Fortschritte gibt es bisher jedoch nur hinsichtlich der Eindämmung des Klimawandels. Mit dem 1,5 Grad Ziel wurde hier näherungsweise eine planetare Belastungsgrenze festgelegt und Szenarien für die Erreichung derselben modelliert. Daraufhin konnten Emissionsziele ermittelt, und durch internationale Klimaabkommen (die Klimarahmenkonvention der Vereinten Nationen von 1992, das Kyoto-Protokoll von 1997 und Übereinkommen von Paris von 2015) völkerrechtlich festgelegt werden. In der Folge sind seit 2011 die globalen CO_2-Emissionen fast stagniert (↓ Abschnitt 3.2).

Trotz der weltweiten Abkommen und Bemühungen zur Verminderung der CO_2-Emissionen prognostiziert die Weltorganisation für Meteorologie der Vereinten Nationen (World Meteorological Organization, WMO) im Mai 2022 in ihrem jährlichen Klima-Update, dass eine 48-prozentige Chance besteht, das 1,5-Grad-Ziel in mindestens einem der Jahre zwischen 2022 bis 2026 bereits auszureizen, beziehungsweise sogar bereits eine 10-prozentige Chance, dass der Median dieser Jahre das 1,5-Grad-Ziel überschreiten wird.[32] Die Wahrscheinlichkeit, dass die Temperatur vorübergehend das 1,5-Grad-Ziel überschreitet, lag 2015 nahe Null und ist seither stetig gestiegen. Für die Jahre 2017 bis 2021 lag die Wahrscheinlichkeit einer Überschreitung bei lediglich bei 10 %, verfünffachte sich also für die kommenden fünf Jahre.[33]

Hinsichtlich keiner der anderen Belastungsgrenzen der Erde, auch nicht der diversen bereits überschrittenen, sind ähnliche Fortschritte wie im Bereich des Klimawandels zu verzeichnen. Es bestehen zwar internationale Rahmenkonventionen,[34] jedoch keine völkerrechtlich verbindlichen Abkommen zu ihrer Umsetzung. Die Belastungsgrenzen für Biodiversität sind beispielsweise, insbesondere durch die Degradation von Landschaften, Ökosysteme und Böden, deutlich überreizt. Das sechste Artensterben der Erdgeschichte[35] steht bevor, mit katastrophalen Folgen für die Resilienz der globalen Ökosysteme und damit für die Anpassungsfähigkeit derselben an die Folgen des Klimawandels. Dies würde den Handlungsspielraum der Menschheit zusätzlich einengen und zu Kaskadeneffekten führen.[36] Im Zuge multilateraler Initiativen wie der *Rio Konventionen*,

---

[32] Vgl.: WMO 2022: S. 2.

[33] Vgl.: WMO 2022a.

[34] Beispielsweise wurden beim Erdgipfel in Rio 1992 (Konferenz der Vereinten Nationen über Umwelt und Entwicklung) neben der Klimarahmenkonvention (und der Agenda 21) auch das Übereinkommen über die biologische Vielfalt (Biodiversitätskonvention) und das Übereinkommen der Vereinten Nationen zur Bekämpfung der Wüstenbildung (Wüstenkonvention) verabschiedet. Allerdings wurden diese bisher nicht in wirkungsvoller Weise umgesetzt. Die 1992 begonnen Verhandlungen über eine Waldkonvention führten zu keinem klaren Ergebnis.

[35] Siehe hierzu: Kolbert 2014.

[36] Siehe hierzu: Pörtner et al. 2021: IPBES-IPCC co-sponsored workshop report on biodiversity and climate change.

der *Bonn Challenge* und dem *National Biodiversity Strategy and Action Plan* haben sich bereits 113 Nationen der Erde dazu verpflichtet, insgesamt circa. 900 Millionen Hektar Landfläche und Ökosysteme, ungefähr die Fläche Chinas, beziehungsweise circa 10 % der Gesamtfläche der beteiligten Nationen, wiederherzustellen oder aufzubauen.[37] Während alleine die Umsetzung der bestehenden Vorhaben ein ungemeiner Fortschritt wäre, schreitet die Degradation der Landschaften weiter voran, in vielen Fällen mit zunehmender Geschwindigkeit,[38] und mit ihr der galoppierende Verlust von Biodiversität.[39] Keines der vereinbarten globalen Ziele zum Schutz des Lebens auf der Erde und zur Eindämmung der Degradation von Land und Ozeanen wurde bisher vollständig erreicht.[40] Und während der drohende Biodiversitätsverlust und seine Folgen zwar unter Vermögensverwaltern an Aufmerksamkeit gewonnen haben,[41] bestehen, sofern dem Autor bekannt, weder eine standardisierte Methode für das Management von Biodiversität in der Kapitalallokation, noch im unternehmerischen Nachhaltigkeitsmanagement. Im letzten Teil der Arbeit wird es darum gehen, die Bedingungen und Möglichkeiten eines Standards für Nachhaltigkeitsmanagement, der eine Bewertung und Steuerung der externen Wirkungen von Unternehmen entlang *aller* planetaren Belastungsgrenzen leisten kann, aufzuzeigen.

2.6 Systemimmanente Kritik und Pragmatismus

Die Menschheit steht an einem entscheidenden Punkt ihrer Geschichte. Wir erleben [...] die fortgesetzte Zerstörung der Ökosysteme, von denen unser Wohlergehen abhängt. Eine Integration von Umwelt- und Entwicklungsbelangen und die verstärkte Hinwendung auf diese wird indessen eine [...] sicherere Zukunft in größerem Wohlstand zur Folge haben. Keine Nation vermag dies allein zu erreichen, während es uns gemeinsam gelingen kann: in einer globalen Partnerschaft im Dienste der nachhaltigen Entwicklung.

Präambel der Agenda 21[42]

---

[37] Vgl.: PBL 2021; UNEP & FAO 2021: Foreword.
[38] Vgl.: UNEP & FAO 2021: S. 3.
[39] Siehe hierzu: UNDP 2020: S. 52. Die Raten des Artensterbens sind nach Schätzungen Hunderte oder Tausende Male höher als die natürlichen Hintergrundraten.
[40] Vgl.: UNEP 2021.
[41] Siehe hierzu: De Nederlandsche Bank 2020.
[42] UN 1992b.

Es muss möglich sein, die Klimaziele zu erreichen – wenn nicht, fahren wir an die Wand! Wir sind mittlerweile aber schon so weit, dass Planungen schwierig und umständliche Überlegungen zu spät kommen werden. Wir können fast nur mehr „im Affekt" handeln.

Georg Kaser, Leadautor des Weltklimarats[43]

Die Arbeit verfährt in dem Sinne pragmatisch, da sie die gegenwärtige Verfasstheit der gesellschaftlichen Systeme überwiegend als gegeben annimmt. Sie versucht also, erstens, sofern sie Konflikte des gegenwärtigen Systems von Nachhaltigkeitsmanagement analysiert und Lösungsansätze für dieselben vorschlägt, innerhalb ihrer Systemlogiken (systemimmanent) zu argumentieren. Umgekehrt versucht sie nicht, gänzlich neue (und dadurch unter Umständen nicht anschlussfähige) Vorschläge für das Management von Nachhaltigkeit zu unterbreiten. Zweitens ist es nicht ihr Gegenstand, Kritik am herrschenden kapitalistischen Wirtschaftssystem zu üben. In diesem Sinne soll auch kein ökonomisches oder ordnungspolitisches Leitbild oder Paradigma vorgeschlagen werden, wie es sich beispielsweise hinter Begriffen wie *Bioökonomie*, *Green Economy* oder *Kreislaufwirtschaft* verbirgt. Wenn die Arbeit im letzten Teil das Leitbild *Ecosystem Restoration* aufgreift, so möchte sie damit keinen konkreten Vorschlag machen, sondern lediglich anhand dieses Leitbildes die basale Tatsache exemplifizieren, dass der Wiederaufbau und Erhalt der Ökosysteme der Erde Bedingung für den Erhalt menschlicher Lebensgrundlagen und -räume ist, sowie für die Einhaltung der Nachhaltigkeits- und Klimaziele: „Without a powerful 10-year drive for restoration, we can neither achieve the climate targets of the Paris Agreement, nor the Sustainable Development Goals."[44]

Dieser Pragmatismus folgt der Einschätzung, dass das Scheitern der Nachhaltigkeitstransformation nicht in einem Mangel an Wissen, Theorien und Ideen wurzelt, sondern in der mangelnden Implementierung derselben. Neue Ideen zu formulieren und Theorien aufzustellen erscheint daher weniger sinnvoll, als vielmehr bestehende aufzugreifen und darüber nachzudenken, weshalb sie bisher so wenig Wirkungen entfalten konnten. Zudem scheint angesichts der aktuellen Prognosen des Weltklimarats[45] kaum ausreichend Zeit zur Verfügung zu stehen, um, obwohl dieser in einigen ökonomischen Belangen unumgänglich sind, tiefgreifenden Wandel an den bestehenden gesellschaftlichen Systemen vorzunehmen. Der politische Wille hierzu scheint derzeit, zumindest in der westlichen Welt, weitestgehend nicht gegeben. Es empfiehlt sich daher, anschlussfähig für die bestehenden

---

[43] Erker 2020.
[44] UNEP & FAO 2021: Foreword.
[45] Siehe hierzu: Erker 2020; IPCC 2021; IPCC, WGII 2022; IPCC WGIII 2022.

Systeme und ihre Logiken zu sein, also Vorschläge zu entwickeln, die vergleichsweise einfach und mit möglichst gering zu erwartenden Widerständen zu implementieren sind (sofern man das sagen kann), doch gleichzeitig zu weitreichenden Veränderungen innerhalb der Logiken ihrer Systeme führen können. Gleichzeitig läuft ein solches Vorgehen stets Gefahr, systemische Probleme zu reproduzieren und systemkonforme (aber etwaig nicht konstruktive) Vorschläge gegenüber systemkritischen zu priorisieren. Diese Fehler wurden, wie die Arbeit zeigen wird, insbesondere in der Geschichte des Nachhaltigkeitsmanagements häufig gemacht. Hierin liegt somit auch eine Limitation der vorliegenden Arbeit.

Die Zeit für fundamentalen systemischen Wandel wäre insbesondere in den 1980er und 90er Jahren gewesen, und der politische Wille dazu wird in Dokumenten wie der auf dem ersten Erdgipfel in Rio de Janeiro beschlossenen Agenda 21 spürbar. Diese Veränderungen haben aber seither weitestgehend nicht stattgefunden, und es scheint, dass die ihnen zugrundeliegenden Ideen oft angesichts des Ausbleibens ihrer Umsetzung und mit der Zeit so weit abgewandelt und aufgeweicht wurden, dass sie schlussendlich zwar kaum noch Widerstände affizierten, aber auch ihre Substanz verloren hatten. Aus der heutigen Perspektive wird dieser Effekt begleitet von einer umfassenden Geschichtsvergessenheit in Politik und Zivilgesellschaft im Kontext der Ideengeschichte der Nachhaltigkeit. Dies trifft, wie die Arbeit behandeln wird, beispielsweise auf das Leitbild *nachhaltige Entwicklung* (*sustainable development*), die Theorie unternehmerischer Verantwortung (CSR) und den Begriff der Nachhaltigkeit selbst zu. Es ist daher das Anliegen des Autors, sich auf den Ursprung und die Substanz des Nachhaltigkeitsbegriffs zurückzubesinnen, um daraus Schlüsse für die notwendigen Veränderungen der gegenwärtigen Methodenstandards für Nachhaltigkeitsmanagement zu ziehen.

2.7 Hintergrund und Relevanz

Humanity is waging a war on nature. This is suicidal. Making peace with nature is the defining task of the 21st century. It must be the top, top priority of everyone, everywhere

UN Secretary General Antonio Gutteres 2020

While sustainability management is becoming more widespread among major companies, the impact of their activities does not reflect in studies monitoring the state of the planet. What results from this is a "big disconnect."

Dyllick & Muff 2015

> *Concern about the environment has moved decisively from niche to mainstream. Although carbon markets are coming up to speed, shareholders are asking business to become carbon neutral, massive tree planting campaigns have started, and circular economic thinking is taking off, the current attempts to address the biodiversity and climate crisis continue to fail. We need a common language and new approaches, that inspire optimism, long-term solutions and systemic change at scale. All are inherent in rebuilding resilient living landscapes, our global life support system.*
>
> Baker et al. 2021: S. 2.

2022 ist ein besonderes Jahr für die Nachhaltigkeitsbewegung. Vor 60 Jahren, im Jahr 1962, veröffentlichte Rachel Carson ihr Buch *Silent Spring* und markierte damit den Beginn der internationalen Umweltbewegung. Vor 50 Jahren fand vom 5.-16. Juni 1972 in Stockholm die erste Umweltkonferenz der Vereinten Nationen statt. Sie markiert für viele den Beginn der globalen Umweltpolitik, also der grenzüberschreitenden Zusammenarbeit der Staatengemeinschaft in Umwelt- und Naturschutzfragen. Aus ihm ging auch die Gründung der UNEP hervor. Im gleichen Jahr erarbeitete das Team um die Umweltwissenschaftlerin Donella Meadows und ihren Ehemann Dennis Meadows, basierend auf einer Computersimulation, eine wegweisende Studie für die Entwicklung der Menschheit auf dem Planeten Erden, den Bericht an den Club of Rome *Die Grenzen des Wachstums (The Limits to Growth. A Report for the Club of Rome's Project on the Predicament of Mankind)*. Die Autoren begründeten darin „the need for concerted action now if we are to preserve the habitability of this planet for ourselves and our children."[46] Zum 50-jährigen Jubiläum des Reports publizierte der Club of Rome in diesem Jahr den *Earth for All*[47] Report. Der Erdgipfel Rio, abgehalten im Jahr 1992, liegt genau 30 Jahre zurück, 20 Jahre der Weltgipfel für nachhaltige Entwicklung (Weltgipfel Rio + 10), 2002 in Johannesburg. Und es ist ebenfalls genau 20 Jahre her, dass Paul J. Crutzens bahnbrechenden Artikel *Geology of mankind*, in dem er den Begriff des *Anthroprozän* begründete, in *Nature* publiziert wurde. Dieses Jahr, 2022, schlossen auch die drei Arbeitsgruppen (Working Group, WG) des Weltklimarats (International Panel on Climate Change, IPCC) die Publikation ihren sechsten Berichtszyklus der Sachstandsberichte *Naturwissenschaftliche Grundlagen des Klimawandels* (WGI), *Minderung des Klimawandels* (WGII) und *Folgen des Klimawandels, Anpassung und Verwundbarkeit* (WGIII) ab.[48] Laut IPCC WGII (2022) befinden wir uns hinsichtlich des Erdklimas „gegenwärtig

---

[46] Meadows et al. 1972: S. 12.

[47] Dixson-Declève et al. 2022.

[48] Vgl.: IPCC, Deutsche Koordinierungsstelle 2022. Die vorherigen Sachstandsberichte des IPCC wurden in den Jahren 1990, 1995, 2001, 2007 und 2014/15 publiziert.

2.7 Hintergrund und Relevanz

[in einem] nicht-nachhaltigen Entwicklungsmuster", unter anderem da „in vielen Sektoren und Regionen vermehrt Fehlanpassung" stattgefunden haben, wobei hierdurch bereits diverse Grenzen für die Anpassung von Ökosysteme, ebenso wie für die Anpassung der menschlichen Gesellschaften erreicht oder überschritten wurden, was insbesondere das die Lebensqualität von den 3,3 bis 3,6 Milliarden Menschen, die „sehr verwundbar gegenüber dem Klimawandel sind", ins Risiko stellt.

„Die Verwundbarkeit von Ökosystemen und Menschen gegenüber dem Klimawandel unterscheidet sich erheblich je nach und innerhalb von Regionen [...], bedingt durch sich überschneidende sozioökonomische Entwicklungsmuster, nicht nachhaltige Meeres- und Landnutzung, Ungleichheit, Ausgrenzung, historische und anhaltende Muster von Ungleichheit wie Kolonialismus sowie Governance."[49]

Es ist daher von entscheidender Bedeutung, Nachhaltigkeit und deren Management weiterhin als Projekt der globalen (Klima-)Gerechtigkeit und des Friedens zu begreifen.[50]

Die Analysen des Weltklimarats behandeln jedoch nur einen Teil des Erdsystems, nämlich das Klima. Die wissenschaftlich anerkannteste und zudem eingängige Systematik zur Beschreibung des Fortschritts der ökologischen Krise entlang aller Erdsysteme sind die bereits genannten planetaren Belastungsgrenzen (planetary boundaries) des Stockholm Resilience Centre. Zurückgehend auf die bahnbrechenden Studien von Rockström et al. (2009) und Steffen et al. (2015) (Abbildung 2.2) werden die planetaren Grenzen in den Teildisziplinen, die sich in den verschiedenen Naturwissenschaften mit der Messung, der Beschreibung und den Möglichkeiten der Eindämmung der ökologischen Krise beschäftigen, als Systematik zugrunde gelegt. Sie teilen die Biosphäre (die dünne Schicht des Lebendigen, welche die Erde überzieht[51]) in biophysische Teilsysteme ein, und legen, basierend auf den bisher besten naturwissenschaftlichen Indikatoren (Kontrollvariablen), Belastungsgrenzen für die Integrität derselben fest. Bei einem Überschreiten der Belastungsgrenzen steigt das Risiko für nichtlineare, abrupte Umweltveränderungen und das Erreichen sogenannter Kipppunkte (tipping points)[52], was *in jeder einzelnen Dimension für sich*, gemessen an den

---

[49] IPCC, WGII 2022: S. 1.
[50] Hier sollte noch eine Quelle hin.
[51] Siehe hierzu: UNDP 2020: S. 94.
[52] Siehe hierzu: Dakos et al. 2019; Lenton et al. 2008.

Möglichkeiten menschlichen Lebens auf der Erde, zu ökologischen Katastrophe führen könnte.[53] Hinsichtlich sieben dieser bisher zwölf angenommenen oder kalkulierten Indikatoren, beziehungsweise in sechs der neun biophysischen Teilsystemen befindet sich die Menschheit bereits jenseits jener Kipppunkte.

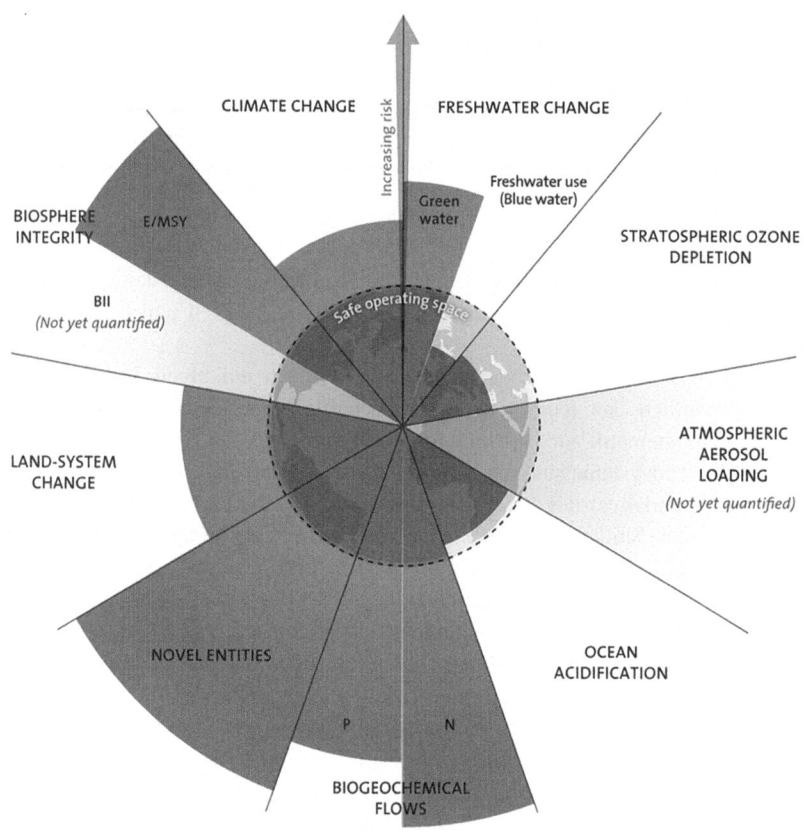

Abbildung 2.2 Die planetaren Grenzen 2022[54]

Für das Teilsystem Klimawandel belaufen sich die Indikatoren beispielsweise auf die CO_2-Konzentration in der Atmosphäre (*atmospheric CO_2 concentration*)

---

[53] Vgl.: Rockström et al. 2009: S. 33 f.
[54] Vgl.: PIK 2022.

2.7 Hintergrund und Relevanz

gemessen in ppm (Anteil pro Millionen oder ein Zehntausendstel Prozent) und den Strahlungsantrieb oberhalb der Atmosphäre (*top-of-atmosphere radiative forcing*), gemessen in W/m² (Watt pro Quadratmeter). Sie ist bisher die einzige planetare Grenze, die mit dem Übereinkommen von Paris neben dem 2-Grad-Ziel (2018 auf Grundlage eines Sonderberichts des Weltklimarats auf das 1,5-Grad-Ziel korrigiert) von der internationalen Umwelt- und Klimapolitik übernommen wurde. Steffen et al. (2015, S. 8) stellen fest:

„[…] [T]here are severe implementation gaps in many global environmental policies relating to the PB issues, where problematic trends are not being halted or reversed despite international consensus about the urgency of the problems."

In der ersten Jahreshälfte 2022 erschienen zwei Publikationen, welche die neuerliche Überschreitung zweier planetaren (Teil-)Grenzen zeigen, zum einen der Eintragung chemischer Schadstoffe, einschließlich Kunststoffen in die Umwelt (*Novel Entities*),[55] zum anderen für *Green Water*, also den Teil des Niederschlags, der in den Boden einsickert und für Pflanzen verfügbar ist.[56]

Parallel zu diesen naturwissenschaftlichen Tatsachen werden die politischen Bemühungen um eine nachhaltige Entwicklung (oder nachhaltige, beziehungsweise sozio-ökologische Transformation) von vielen Sozialwissenschaftlern zunehmend als aussichtslos betrachtet, das Paradigma der Nachhaltigkeit als widersprüchliche Leerformen.[57] Bereits vor der Publikation der Grenzen des Wachstums (1972) wurde der Diskurs über die Möglichkeiten der Versöhnung von Nachhaltigkeit und Wachstum, sowie das Verhältnis von Sach- und Naturkapital geführt.[58] Herman Daly bezeichnete *nachhaltiges Wachstum* schon 1990 als „Unmögliches Theorem"[59]. Der Club of Rome publiziert 1995 eine Studie, laut der „die Grenzen des Wachstums möglicherweise schon längst überschritten sind und […] sich die Welt schon seit einigen Jahren in einem Zustand der Degenerierung befindet"[60]. Wolfgang Sachs zeigte 1999 die Konflikte des Leitbilds der nachhaltigen Entwicklung auf. Diese Publikationen nahmen die Kritik an späteren wirtschaftspolitischen Leitkonzepten wie dem des ‚grünen

---

[55] Persson et al. 2022.
[56] Wang-Erlandsson et al. 2022.
[57] Siehe hierzu.: Blühdorn et al. 2020; Brand 2018; Foster 2014; Berg 2020.
[58] Siehe hierzu: Sandbach 1978.
[59] Daly 1990: *Sustainable Growth: An Impossible Theorem*.
[60] Van Dieren 1995.

Wachstums' oder der *Green Economy*, wie sie sich ab den frühen 2000er Jahren etablierte, streng genommen bereits vorweg. Und obwohl sich heute auch empirisch zeigen lässt, was 1972 noch computermodelliert werden musste, nämlich, dass quantitatives Wachstum und Nachhaltigkeit nicht miteinander vereinbar sind,[61] bestimmen Wachstumsfantasien weiterhin den internationalen Diskurs um Nachhaltigkeit. Transnationale Nachhaltigkeitsstrategien sind überwiegend als Wachstumsstrategien ausgelegt.[62] Und Konzepte wie das Drei-Säulen-Modell der Nachhaltigkeit bilden, ungeachtet ihrer offenkundigen Abwegigkeit, die konzeptionellen Fundamente vieler politischer Debatten.[63]

Auf dem Nährboden dieses politischen Klimas sind Systeme für unternehmerisches Nachhaltigkeitsmanagement gewachsen, in denen Nachhaltigkeit weder normativ verankert ist, noch gemessen und gesteuert werden kann.[64] Kritische Stimmen attestieren dem Wissenschaftsfeld des Nachhaltigkeitsmanagements Pseudowissenschaftlichkeit und Selbstreferenzialität.[65] Manche Kritikpunkte langjähriger Beobachter des Feldes wie Rob Gray, Markus Milne und Jan Bebbington aus den 1990er Jahren lassen sich geradezu eins zu eins auf die Methodenstandards der Gegenwart übertragen. An der einfachen Feststellung von Gray (1994), dass Nachhaltigkeitsreporting und -accounting nicht isoliert gehandhabt werden können, sofern die Berichtsinhalte auch mit der organisationalen Wirklichkeit der berichtenden Unternehmen korrespondieren sollen, hat bis heute beispielsweise kein Reporting- oder sonstiger Standard für Nachhaltigkeitsmanagement Rechnung getragen, zumindest keiner, der von einer relevanten Anzahl von Unternehmen angewendet wird.

Gleichzeitig verlangen viele Stimmen nach neuen und besseren Methodenstandards zur Messung und Steuerung von Nachhaltigkeit:

„Die Nachhaltigkeitsberichterstattung gewinnt an Bedeutung und strengere regulatorische Bestimmungen und Nachweispflichten werden eingeführt. Es bleibt jedoch ein erkennbarer Bedarf an Unterstützung im Bereich methodischer Grundlagen für die Bewertung des Beitrags zu einer nachhaltigen Entwicklung – sei es in Teilaspekten

---

[61] Vgl.: Hickel & Kallis 2019.
[62] Vgl.: Europäische Kommission 2019: S. 2.
[63] Siehe hierzu exemplarisch: Vogt 2009. Für ein Beispiel aus dem deutschen Politikdiskurs siehe: Deutscher Bundestag 2020: Reden zum Tagesordnungspunkt *Vorlagen zum nachhaltigen Wachstum abgestimmt*.
[64] Siehe hierzu exemplarisch: Dahm 2019.
[65] Siehe hierzu: Spence et al. 2010.

2.7 Hintergrund und Relevanz

oder in der vollen Breite der Thematik. Methodische Lücken und Unsicherheiten werden so zum Hemmnis der Umsetzung von Prinzipien einer nachhaltigen Entwicklung auf dem Weg vom WOLLEN zum KÖNNEN."[66]

Das Feld dieser Methodenstandards stiftet mehr Verwirrung als Orientierung und die Güte der ESG-Informationen, die auf Basis derselben zusammengetragen werden, sind überwiegend schlecht (↓ Abschnitt 3.4.2). Bestehende Bemühungen, dieses Feld zu harmonisieren, wie beispielsweise im Umfeld der IFRS Foundation (↓ Abschnitt 4.1.9), weisen für das Management Starker Nachhaltigkeit grundlegende Mängel auf. Gleiches gilt für viele politische Bemühungen zur Verbesserung der regulatorischen Einbettung des Feldes, wie beispielsweise die neue EU-Taxonomie (↓ Abschnitt 4.4.4). Gleichzeitig gibt es jedoch auch begrüßenswerte Entwicklungen. Der Vorschlag der European Financial Reporting Advisory Group (EFRAG), die von der Europäischen Kommission mit der Erarbeitung des zukünftigen EU-Standards für Nachhaltigkeitsberichterstattung beauftragt wurde, enthält zentrale Prinzipien Starker Nachhaltigkeit, und wird, konsequent umgesetzt, nicht mit weniger als einer grundlegenden Neuordnung des Feldes des Nachhaltigkeitsmanagements und einer Rückbesinnung auf die Prinzipien Starker Nachhaltigkeit umzusetzen sein (↓ Abschnitt 4.1.10). Dies öffnet den Raum für eine Aufweichung des derzeitigen ‚methodischen Locked-In' dieses Feldes durch die Integration neuer, besserer methodischer Ansätze.

Es ist von Bedeutung, diese Entwicklungen vor dem Hintergrund einer umfassenden Analyse der bisherigen methodischen Unzulänglichkeiten und konzeptionellen Konflikte des Nachhaltigkeitsmanagements zu betrachten, um die Fallstricke zu verstehen, mit den Fehlern der Vergangenheit aufzuräumen und die analytische Sicht der diversen Gestalterinnen und Beobachter des Feldes aus Politik, Zivilgesellschaft und (Finanz-)Wirtschaft zu schärfen.

---

[66] Andes 2019: S. 2.

3 Ideengeschichtliche und konzeptionelle Konflikte des Nachhaltigkeitsmanagements

3.1 Die Beginne der Umweltpolitik und die Entpolitisierung der Nachhaltigkeit

Im Jahr 1962 schrieb die Zoologin und Biologin Rachel Carson ein Buch, welches heute noch als Symbol für den Beginn der Umweltpolitik in den USA und der weltweiten Umweltbewegung gesehen wird.[1] *Silent Spring*, der stumme Frühling, beschreibt die Auswirkungen des Einsatzes von Pestiziden und Herbiziden in den USA der 1950er Jahre auf die dortigen Ökosysteme, ihre Tiere und den Menschen. Der Titel des Buches sollte ursprünglich nur einem Kapitel des Buches gelten, in dem Carson beschreibt, wie der Einsatz von Pestiziden gegen bestimmte Schädlinge der Landwirtschaft starke Rückgänge im Bestand vieler Vogelarten und folglich ein Verstummen des Zwitscherns dieser Vögel im Frühling zur Folge hatte. Dem Rat ihrer Literaturagentin folgend, wählte sie diese Metapher einer potenziell düsteren, ‚stummen' Zukunft der natürlichen Welt durch die Vergiftung ihrer Ökosysteme als Buchtitel.

---

[1] Siehe hierzu: Sachs 2005: S. 34.

Dem Buch wird bis heute große Bedeutung zugeschrieben, nicht nur aufgrund seiner breiten öffentlichen Rezeption, die Vielen erstmals die ökologischen Folgen menschlicher (Wirtschafts-)Aktivitäten, hier insbesondere durch den großflächigen Einsatz von Chemikalien, vor Augen führte. Vielmehr thematisierte es darüber hinaus auch die zu erwartenden Folgen für den Menschen und vermittelte hierdurch anschaulich das wechselseitig abhängige Verhältnis des Menschen von der Natur, beziehungsweise ein verbundenes Mensch-Natur-Verhältnis, wie es für die damalige Zeit ungewöhnlich war. „Zweifellos hat das Werk die Umweltwahrnehmung einer ganzen Generation verändert."[2]

Das Buch löste teilweise heftige Debatten in den USA und weltweit über den Einsatz von Chemikalien aus, insbesondere über DDT (Dichlordiphenyltrichlorethan), dessen Zusammenhang mit den Bestandseinbrüche mancher Vogelarten von Carson beschrieben wurde. Dies gab den Anfängen der Umweltbewegung Aufschwung und trug hierdurch mittelbar zur Entstehung der Umweltpolitik in den frühen 1970er Jahren bei. In Deutschland beispielsweise erhielt die Umweltpolitik 1974 durch die Gründung des Umweltbundesamtes erstmals einen institutionellen Rahmen. Zwei Jahre zuvor, 1972, wurde die erste UN-Umweltkonferenz in Stockholm abgehalten, in deren Folge das Umweltprogramm der Vereinten Nationen (UNEP) ins Leben gerufen wurde.

Die politische Institutionalisierung der Umweltdebatte und der Kontext, in dem sie stattfand, hatten Auswirkungen, die relevant für das Verständnis der späteren Nachhaltigkeitsdebatte und Aspekte der Austragung derselben bis heute sind. Autoren wie Kungl (2021), Hajer (1995) und Barth (2010) argumentieren, dass die politische Institutionalisierung langfristig die Vereinnahmung und Aneignung der ökologischen Kritik durch kapitalistische Akteure und die Prinzipien der herrschenden Wirtschaftsordnung im Sinne Boltanskis und Chiapellos Beschreibung eines ‚neuen Geistes des Kapitalismus'[3] bedingte, während radikalere und systemkritische Positionen mit der Zeit marginalisiert wurden.[4] Dies nahm den Forderungen der Nachhaltigkeitsbewegung ihre politische Brisanz, beziehungsweise begünstigte solche Stimmen, die anschlussfähig für die bestehende politische und wirtschaftliche Ordnung waren.

---

[2] Christof Mauch zitiert bei Blawat 2012.
[3] Siehe hierzu: Boltanski & Chiapello 2003.
[4] Vgl.: Kungl 2021: S. 32. Siehe auch: Sandbach 1978: S. 495: „In the last few years radical environmentalism in Britain and America has been on the wane. The pessimistic prophecies of environmental doom are heard less frequently, and they fail to evoke the same call for action as was the case at the zenith of environmental concern in the late 1960 s and early 1970 s."

3.1 Die Beginne der Umweltpolitik und die Entpolitisierung ...

Rachel Carson schilderte die Auswirkungen bestimmter Chemikalien auf die natürlichen Lebenssysteme und förderte damit ein kritisches Bewusstsein in der Bevölkerung für die negativen ökologischen Auswirkung dieser Chemikalien und die gesundheitlichen Folgen für den Menschen. Entsprechend wurde in der anschließenden ersten Phase der Umweltpolitik vornehmlich versucht, den Einfluss schädlicher Chemikalien auf die Umwelt zu reduzieren. Höchstgrenzen wurden festgelegt und kontrolliert, die Auswirkungen von Chemikalien untersucht und manche besonders schädlichen, die in den Fokus der öffentlichen Aufmerksamkeit geraten waren, wie beispielsweise DDT, mit der Zeit verboten. Die wirtschaftlichen Praxen rund um den Einsatz umweltschädlicher Chemikalien und die industrielle Landwirtschaft wurden hierdurch aber nicht grundsätzlich in Frage gestellt.

Entscheidend ist, dass sich hierbei eine Sichtweise ökologischer Probleme etablierte, die nahelegte, dass man ihrer mit der Regulierung von Grenzwerten und den Messungen von ex ante- und ex post-Abweichungen Herr werden könne.[5] Solange nur die festgelegten Grenzwerte eingehalten werden, könnten schlimmere Auswirkungen auf die Umwelt verhindert werden. Gleichzeitig könnte dies jene Teile der Öffentlichkeit beschwichtigen, die um eine saubere und für den Menschen gesunde Umwelt besorgt waren. Insgesamt rückten so vor allem solche Umwelt- und Nachhaltigkeitswirkungen in den politischen Fokus, die zum einen zeitlich und lokal unmittelbar zu erkennen waren, und zum anderen von den politisch gut repräsentierten Teilen der Bevölkerung beanstandet wurden. Maßgebend für die gesetzliche Umsetzung des Umweltschutzes war in Deutschland beispielsweise das erste Umweltprogramm der Bundesrepublik der Bundesregierung von 1971. Hierdurch sollte die „Verschlechterung der Umwelt" verhindert, beziehungsweise „unerwünschte Nebenwirkungen wirtschaftlicher und gesellschaftlicher Entwicklung" vermieden werden.[6] Es war und ist bis heute geprägt von den drei Prinzipien des Umweltrechts, dem Vorsorgeprinzip, dem Verursacherprinzip und dem Kooperationsprinzip. Durch sie sollten gegenwärtige und zukünftige Umweltbelastungen und bereits entstandene Schäden beseitigt, beziehungsweise begrenzt und vorgebeugt werden.[7] Darüber hinaus ist Nachhaltigkeit bisher nicht als Umweltrecht prägendes Rechtsprinzip anerkannt.[8] Die Justiziabilität umweltrechtlicher Normen (Abfallgesetz 1972, Bundes-Immissionsschutzgesetz 1974, Bundeswaldgesetz 1975, ...) verbleiben

---

[5] Vgl.: Ali 2013: S. 59.
[6] Beide: Wegner 1972.
[7] Vgl.: Schlacke 2018: S. 2725.
[8] Vgl.: Ebd.: S. 2726.

daher bis heute oft auf solche Umweltbelange begrenzt, die (auf nationaler, später auch auf europäischer Ebene) als unmittelbare Beeinträchtigungen, Verschmutzungen, Schäden und dergleichen wahrgenommen und gemessen werden können, beziehungsweise aus denen soziale Folgekosten für die unter das Schutzrecht fallenden Menschen entstehen. Grenzüberschreitende Umweltbelastungen und globale und systemische Folgen können daher aus der Perspektive des Umweltschutzes nur sehr eingeschränkt gesteuert werden.[9] Gerade jene sind es aber, die, wie wir heute wissen, von besonderer Bedeutung für die Nachhaltigkeit sind. Insgesamt könnte man auch sagen, dass nationales Umweltrecht keine adäquate Grundlage bietet, um Nachhaltigkeit in einer globalisierten Welt mit globalen Lieferketten zu gestalten.

Darüber hinaus geriet das komplexe Zusammenspiel lebendiger Ökosysteme, deren Beschreibung durch eindimensionale Kausalbeziehungen stets unterkomplex und unvollständig bleibt, und das Bild eines wechselseitig abhängigen und verbundenen Mensch-Natur-Verhältnisses, wie es Rachel Carson in ihrem Buch zeichnete, im Zuge der Institutionalisierung der Umweltpolitik zugunsten des Konzepts der *Um*welt in der Hintergrund. Wolfgang Sachs (1999, S. 67), der von 1999 bis 2001 Leitautor des Weltklimarats war, schreibt:

> „Cultures that see nature as a living being tend to carefully circumscribe the range of human intervention, because a hostile response is to be expected when a critical threshold has been passed. 'Environment' has nothing in common with this view: through the modernist eyes of such a concept, the limits imposed by nature appear merely as physical constraints on human survival. To call traditional economies 'ecological' is often to neglect that basic difference."

Offenkundig war das Wissen über die Zusammenhänge der natürlichen Umwelt damals (ebenso wie in weiten Teilen noch heute) sehr begrenzt. Ebenso, wie es schwierig ist, die Wirkungen eines Moleküls DDT auf ein Ökosystem hinreichend zu beschreiben, verhält es sich hinsichtlich der Wirkung eines Moleküls CO_2 auf die verschiedenen Bereiche der Atmosphäre. Grenzwerte und Äquivalente können hier stets nur näherungsweise Orientierung bieten, da die Reaktionen selbstregulierender Systeme wie der Atmosphäre und verschiedener Ökosysteme nicht vollständig vorhersagbar sind. Obwohl unsere Messverfahren und Modelle sich enorm verbessert haben, stellen wir immer wieder fest, dass wir in unseren Messungen Parameter nicht mit einbezogen, mögliche Auswirkungen nicht bedacht und folglich Effekte auftreten, die nicht einkalkuliert wurden, oder die in Bereichen stattfinden, die nicht Teil der ursprünglichen Untersuchung waren.

---

[9] Siehe auch, im Bezug auf das Verursacherprinzip: Gabler Wirtschaftslexikon 2018b.

3.1 Die Beginne der Umweltpolitik und die Entpolitisierung ...

Beispielsweise sind wir uns bis heute nur in Ansätzen der langfristigen Auswirkungen von Maßnahmen zur Reduktion von Treibhausgasemissionen auf die Biodiversität bewusst. Der Weltklimarat und der Weltbiodiversitätsrat (IPBES) haben aus diesem Grund 2021 erstmals einen gemeinsamen Bericht publiziert, in dem sie den Fokus auch auf wissenschaftliche Unschärfen und Unsicherheiten bei der Entwicklung von Klimaschutzmaßnahmen richten, und appellieren, sich mehr auf die Verminderung von Risiken durch Verbundmaßnahmen als das Management einzelner Parameter zu konzentrieren.[10] Wie wenig diese Sichtweise sich oft in politischen Maßnahmen widerspiegelt, zeigt sich beispielsweise darin, dass in der Vergangenheit immer wieder Nutzpflanzen für die Herstellung von Biotreibstoffen mit dem Ziel der Minderung von Treibhausgasemissionen angebaut wurden, deren Anbau aber in seiner ökologischen Gesamtbilanz negativ zu bewerten war.[11] Die politische Persistent des mangelnden Verständnisses für komplexe ökologische Zusammenhänge zugunsten öffentlichkeitswirksamer, aber reduktionistischer Einzelmaßnahmen spiegelt sich beispielsweise in der Umweltprämie (Abwrackprämie) wider, die zwar 2009 schon als hochgradig destruktiv befunden wurde,[12] sich aber in abgewandelten Formen (Umweltboni, Kaufprämien) bis in die Gegenwart fortsetzt. Auch den Methoden mittels derer wir den Wert der Natur und ihrer Ressourcen und Leistungen bewerten, ist diese reduktionistische Sicht der Natur als ‚Umwelt' tief eingeschrieben. Dies zeigt sich beispielsweise im gängigen *Umweltmanagement*standard, der ISO-14000er Reihe, dessen Ziel es ist, „Resilienz und den wirtschaftlichen Erfolg zu steigern und gleichzeitig die Auswirkungen auf die Umwelt zu reduzieren."[13] Ihr Ziel ist ausschließlich die inkrementelle Verbesserung eindeutig messbarer und justiziabler Indikatoren, wie Energiebedarf, Material- und Ressourceneinsatz, Prozesseffizienz und Abfallproduktion von Unternehmen,[14] deren Reduktion in der Regel gleichzeitig auch Kosteneinsparungen für die anwendenden Unternehmen bringt. Das durch die *Verordnung über eine freiwillige Teilnahme an einem Umweltmanagementsystem* des Europäischen Parlaments und des Rates[15] eingeführte europäische Umweltmanagementsystem EMAS ist inhaltlich ähnlich, geht über die ISO also nicht

---

[10] Pörtner et al. 2021: S. 19.
[11] Siehe hierzu exemplarisch: Zah et al. 2007.
[12] Siehe hierzu: Höpfner et al. 2009.
[13] BSI 2015: S. 2.
[14] Vgl.: Dahm 2019: S. 127.
[15] Europäisches Parlament & Rat 2009.

substanziell hinaus.[16] Da es sich bei Umweltmanagement nicht um Nachhaltigkeit handelt, beziehungsweise nur um eine sehr schwache Auslegung derselben,[17] wird sich die Arbeit im Weiteren nicht im Detail mit ihnen auseinandersetzen.

Weitere Begleiterscheinungen der Institutionalisierung der Umweltpolitik und der Aufnahme ökologischer Themen in die politischen Agenden der 1980er Jahre sind im Diskurs um die *ökologische Modernisierung (ecological modernisation)*[18] beschrieben. Er beschreibt das herrschende Paradigma der 1980er Jahre, dass Umweltprobleme grundsätzlich von bestehenden politischen, wirtschaftlichen und sozialen Institutionen internalisiert werden könnten, und diese in der Folge mehr um Nachhaltigkeit bemüht sein würden.[19] Die Sichtweise der 1970er Jahre, dass man ökologischen Problemen mit der Messung und Regulierung ex post-Abweichungen Genüge tun könne, wurde erweitert durch die Überzeugung, dass man den ökologischen Problemen idealerweise durch vorausschauende Investitionen in die ‚richtigen' Wirtschaftszweige und Technologien begegnen könne. Anstelle der von Systemkritikerinnen geforderten Beschränkung (oder Neudeutung) kapitalistischen, industriellen Wachstums entstanden neue Wirtschaftszweige und Entwicklungsstrategien mit dem Fokus auf technologische Innovation.[20] Die Folge war keine Einhegung der kapitalistischen Wirtschaftsweise, sondern vielmehr eine „Dynamisierung" derselben mit erweiterten Zielsetzungen und „systemkonforme[n], produktive[n] Lösungen"[21]. Legitimiert wurde dies über die oben beschriebene reduktionistische Darstellung der Natur als kontrollierbares (‚managebares') System. Im Vertag über die Europäische Union (2012, Artikel 3) wird beispielsweise „ein hohes Maß an Umweltschutz und Verbesserung der Umweltqualität" neben Wirtschaftswachstum als Ziele des Binnenmarktes der EU festgelegt. Dieses Zielbild wird in der EU-Taxonomie-Verordnung[22] im ersten Absatz aufgegriffen.

Vor allem drei Aspekte, denen wir uns in den Folgekapiteln widmen werden, sind hierbei von Bedeutung. Zum einen ging diese Entwicklung mit

---

[16] Vgl.: Dahm 2019: S. 126.

[17] Vgl.: Landrum & Ohsowski 2017.

[18] Der Begriff der ökologischen Modernisierung hat bis heute teilweise Charakter eines Leitprinzips. Vgl. exemplarisch: Knopf et al. 2016: Ökologische Modernisierung der Wirtschaft durch eine moderne Umweltpolitik.

[19] Siehe hierzu: Hajer 1995; Ali 2013: S. 60.

[20] Vgl.: Kungl 2021: S. 32; Siehe auch: Sachs 2005.

[21] Beide: Barth 2010: S. 179.

[22] Europäisches Parlament & Rat 2020.

der Überzeugung einher, dass quantitatives Wachstum des bestehenden Wirtschaftssystems und Nachhaltigkeit grundsätzlich miteinander vereinbar seien. Zweitens wurde ökologische Nachhaltigkeit (in Form der Lösung ökologischer Probleme) als eine *ergänzende* wirtschaftliche Zielsetzung *neben anderen* ausgelegt, was die Etablierung des Drei-Säulen-Modells der Nachhaltigkeit, und damit die Gleichrangigkeit von ökologischen mit sozialen und ökonomischen Faktoren, begünstigte. Und zuletzt wurde – getreu der neoliberalen Wirtschaftsordnung – fortan auf die Fähigkeit des Marktes zur Selbstregulierung, anstelle von (restriktiven) politischen Regulationen, gesetzt. Eine tiefgreifende Veränderung von Wirtschaftsakteuren und die gezielte Adressierung der Umweltbelange war damit nicht unbedingt erforderlich, insofern alle Unternehmen in ihrem jeweiligen Bereich einen Beitrag zur Problemlösung leisteten und Nachhaltigkeit als Wettbewerbstreiber erkannten. Nachhaltige Entwicklung lautete das neue politische Leitbild, und *Corporate Social Responsibility* seine methodische Flankierung. Nachhaltigkeit wurde fortan als „management problem"[23] aufgefasst. Spätestens dann mit dem Brundtland-Bericht *Unsere gemeinsame Zukunft* (*Our Common Future*) (1987) rückten die Themen Nachhaltigkeit und Umwelt ins Zentrum der internationalen Debatte.[24]

3.2 Die Mär vom grünen Wachstum

„*To believe that the economy can grow forever in a finite world, you have to be a madman or an economist.*"

Kenneth Ewart Boulding (US-amerikanischer Ökonom) zugeschrieben

„*Eine Million der acht Millionen Arten auf dem Planeten droht zu verschwinden. Wälder und Ozeane werden verschmutzt und zerstört. Der europäische Grüne Deal ist eine Antwort darauf. Es handelt sich um eine neue Wachstumsstrategie [...]*"

Europäische Kommission (2019) über den European Green Deal

„*[...] [D]ie Ideologie des fortschreitenden absoluten (quantitativen) Wachstums wird, offenbar mangels ausreichenden Verständnisses der ursächlichen Mechanismen und Konflikte, als wirtschaftspolitischer Entwicklungspfad weiter in die Zukunft extrapoliert.*"

Daniel Dahm 2019

---

[23] Sachs 2005: S. 33.
[24] Vgl.: Sachs 1999: S: 68.

Insbesondere zwei Begriffe verkörpern die Idee, dass Nachhaltigkeit und Wirtschaftswachstum (quantitativ, gemessen am Bruttoinlandsprodukt) miteinander vereinbar wären, der Begriff des *grünen Wachstums* und der Begriff der *nachhaltigen Entwicklung* (nach Vorbild der westlichen Industrienationen). Letzter Begriff setze sich insbesondere seit der Konferenz der Vereinten Nationen über Umwelt und Entwicklung 1992 in Rio de Janeiro (Rio-Konferenz, Erdgipfel) durch. Im Grundsatz 12 der Erklärung zum Abschluss der Tagung (Rio-Deklaration) heißt es:

„Die Staaten sollten gemeinsam daran arbeiten, ein stützendes und offenes Weltwirtschaftssystem zu fördern, das in allen Ländern zu *Wirtschaftswachstum und nachhaltiger Entwicklung* führt und es gestattet, *besser gegen die Probleme der Umweltverschlechterung vorzugehen.*"[25]

Mit der Rio-Konferenz und ihrem Aktionsprogramm, der Agenda 21[26], setze sich international die Einsicht durch, dass die natürlichen Ressourcen und die Kapazitäten der Natur, die Folgen des Wirtschaftswachstums zu verkraften, knapp geworden waren. Die Staatengemeinschaft hatte angesichts dieser Einsicht zu entscheiden, wie der zukünftige Entwicklungspfad der Menschheit auszusehen habe. Sie entschieden sich für das Leitbild der „nachhaltigen Entwicklung"[27], welches das „Recht auf Entwicklung"[28] beinhaltete, und „Umweltschutz [als] *Bestandteil* des Entwicklungsprozesses"[29] fasste.

Hiermit wurden zwei Weichenstellungen gelegt: Zunächst wurde der Imperativ der Entwicklungspolitik am Vorbild des Westens fortgesetzt, zum anderen wurde eine Hierarchisierung zwischen den zwei vornehmlich Zielen der nachhaltigen Entwicklung vorgenommen: Entwicklung kam vor Nachhaltigkeit.[30] Das Management der biophysischen Limitationen der wirtschaftlichen Entwicklung

---

[25] UN 1992: Grundsatz 12. Hervorhebung durch den Autor.

[26] Un 1992b. Zudem wurden auf dem Erdgipfel in Rio die Rio-Erklärung über Umwelt und Entwicklung (Rio Declaration on Environment and Development, RD), die Klimaschutzkonvention (United Nations Framework Convention on Climate Change, UNFCCC), die Biodiversitätskonvention (Convention on Biological Diversity, CBD), die Konvention zur Bekämpfung der Wüstenbildung (United Nations Convention to Combat Desertification, UNCCD) und die Walddeklaration (Statement of Forest Principles) verabschiedet. Letztere verbliebt jedoch ob der Uneinigkeit zwischen den teilnehmenden Nationen auf der unverbindlichen Ebene angestrebter Prinzipien.

[27] UN 1992: Grundsatz 1, 4, 5, 8, 9, 21, 22, 27.

[28] UN 1992: Grundsatz 3.

[29] UN 1992: Grundsatz 4. Hervorhebung durch den Autor.

[30] Vgl.: Sachs 2005: S. 33 ff.

3.2 Die Mär vom grünen Wachstum

und die Erarbeitung neuer Methoden (und Technologien) hierzu standen im Zentrum der an die Rio-Konferenz anknüpfenden Diskurse und internationalen Verhandlungen. Ermöglicht werden sollte die fortschreitende wirtschaftlichen Entwicklung und Wachstumspolitik durch eine „Efficiency Revolution"[31], bei der durch technologischen Fortschritt, Prozess- und Produktinnovationen und wissenschaftsbasierte Planung und Steuerung das Input-Output-Verhältnis der Weltwirtschaft optimiert, und so die Belastung der Umwelt innerhalb der biophysischen Grenzen der Erdsysteme gehalten werden sollten, während jede Nation, insbesondere der globale Süden, ihre sogenanntes Recht auf Entwicklung verwirklichen könnte. Empirisch legitimiert wurde dieser Entwicklungspfad auch dadurch, dass sich einige der Umweltprobleme, die in den 1970er im Fokus der nationalen Umweltpolitiken standen, unter anderem durch neue Technologien und ein ‚natürliches' Bedürfnis reicherer Gesellschaften nach höherer Umweltqualität, gelöst hatten.[32] Aus ökonomischer Entwicklung würde folglich auch ein Wandel zu einer ‚besseren' Umwelt folgen – zumindest hinsichtlich der unmittelbar erkenn- und spürbaren Faktoren, welche im Fokus der Öffentlichkeit der 1970er und 1980er Jahre standen.

In dieser bis heute oft nicht revidierten Weichenstellung der sogenannten nachhaltigen Entwicklung liegt der Begriff des grünen Wachstums[33] begründet. Erstmals auf der Ministerial Conference on Environment and Development (MCED) 2005 in Seoul genannt, gewann grünes Wachstum starke Aufmerksamkeit als mögliche Strategie aus der Weltwirtschaftskrise ab 2007.[34] Nachdem die OECD (2011) die von den Mitgliedsstaaten 2009 im Zuge der *Declaration on Green Growth* beauftragte Strategie *towards green growth* formulierten, hatte sich der Begriff etabliert. In der Folge fand das Konzept der Starken Nachhaltigkeit,

---

[31] Sachs 2005: S. 39.

[32] Vgl.: Dinda 2004; Grossman & Krueger 1995.

[33] Siehe hierzu: Hickel & Kallis 2019: Abstract: „Green growth theory asserts that continued economic expansion is compatible with our planet's ecology, as technological change and substitution will allow us to absolutely decouple GDP growth from resource use and carbon emissions."
Der Begriff des grünen Wachstums wurde seit einigen Jahren, so beispielsweise im European Green Deal (Europäische Kommission 2019) und in der Deutschen Nachhaltigkeitsstrategie (Deutsche Bundesregierung 2020) nicht mehr verwendet. Die grundlegende strategische Ausrichtung, die „[Abkopplung des] Wirtschaftswachstum von der Ressourcennutzung" (Europäische Kommission 2019: S. 2) bleibt davon jedoch unberührt. Der Glaube an die Vereinbarkeit von Nachhaltigkeit und Wirtschaftswachstum spiegelt sich ebenso im Vertrag über die Europäische Union und in der EU-Taxonomie-Verordnung wider.

[34] Vgl.: Jacobs 2013.

in dem den Belastungsgrenzen der Natur das Primat zuerkannt wird, beziehungsweise entsprechende Wohlstands- und Wachstumsparameter jenseits des BIP,[35] keine zentrale Beachtung in den nationalen und transnationalen Entwicklungs- und Konjunkturstrategien.[36]

Mit den einleitenden Zitaten hätte dieses Kapitel über den Begriff des grünen Wachstums grundsätzlich auch abgeschlossen werden können. Es ist empirisch nicht haltbar, anzunehmen, dass die Weltwirtschaft quantitativ, gemessen am Bruttoinlandsprodukt, weiter wachsen, und die Weltgemeinschaft gleichzeitig ihre ökologischen Nachhaltigkeitsziele erreichen könne. Die Leserinnen und Leser müssen es als Zeichen einer tiefen Krise der internationale Nachhaltigkeitsdebatte, der Nachhaltigkeitspolitik und auch der Bildung für nachhaltige Entwicklung betrachten, dass diese Feststellung nicht als ‚Common Sense' vorausgesetzt werden kann. Sie lässt sich nur durch die Reproduktion der reduktionistischen Betrachtung von Nachhaltigkeit als ‚Umweltschutz und Verbesserung der Umweltqualität', beziehungsweise als ‚Managementproblem' gepaart mit Ignoranz gegenüber alternativen Wachstums- und Wohlstandsparametern aufrechterhalten.

Durch die Fortsetzung dieser Sichtweise in politischen Strategiepapieren und Verordnungen, wie jüngst in der EU-Taxonomie, lässt sich die Kritik der oben zitierten Arbeit von Sachs (1999) im Kontext Nachhaltiger Entwicklung und der Vereinbarkeit von Nachhaltigkeit und Wirtschaftswachstum geradezu eins zu eins auf heutige Debatten übertragen. Es ist daher nicht verwunderlich, dass der britische Wirtschaftswissenschaftler Michael Jacobs vermutet, dass grünes Wachstum weniger ob etwaiger konzeptioneller Vorzüge, als vielmehr durch seine Attraktivität als konsensfähige narrative Rahmung der politischen Debatte um Nachhaltigkeit so großen Widerhall fand.[37] Inhaltlich hat der Begriff aber wenig Neuheitswert; nur sind die Grundannahmen, auf Basis derer er konzipiert ist, 23 Jahre nach Sachs' Kritik noch um Einiges unhaltbarer geworden.

Die folgende Grafik zeigt das globale Bruttoinlandsprodukt in Relation zum globalen (aggregierten) Ressourcenfußabdruck. Sie veranschaulicht, dass unabhängig davon, ob man in der Vergangenheit glaubte, dass die technologische

---

[35] Siehe hierzu beispielsweise: NEF 2009: *Happy Planet Index* (HPI); UNDP 2020: *Human Development Index* (HDI); Green et al. 2021: *Social Progress Index*.
[36] Siehe hierzu: UNDP 2020: S. 3ff, 14: „There are many opportunities for countries to expand capabilities-based human development while reducing planetary pressures."
[37] Vgl.: Jacobs 2013.

3.2 Die Mär vom grünen Wachstum

Entwicklung und die damit verbundenen Effizienzsteigerungen eine Entkopplung des Wirtschaftswachstums vom Ressourcenverbrauch erzielen könnte, diese Entwicklung, zumindest bis heute, nicht eingetreten ist (Abbildung 3.1).

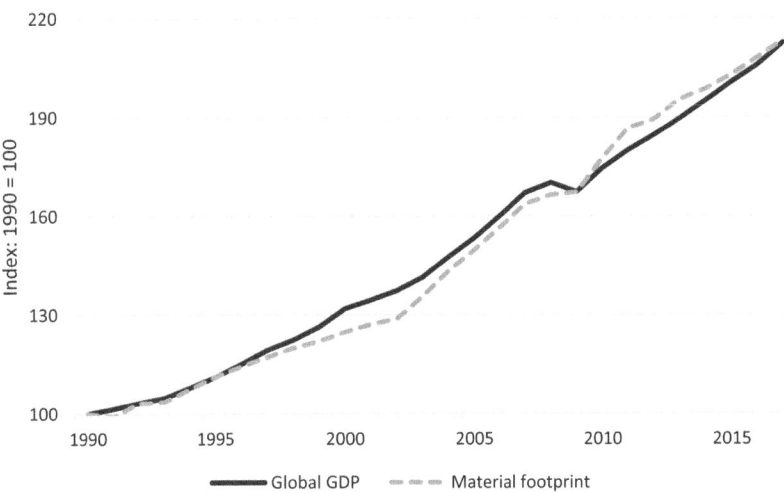

Abbildung 3.1 Globale Entwicklung des BIP und des Material-Fußabdrucks[38]

Hickel und Kallis (2019, S. 1) schreiben hierzu:

„The notion of green growth has emerged as a dominant policy response to climate change and ecological breakdown. [...] This claim is now assumed in national and international policy, including in the Sustainable Development Goals. But empirical evidence on resource use and carbon emissions does not support green growth theory. Examining relevant studies on historical trends and model-based projections, we find that: (1) there is no empirical evidence that absolute decoupling from resource use can be achieved on a global scale against a background of continued economic growth, and (2) absolute decoupling from carbon emissions is highly unlikely to be achieved at a rate rapid enough to prevent global warming over 1.5°C or 2°C, even under optimistic policy conditions."

Das bedeutet zwangsläufig, dass jede Strategie, die an der Idee des grünen Wachstums festhält, entweder zum Scheitern verteilt ist, da sie die wissenschaftlichen Faktenlage verkennt oder aber von dem Optimismus getragen wird, dass sich

---

[38] UNEP & Weltbank zitiert bei Bauwens 2021.

das globale Wirtschaftswachstum und der Ressourcenverbrauch zeitnah doch noch irgendwie entkoppeln könnten. Um es mit den Worten des ehemaligen Wirtschaftsweise Gerhard Scherhorn zu formulieren: „Die Politik [ist] in der Wachstumsfalle"[39].

Als Argument gegen diese Sichtweise könnte man ins Feld führen, dass sich Wirtschaftswachstum, insbesondere in den OECD-Staaten, seit circa zehn Jahren zunehmend von den CO_2-Emissionen entkoppelt hat.[40] Wachstum ohne einen Anstieg der globalen CO_2-Emissionen, beziehungsweise mit dem Einhalten des 1,5 Grad Zieles, scheint also, obgleich sich durch die Betrachtung der gesamten Welt anstelle nur der OECD-Staaten ein pessimistischeres Bild ergibt,[41] wenn auch bisher nicht realisiert (↑ Abschnitt 2.5.4), so doch zumindest grundsätzlich möglich.

Angesichts des drohenden ökologischen Kollapses hat sich in den letzten Jahren wieder ein kritischeres Leitbild für Nachhaltigkeit zu etablieren begonnen, das der *Transformation*. Unter dem Begriff der Transformation subsumieren sich diverse Positionen, die auf fundamentalen sozioökonomischen Wandel abzielen, darauf, Dinge grundlegend anders zu machen, die Wirtschaft wieder stärker einzuhegen oder grundlegend zu reformieren, dementsprechend tiefgreifende, systemische Reformen zu fördern und alternative (wünschenswerte) Zukünfte zu

---

[39] Scherhorn 2010: S. 1. Siehe auch: Sachs 2005.

[40] Vgl.: Handrich et al. 2015; UNDP 2020: S. 26.

[41] Vgl.: IPCC, WGIII 2022: S. 1. „Die anthropogenen Netto-Treibhausgasemissionen sind seit 2010 in allen wichtigen Sektoren weltweit gestiegen. Ein zunehmender Anteil der Emissionen kann städtischen Gebieten zugeordnet werden. Die CO_2-Emissionsrückgänge aus fossilen Brennstoffen und industriellen Prozessen aufgrund von Verbesserungen bei der Energieintensität des BIP und der Kohlenstoffintensität von Energie waren geringer als die Emissionszunahmen aufgrund der steigenden globalen Aktivitäten in Industrie, Energieversorgung, Verkehr, Landwirtschaft und Gebäuden."

Insgesamt scheint die Entkopplung der CO_2-Emissionen in den OECD-Staaten primär durch (a) der Stagnation des Primärenergieverbrauchs (Vgl.: Statista Research Department 2021b) und vor allem (b) der Verringerung der CO_2-Intensität der Energieerzeugung (Vgl. am Beispiel Deutschlands: Statista Research Department 2021c) zurückgehen, während sich die CO_2-Intensität der Materialproduktion nicht in gleichem Maße verringert hat, und somit relativ zur Energieerzeugung einen höheren Anteil ausmacht: „As a proportion of global emissions, material production rose from 15 to 23 %. China accounted for 75 % of the growth. [...] Overall, the replacement of existing or formation of new capital stocks now accounts for 60 % of material-related emissions. Policies that address the rapidly growing capital stocks in emerging economies therefore offer the best prospect for emission reductions from material efficiency." (Hertwich 2021: S. 1). Siehe auch: Agora Energiewende 2019.

entwerfen.[42] Insbesondere in der Wissenschaft, in der sich durch die Analysen und Prognosen des Weltklimarats[43] und die Forschung zu den planetaren Belastungsgrenzen, die klar zeigen, dass die Strategie des grünes Wachstums daran gescheitert ist, die biophysischen Grenzen der Erdsysteme nicht zu überschreiten, seit einigen Jahren eine breite Akzeptanz für die Dringlichkeit fundamentaler (statt inkrementeller) sozioökonomischer Veränderung durchgesetzte hat, hat sich das Leitbild der Transformation in vielen Kreisen etabliert. Dentoni et al. (2017) sprechen in diesem Zusammenhang vom *transformative turn*. Aber auch in der Zivilgesellschaft hat der Begriff Inflation. Beispielhaft hierfür können im deutschsprachigen Raum beispielsweise die Erfolge populärwissenschaftlicher Bücher wie Uwe Schneidewinds (2018) *Die Große Transformation*, und Maja Göpels (2020) *Unsere Welt neu denken* genannt werden.

Aber auch dieser Trend ist kritisch zu betrachten. Zum einen wäre es fatal zu denken, dass sich hinter dem Begriff der großen Transformation eine genuin neue Denkweise verbergen würde. Vielmehr handelt es sich um eine teilweise Rückbesinnung auf Positionen der Starken Nachhaltigkeit, wie sie in den Anfängen der Umweltbewegung bereits vertreten, und in vielen Kreisen nie verworfen wurden. Sie wurden in den letzten Jahrzehnten lediglich ökonomisch angeeignet, begrifflich aufgeweicht oder schlicht vergessen und nicht umgesetzt, jedoch von ihren Vertretern und Vertreterinnen niemals verworfen oder nicht zu Ende gedacht. Dem heutigen Diskurs fehlt oft das kritische Bewusstsein hierfür und altbekannte Positionen werden lediglich in neue Narrative verpackt.[44] Daher droht der Begriff der Transformation und die Potenziale, die mit ihm einhergehen auch stets, ähnlicher Aneignungen und Aufweichungen zum Opfer zu fallen. Ein Indiz hierfür ist beispielsweise der in breiten Teilen der öffentlichen Nachhaltigkeitsdebatte unhinterfragte Fokus auf die Reduktion von CO_2e-Emissionen (CO_2 equivalents, CO_2 Äquivalente) welcher deutlich an den Notwendigkeiten der ökologischen Krisen vorbeigeht (↑ Abschnitt 2.6). Unter dem Titel *The Dark Side of Transformation* analysieren Blythe et al. (2018) in diesem Zusammenhang die zentralen Risiken des Begriffs und seiner Diskurse und nennen diesbezüglich unter anderem die Legitimation von business-as-usual bei gleichzeitiger Abwälzung der Verantwortung für den Wandel auf die Allgemeinbevölkerung und ihre Konsumgewohnheiten und der Reproduktion ökonomischer Machtstrukturen.[45]

---

[42] Siehe hierzu: Kates et al. 2012; O'Brien 2013; Westley et al. 2013.
[43] Siehe hierzu: IPCC 2021.
[44] Vgl.: Dahm 2019.
[45] Vgl.: Blythe et al. 2018: S. 6 ff. Es ist in diesem Zusammenhang zumindest anekdotisch interessant, dass der individuelle CO_2-Fußabdruck, wie er heute auf den Websites dutzender

Es bleibt abzuwarten, ob das Leitbild der (großen) Transformation substanziellen Einfluss auf die Nachhaltigkeitspolitik haben wird. „Sozial-ökologische Transformation" lautete das wirtschaftspolitische Leitbild des Bundestagswahlprogramms von Bündnis 90/Die Grünen,[46] wurde aber als Begriff nicht in den Koalitionsvertrag der neuen Bundesregierung (2021) aufgenommen.

Parallel formiert sich im internationalen Nachhaltigkeitsdiskurs ein neues Leitbild: Das Leitbild der *regenerativen Ökonomie*, das insbesondere vom Geograph und Biologen Daniel Dahm geprägt wurde,[47] und im internationalen Diskurs durch die *UN-Dekade für die Wiederherstellung von Ökosystemen* (UN Decade on Ecosystem Restoration)[48] an Popularität gewinnt. Zum Zeitpunkt des Verfassens dieser Arbeit, am 14. Juni 2022, publizierten das BMZ und das BMUV eine gemeinsame Pressemitteilung, in der sie sich für die „Wiederherstellung der Natur" und „Renaturierung" stark machen. Bundesentwicklungsministerin Svenja Schulze und Bundesumweltministerin Steffi Lemke wollen den Schutz, die Stärkung und Wiederherstellung von Ökosysteme ins Zentrum der nächsten Weltnaturkonferenz rücken. Hierzu sollen bis 2026 insgesamt vier Milliarden Euro zur Verfügung gestellt werden.[49] Kurz zuvor, im Juni 2022, hat die Europäische Kommission einen Vorschlag für ein europäisches Renaturierungsgesetz[50] unterbreitet, welches von der Europapartei Die Grünen/EFA als „das erste echte europäische Naturschutzgesetz seit mehr als zwanzig Jahren"[51], und vom NABU als „Auftakt für mögliche Zeitwende" und „Meilenstein zum Erfolg [...] in der Naturkrise"[52] bezeichnet wurde, und erstmalig die Bewahrung der Integrität der natürlichen Umwelt per se gegenüber der bloßen Minimierung ihrer Verschmutzung und Belastung in den Fokus stellt.[53]

NGOs berechnet werden kann, zunächst eine PR-Kampagne des Gas- und Ölkonzerns British Petroleum war. Die Firme stellte 2004 in Zusammenarbeit mit der Werbeagentur *Ogilvy & Mather* den *Carbon Footprint Calculator* als erstes Tool dieser Art online. "This is one of the most successful, deceptive PR campaigns maybe ever", kommentiert Benjamin Franta von der Stanford University. Vgl.: Kaufmann 2020.

[46] Vgl.: Bündnis 90/Die Grünen 2021: S. 12, 217, 218, 220, 224, 227, 232, 233, 244.
[47] Siehe hierzu: GLS Bank 2021.
[48] Decadeonrestoration.org
[49] Vgl.: BMZ & BMUV 2022: S. 1.
[50] Europäische Kommission 2022.
[51] Die Grünen/EFA 2022.
[52] Beide: Weyland 2022.
[53] Vgl.: Europäische Kommission 2022.

Mit dem Konzept der regenerativen Ökonomie bahnt sich, wie der Autor im letzten Teil dieser Arbeit argumentieren wird, erstmals wieder ein Nachhaltigkeitsleitbild den Weg auf die Weltbühne, das verspricht, die Wirtschaft stärker in den Dienst der Umsetzung Starker Nachhaltigkeit zu stellen, und folglich das Potenzial hat, der Einhaltung der planetaren Belastungsgrenzen und der Bewahrung der menschlichen Lebensgrundlagen förderlich zu sein.

Bevor wir das bisher Gesagte auf die Methodenstandards für die Messung und Steuerung von Nachhaltigkeit anwenden, soll ein weiterer Diskurs erläutert werden, der zentrale Bedeutung für das Verständnis Starker Nachhaltigkeit und dementsprechend die Methoden des Managements derselben hat: Der Diskurs um Naturkapital.

3.3 Naturkapital in der Schwachen und Starken Nachhaltigkeit

In der (ökologischen) Ökonomie gibt es eine alte Debatte um Naturkapitalien, die heutzutage wissenschaftlich zwar gelöst ist, deren einstige Fehlannahmen sich aber in vielen Bereichen der heutigen Managementtheorie, in der Politik, den öffentlichen Diskursen und teilweise sogar den Wirtschaftswissenschaften hartnäckig halten. Im Kern der Debatte stand (und steht) die Frage, ob und inwiefern natürliche Kapitalien gemeinsam mit Sachkapital unter einen einheitlichen, aggregierten Kapitalstock subsumiert werden können. Dahinter verbirgt sich wiederum die Frage der Substituierbarkeit von Natur mit Sachkapital, der Elastizität[54] und folglich der Möglichkeit der rein monetären Betrachtung von Naturkapital und dessen Abstraktion in Geld.[55] Vereinfacht kann man sagen, dass Vertreter der Schwachen Nachhaltigkeit (und damit der Großteil der neoklassischen Ökonomen) in ihren Theorien und Modellen eine generelle Einheitlichkeit von Natur- und Sachkapital annehmen, während Vertreter der Starken Nachhaltigkeit, beispielsweise aus der Ökologischen Ökonomie, diese verneinen, (↑

---

[54] FüR eine Erläuterung von *Elastizität* siehe: Gabler Wirtschaftslexikon 2018, 2. Preis- und Markttheorie.
[55] Vgl.: Döring et al. 2007, S. 4. Die Debatte reicht in der Ökonomie bis ins frühe 19. Jahrhundert zurück. Damals galt Boden noch als limitierender Input-Faktor für alle wirtschaftlichen Tätigkeiten, da er nicht substituiert und seine Produktivität nicht erhöht werden konnte. Neben anderen Faktoren veränderte sich die Betrachtungsweise vor allem durch die Entdeckung künstlicher Düngemittel, die den Boden teilweise unabhängig von seiner natürlichen Fruchtbarkeit machte, und damit die wirtschaftliche Entwicklung teilweise von ihren natürlichen Begrenzungen abkoppelte. Vgl.: Ebd.: 5 f.

Abschnitt 2.4) auch wenn in der Vergangenheit nicht immer konsequente Schlüsse daraus gezogen wurden. Weiter unten mehr dazu.

In expliziter Form wird der Standpunkt der Schwachen Nachhaltigkeit heute in der Wissenschaft nicht mehr vertreten. Implizit jedoch wird er in vielen Bereichen aufrechterhalten, in der Managementtheorie ebenso wie in Nachhaltigkeitsdebatten, insbesondere durch den Begriff des grünen Wachstums. In den theoretischen Grundannahmen der neoklassischen Ökonomie hat sich der Standpunk durchgesetzt.[56] (So zum Beispiel im Grundlagenmodell der Nutzen- und Produktionsfunktionen, der Cobb-Douglas-Funktion[57], die von einem einheitlichen, aggregierten Kapitalstock K ausgeht.)

Die Arbeit wird daher im Folgenden den zentralen Fallstrick der jüngeren Debatte um die Vereinheitlichung von Natur- und Sachkapital, beziehungsweise zwischen den Vertretern der Schwachen und Starken Nachhaltigkeit nachzeichnen, und seine heutigen Auswirkungen auf den Interessengegenstand beleuchten. Die vielleicht prominenteste Position, an der sich diese Debatte, zumindest im letzten Viertel des 20. Jahrhunderts entladen hat, stammt vom US-amerikanischen Ökonomen und Träger des Alfred-Nobel-Gedächtnispreis für Wirtschaftswissenschaften 1987 Robert M. Solow. Er schreibt (1974a, S. 11) in einem Paper mit dem Titel *The Economics of Resources or the Resources of Economics*:

„If it is very easy to substitute other factors for natural resources, then there is in principle no „problem." The world can, in effect, get along without natural resources, so exhaustion is just an event, not a catastrophe."

Um die Kontroverse dieses Zitats besser nachvollziehen zu können, lohnt der Blick in ein früher im gleichen Jahr von Solow publiziertes Paper. Darin schreibt er (1974, S. 37):

„[…] the elasticity of substitution between natural resources and labour-and-capital-goods is no less than unity–which would certainly be the educated guess at the moment. The finite pool of resources (I have excluded full recycling) should be used up optimally according to the general rules that govern the optimal use of reproducible assets. In particular, earlier generations are entitled to draw down the pool (optimally, of course!) so long as they add (optimally, of course!) to the stock of reproducible capital."

---

[56] Für die historische Entwicklung des Diskurses seit dem frühen 19. Jahrhundert siehe: Döring et al. 2007.

[57] FüR eine Erläuterung der Cobb-Douglas-Funktion siehe: Gabler Wirtschaftslexikon 2018a.

3.3 Naturkapital in der Schwachen und Starken Nachhaltigkeit

Mit Blick auf den Titel des Papiers, *Intergenerational Equity and Exhaustible Resources*, wird der zentrale Fallstrick der Debatte um die Vereinheitlichung von Natur- mit Sachkapital bereits offenkundig. Solow differenziert in diesem Paper nicht explizit zwischen *natural resources* (natürliche Ressource) und *exhaustible resources* (begrenzte Ressourcen).[58] Und auch Joseph Stiglitz, Träger des Alfred-Nobel-Gedächtnispreis für Wirtschaftswissenschaften 2001, und neben Solow einer der zentralen Ökonomen, welche die Debatte um die Vereinbarkeit von Natur- und Sachkapital dieser Zeit geprägt haben,[59] nimmt diese Differenzierung in seinem Paper *Growth with Exhaustible Natural Resources: Efficient and Optimal Growth Paths* aus dem gleichen Jahr nicht vor,[60] wobei er von einem realistischeren (50–60 Jahre) Zeithorizont als Solow (theoretisch unendlich) auszugehen scheint.[61] Beide schlussfolgern jedoch ähnlich, dass dauerhaftes Wachstum unter der Annahme begrenzter/natürlicher Ressourcen grundsätzlich möglich sei, da sie durch andere Kapitalien substituiert werden können, und stellen Modelle dafür auf, wie die begrenzten/natürlichen Ressourcen aus ökonomischer Perspektive optimal aufzubrauchen seien.[62] Der Fallstrick ist also, wie auch Döring et al. (2007) herausarbeiten, dass nichterneuerbare und natürliche Ressourcen von Vertretern der Schwachen Nachhaltigkeit quasi synonym verwendet, und für beide eine generelle Substituierbarkeit mit Sachkapital angenommen wurde.

---

[58] Ersterer Term taucht zwölf Mal, zweiter inklusive des Titels acht Mal auf; Unter der Überschrift 6. *Exhaustible Resources* ist zunächst die Rede von *natural resources*, während sich die Schlussfolgerung dann wieder auf *exhaustible resources* bezieht.

[59] Vgl.: Döring 2004. Landrum & Ohsowski (2017) führen Solow und Stieglitz als die beiden zentralen Vordenker Schwacher Nachhaltigkeit ins Feld.

[60] Er spricht im Paper zwar überwiegend von *natural resourcen*, während jedoch die Quellen, auf die er sich bezieht, ausschließlich *exhaustible resources* im Titel tragen. Im Titel des Papers kombiniert er beide Terminologien.

[61] Vgl.: Döring 2004, S. 11.

[62] Prominent ist in diesem Zusammenhang beispielsweise die *Hartwick-* oder *Hartwick-Solow-Regel*, die ein optimales Maß für den Verbrauch natürlicher Ressourcen angibt. Solange von der durch den Verbrauch erzeugten Rendite nur genug in andere, sachliche und menschliche Ressourcen zu deren Substitution investiert würde, können zukünftige Generationen – netto, in Bezug auf die Gesamtheit aller Kapitalien – genau so viel konsumieren. Siehe hierzu neben Solow 1974 auch: Hartwick 1977. Der Inselstaat Nauru wurde zu einem prominenten Beispiel des Scheiterns der praktischen Anwendung der Hartwick-Regel. Siehe hierzu: Scherhorn 2004.

Ähnlich funktioniert das Konzept des Ganzheitlichen Wohlstands (comprehensive wealth), das Ende der 1990er Jahre von der Weltbank entwickelt und angewandt wurde. Hieraus wurde allerdings im Gegensatz zur Hartwick-Regel kein Handlungsprinzip für Generationengerechtigkeit abgeleitet. Siehe hierzu: Hamilton & Clemens 1999.

Die Zeit, zu der Stiglitz und Solow schrieben, war von der ersten Ölkrise 1973 und einer Stagflation geprägt. Gleichzeitig wurde mit den Grenzen des Wachstums erstmals Entwicklungsmodelle der Menschheit und der Weltwirtschaft unter den Bedingungen schwindender Rohstoff-Reserven und der drohenden Zerstörung menschlicher Lebensgrundlagen öffentlichkeitswirksam vorgeschlagen.[63] Nach dem Wirtschaftswunder der drei Jahrzehnte nach dem zweiten Weltkrieg wurde den Menschen der westlichen Welt hierdurch erstmals die (mögliche) Endlichkeit des Wachstums und der hierfür benötigten natürlichen Ressourcen vor Augen geführt.[64] Bis dato hatte die Begrenztheit natürlicher Ressourcen in der Wirtschaftspraxis keine zentrale Rolle gespielt, und sie wurden in der neoklassischen Ökonomie nur in Ausnahmefällen als limitierender Faktor behandelt.[65] Solow gehörte zu den prominentesten der zahlreichen Kritiker der Grenzen des Wachstums, sein oben zitierter, zunächst als Vortrag beim Treffen der *American Economic Association* formulierter, Artikel war eine explizite Antwort auf den kontroversen Bericht des Club of Rome.

Solows und Stieglitz' Verständnis nichterneuerbarer Ressourcen war also stark geprägt von der erstmals knapp gewordenen Ressource Öl, welche, anders als die abstrakt wirkenden natürliches Lebensgrundlagen, von denen die naturwissenschaftlich ausgebildeten Verfasser der Grenzen des Wachstums sprachen, die möglichen Limitation des Wachstums der (ölbasierten) Weltwirtschaft konkret und erfahrbar aufzeigte. Die Substituierbarkeit von Öl (ebenso wie vieler anderer nichterneuerbarer Ressourcen) ist heute, da erneuerbare Energien bereits einen erheblichen Anteil am globalen Primärenergieverbrauch ausmachen,[66] und die Transitionspfade zu einer ‚fossilfreien' Energiewirtschaft umfassend beschrieben sind, offenkundig. Ebenso offenkundig ist heute aber auch, was von Solow, Stiglitz und der überwiegenden Zahl ihrer Zeitgenossen überwehen wurde, nämlich, dass es natürliche Lebensgrundlagen gibt – funktional und genetisch diverse Lebensformen, intakte Nitrat- und Phosphorkreisläufe (insgesamt: intakte Ökosysteme) –, die durch Nichts substituierbar sind. Während also Öl und andere fossile Energieträger, ebenso wie auch natürliche Ressourcen, nichterneuerbare wie erneuerbare, zu sehr unterschiedlichen Graden und unter unterschiedlichen

---

[63] Vgl.: Meadows et al. 1972. Siehe auch: Die Folgestudien von Meadows et al. 1992 & 2004. Gray et al. (2006: S. 799f) schreibt zu diesen: „In broad terms the conclusions are the same as those reached in the earlier work, except that the early part of the twenty-first century has arrived, there is more data on which to base the analyses, the models are more sophisticated, the computers more powerful, and any room for manoeuvre has declined drastically."
[64] Siehe hierzu: Neumann 1980.
[65] Vgl.: Döring 2004: S. 25.
[66] Vgl.: Statista Research Department 2022.

3.3 Naturkapital in der Schwachen und Starken Nachhaltigkeit

Bedingungen durch andere substituiert werden können, wenn wir unsere Lebensweisen und Wirtschaftspraktiken entsprechend verändern, werden fast alle der derzeitigen Lebensformen auf der Erde stark dezimiert oder sterben aussterben, wenn die funktionale Biodiversität ein gewisses Maß unterschreiten, die Meere versauern, die Ozonschicht zu dünn werden sollte oder dergleichen. Es gibt begründete Einwände dagegen, auf diese natürlichen Lebensgrundlagen, wie auf viele anderen natürlichen ‚Ressourcen', beispielsweise saubere Luft, sauberes Süßwasser und fruchtbare Böden, überhaupt den Ressourcen- und Kapitalbegriff anzuwenden. Einige sind ethischer Natur,[67] andere ganz praktischer. Die ‚Ressource' Boden beispielsweise lässt sich weder eindeutig quantifizieren noch von anderen Ressourcen abgrenzen. Sie entzieht sich damit einer Verwertungslogik, und droht, sofern sie doch unter einer solchen gehandhabt wird, ihrer inhärenten Qualitäten und Besonderheiten beraubt zu werden.[68] In zeitgenössischen Diskursen hat sich daher gegenüber dem Begriff der Naturkapitalien eine differenziertere Betrachtung, beispielsweise in Ökosystemen, Naturkapital ‚Stocks' und ‚Flows' und Ökosystemdienstleistungen[69] durchgesetzt. Und der Diskurs um ihre Einteilung und (monetäre) Bewertung[70] ist noch nicht abgeschlossen und wird bisweilen kontrovers geführt. In jedem Fall ist es empirisch nicht haltbar, wie Solow und Stieglitz, *natural resources, exhaustible resources* oder *exhaustible natural resources* als Kapitalien und in Fragen ihrer Substituierbaren in einen Topf zu werfen.[71] Dies gilt insbesondere, wenn Dinge in die Betrachtung mit einbezogen werden, die sich nur unter gröbsten Vereinfachungen überhaupt als Ressourcen oder Kapitalien betrachten lassen. Positionen Schwacher Nachhaltigkeit haben vor diesem Hintergrund fundamentale Konflikte, die sich, wie wir beispielsweise anhand des <IR> Frameworks des International Integrated Reporting Council (IIRC) sehen werden (↓ Abschnitt 4.1.8), bis heute in den

---

[67] Siehe hierzu in der jüngeren Literatur: Taibi et al. 2020; Coulson et al. 2015, Fourcade 2011; Sandel 2012; Kallis et al. 2013; Roscoe 2014.
  Zu den Kritikpunkten gehören unter anderem die Sorge vor der Vereinnahmung von Naturkapital (und Sozialkapital) durch wirtschaftliche Hegemonie, die Unterordnung derselben unter wirtschaftliche Funktionsmechanismen und Prinzipien, die kolonialistische und hegemoniale Dimension Folgen dieser Unterordnung und die Sorge vor Monetarisierung der Kapitalien.
[68] Siehe hierzu: Dahm 2019: S. 99f; Scherhorn 2004.
[69] Vgl.: EEA et al. 2021.
[70] Siehe hierzu exemplarisch: Fourcade 2011.
[71] Vgl. exemplarisch: Döring 2004; Döring et al. 2007; Scherhorn 2004.

Methoden des Nachhaltigkeitsmanagements reproduzieren. Ihnen liegt keine differenzierte Betrachtung der verschiedenen (natürlichen) Kapitalien, ihren Sphären und Eigenschaften zugrunde.

Auch in der ökologischen Ökonomie hat sich, trotz der Ablehnung der allgemeinen Vereinheitlichung von Natur- und Sachkapitalien, teilweise ein verkürztes Bild von Naturkapital gehalten, demzufolge alle Naturkapitalien (oft ohne andere natürliche Lebensgrundlagen von ihnen abzugrenzen) sich in Form von Kapitalstocks, die verschiedene Mengen natürlicher Güter und (Ökosystem-) Dienstleistungen erbringen, beschreiben lassen. So schreiben zum Beispiel Goodland und Daly noch im Jahr 1995, dass „[n]atural capital is basically our natural environment, and is defined as the stock of environmentally provided assets (such as soil, atmosphere, forests, water, wetlands), which provide a flow of useful goods and services"[72], ohne dabei Naturkapitalien von natürlichen Lebensgrundlagen abzugrenzen, die sich nicht auf diese simple Art und Weise beschreiben, quantifizieren und managen lassen. Döring (2007, S. 13) schlussfolgert daher:

> „Solche Manöver führen zu erheblichem Misstrauen gegen den Begriff [Naturkapital] und vereinfachen es dadurch, Anstrengungen zur stärkeren Integration von Funktionen und Leistungen von Naturkapital in die ökonomische Theorie zurückzuweisen."

Und Sullivan (2017) erläutert, dass viele Menschen in gutem Glauben fälschlicherweise davon ausgehen, dass das Konzept des Naturkapitals ausschließlich mit der kapitalistischen Ideologie verbunden ist.

Verschärft wird diese problematische Sichtweise auf Naturkapital durch die oben geschilderte Auslegung des Begriffs der nachhaltigen Entwicklung. Indem die ökologische Integrität des Planeten zugunsten der Integrität der ökonomischen Entwicklung dienstlich gemacht wurde, fand auch eine Unterordnung des Naturkapitalbegriffs und der Ökosystemdienstleistungen unter die ökonomische Entwicklung statt:

> „The question now becomes: which of nature's 'services' are to what extent indispensable for further development? Or the other way around: which 'services' of nature are dispensable or can be substituted by, for example, new materials or genetic engineering? In other words, nature turns into a variable, albeit a critical one, in sustaining development."[73]

---

[72] Als weiteres Beispiel siehe: Prugh et al. 1995: S. 199: „The concept of natural capital is an extension of the traditional economic notion of capital [...] they both confirm to the working definition of capital as a stock (collection, aggregate) of something that produces a flow (periodic yield) of valuable goods and services."

[73] Sachs 2005: S. 34.

3.3 Naturkapital in der Schwachen und Starken Nachhaltigkeit 49

Entscheidend ist hierbei, dass der Begriff des Naturkapitals nicht per se problematisch ist, nicht einmal, wenn er, wie in Sachs' Zitat kritisiert, zugunsten der ökonomischen Entwicklung Gebrauch findet. Die obige Verwendung des Begriffs von Goodland und Daly ist nur dann abzulehnen, wenn sie nicht mit der Position Starker Nachhaltigkeit einhergeht. Problematisch wird der Begriff ausschließlich vor dem Hintergrund Schwacher Nachhaltigkeit. Denn wenn die Substitutionsfähigkeit von Natur- und Sachkapital angenommen wird, eröffnet der Begriff die Möglichkeit, Naturkapitalien zugunsten von Finanzkapital auszuzehren. Denn die Mehrung des Finanzkapitals kompensiert aus dieser Perspektive, zumindest theoretisch, den Verlust von Naturkapital und erscheint bei entsprechender finanzieller Rendite, welche in einem kapitalistischen System auf Finanzkapital einfacher zu erzielen ist, als eine äquivalente Naturkapitalrendite (durch den Aufbau und die Stärkung von natürlicher Kapitalien und Services) als ökonomisch sinnvoll – *In particular, earlier generations are entitled to draw down the pool (optimally, of course!) so long as they add (optimally, of course!) to the stock of reproducible capital.* In der Praxis hat dies jedoch bereits zu Katastrophen geführt.[74]

Aus der Perspektive Starker Nachhaltigkeit bedarf es stets der Betrachtung der verschiedenen Kapitalien in ihren autonomen Sphären vor dem Hintergrund ihrer jeweiligen Funktionsprinzipien und Zusammenhänge:

> „Erst im Zusammenwirken der Kapitalien entsteht Wirtschaftskapital. Hierzu gehört eine integrierte Betrachtung der verschiedenen wechselwirksam verbundenen Kapitalbegriffe, die in ihren verschiedenen Phänomenologien, Qualitäten und Vermögen als *Naturkapital, Sozialkapital, Kulturkapital, institutionelles Kapital, infrastrukturelles Kapital* und *Finanzkapital* die Breite der planetaren Lebens- und Produktionsgrundlagen umschreiben. Zueinander sind die Kapitalien nicht substituierbar, sondern können nur im Ganzen des Kapitals zur Entfaltung kommen."[75]

---

[74] Siehe hierzu: Scherhorn 2004 zum Beispiel der Südseeinsel Nauru.
[75] Dahm 2015: S. 325.

3.4 Grundlegende konzeptionelle Konflikte des Nachhaltigkeitsmanagements

Es soll in diesem Teil darum gehen, aus dem bisher Gesagten die grundlegenden konzeptionellen Unzulänglichkeiten der Messung und Steuerung von Nachhaltigkeit herzuleiten.[76] Ebenso sollen die Folgen dieser Unzulänglichkeiten kurz beschrieben werden. Vereinfacht gesagt, hemmen sie eine wahrhaftige sozioökonomische Transformation im Sinne eines Starken Nachhaltigkeitsbegriffs zugunsten Schwacher Nachhaltigkeit und business-as-usual.

3.4.1 Best-in-Class statt normativer Benchmark

Daniel Dahm schrieb 2019 das Buch *Benchmark Nachhaltigkeit: Sustainability Zeroline: Das Maß für eine zukunftsfähige Ökonomie*. Er entwickelt darin eine Fundamentalkritik der gängigen Methodenstandards für Nachhaltigkeit, und stellt ausgehend hiervon die Diagnose, dass die zentrale Problematik der methodischen Unzulänglichkeit für die Messung von Nachhaltigkeit letztendlich in der Ermangelung eines eindeutigen, quantitativen und normativ verbindlichen Maßstabs liegt.

Dahms zentraler Kritikpunkt ist, dass den gegenwärtigen Standards keine *Benchmark*, also keine Referenz beziehungsweise absoluter Bewertungsmaßstab zu Grunde liegt, an dem Nachhaltigkeit eindeutig und verbindlich gemessen werden könnte. Stattdessen folgen die gängigen Standards überwiegend einem *Best-in-Class* Ansatz, der ausschließlich einen relativen Vergleich von Unternehmen einer Branche untereinander erlaubt.[77] Basierend auf der jeweiligen Betrachtungsmethode werden hierbei von Institutionen ESG-Ratings und

---

[76] Es sei an dieser Stelle angemerkt, dass das bisher Gesagte notwendigerweise nur ein Ausschnitt aller Faktoren ist, die notwendig für ein vollständiges Verständnis der Hintergründe der grundlegenden konzeptionellen Unzulänglichkeiten des Nachhaltigkeitsmanagements sind. Würde man die geschilderten Konflikte um Umweltpolitik, grünes Wachstum und Naturkapital tiefer ergründen, würde man in Themen der gesellschaftlichen Wohlstandsbilder, der Natur- und Menschenbilder und des Mensch-Naturverhältnisses, der globalen Machtverhältnisse und viele mehr vorstoßen. Dies würde jedoch den Rahmen dieser Arbeit sprengen, und ist nicht ihr Fokus. Sie beschränkt sich diesbezüglich daher auf eine geringe thematische Tiefe und lediglich die jüngste Geschichte, zugunsten der ausführlichen Analyse des Ist-Zustands und der Anwendung der Themen auf ihren Gegenstand.

[77] Vgl.: Dahm 2019: S. 142.

3.4 Grundlegende konzeptionelle Konflikte ...

Rankings erstellt. Diese dienen der Einschätzung der Nachhaltigkeit von Unternehmen durch Externe, insbesondere Investorinnen, beziehungsweise zur Klassifizierung nachhaltiger Geldanlagen. Die Unternehmen werden hierbei jedoch an keinem Maßstab, keiner Benchmark, gemessen, sondern nur relativ zueinander verglichen. Die Ratings können daher keine Aussage über die Nachhaltigkeit eines Unternehmens treffen, sondern nur, ob es im Vergleich zu anderen Unternehmen, in der Regel derselben Branche, besser oder schlechter abschneidet. Dies erschwert, ja verunmöglicht, nicht nur fundierte Bewertungen der Nachhaltigkeit eines Unternehmens, sondern fördert zudem die Legitimation von Nicht-Nachhaltigkeit:

> „Nicht-nachhaltiges Wirtschaften legitimierte sich im relativistischen Vergleich über schlechtere Marktakteure. Best-in-Class veränderte den Status quo nicht, sondern zementierte ein marktliches Verharren in technologisch-institutioneller Selbstoptimierung."[78]

Ergänzt wird der Best-in-Class Ansatz unter anderem durch Positiv- und Negativ-/Ausschlusskriterien. Bei Letzteren wird versucht, manche Wirtschaftsbranchen (bspw. fossile Energien), Geschäftsfelder (bspw. Rüstung oder Tabak) und -praktiken (bspw. Menschenrechtsverletzungen) auszuschließen. Bei Positivscreenings werden vordefinierte Mindestanforderungen hinsichtlich ökologischer (E) und sozialer (S) Standards sowie Kriterien transparenter und guter Unternehmensführung (G) festgelegt.[79]

Wichtig ist an dieser Stelle festzuhalten, dass es sich bei Best-in-Class Ratings um externe Bewertungsmethoden handelt, die lediglich die über Unternehmen zugänglichen Informationen und Daten aggregieren. Woher diese stammen, wie und wozu sie erhoben wurden und dergleichen, wird nicht in die Betrachtung einbezogen. Sie sind sozusagen nur ‚Nachhaltigkeitsstandards zweiter Ordnung'. Selbstverständlich gehen mit allen Bewertungsmethoden für Nachhaltigkeit Ansprüche diesbezüglich einher; das *G* (Governance) in ESG zielt insbesondere auf die Bewertung von Transparenz und Verantwortung in der Unternehmensführung ab, was wiederum den Wahrheitsgehalt der Informationen und Daten gewährleisten soll.[80] Aber auch dies löst die Problematik nicht

---

[78] Dahm 2019: S. 122.

[79] Vgl.: Dahm 2019: S. 141f; Dahm & Rossner 2015: S. 13f; Döpfner & Schneider 2012: S. 11.

[80] Primär auf Grundlage von Ratings sowie Positiv- und Negativkriterien, aber am Rande auch anderer, zum Teil sehr heterogener Methodologien, werden von diversen Anbietern und Institutionen Leitfäden für nachhaltige Investitionen herausgegeben. Die zentralen sind

auf, dass alle externen Bewertungen nur so gut sein können, wie die Informationen, auf denen sie gründen. Neben Fragen nach der Qualität, Transparenz und Glaubwürdigkeit, stellt sich hier auch die Frage nach dem Sinn und Zweck, für den die Informationen erhoben wurden. In der Regel stammen die Informationen aus Nachhaltigkeitsberichten (Sustainability Reports, CSR-Reports), die wiederum einem Standard folgen, der vorgibt, aus welchen Informationen sie bestehen und wie diese erhoben werden sollen. Wir werden uns im nächsten Teil der Arbeit konkret mit Nachhaltigkeitsberichterstattung befassen und auf die hier geschilderte Problematik der Informationsherkunft, ihres Sinnes und und Zwecks zurückkommen. Wichtig ist an dieser Stelle zunächst, diese Unterscheidung zwischen Informationsherkunft (aus Nachhaltigkeitsberichten) und Informationsverarbeitung (in ESG-Rankings, -Ratings, Leitfäden und dergleichen), in der Regel zum Zweck der Riskobeurteilung von Unternehmen durch Investoren, festzuhalten.

Best-in-Class Ratings können zentrale Fragen der Nachhaltigkeitsbewertung nicht beantworten: Ist beispielsweise der laut Ranking nachhaltigste Ölkonzern nachhaltiger als der drittnachhaltigste Agrarkonzern? Ist derselbe Ölkonzern nachhaltiger als sein Konkurrent, der im Rating zwar schlechter abschneidet, dafür aber verstärkt in eine strategische Neuausrichtung zu nachhaltigen Energien investiert? Noch weniger kann Best-in-Class eine substanzielle Aussage über die Wirkungen von Unternehmen auf ihre natürliche Umwelt, qualitativ wie quantitativ, treffen. Abgesehen von der Wirkung des Unternehmens auf die Integrität der Atmosphäre (und die Versauerung der Ozeane), die sich näherungsweise durch die Quantifizierung der Emissionen des Unternehmens in CO_2-Äquivalente bestimmen lässt, bleiben die ökologischen Wirkungen daher im Dunkeln. Wie lässt sich die Wirkung des Unternehmens hinsichtlich Fragen der funktionalen und genetischen Biodiversität einstufen? Wie stark trägt das Unternehmen zur Versauerung und Erosion von Böden, letztlich zum Verlust fruchtbarer Böden

---

nach Dahm (2019, S. 140): der *Frankfurt-Hohenheim Leitfaden* zur Bewertung von Unternehmen und Kapitalanlagen; die *Entwicklungspolitischen Kriterien im ethischen Investment des Diakonischen Werks der Evangelischen Kirche in Deutschland e. V.*; die *Gemeinwohl-Bilanzierung* der Gemeinwohlökonomie (Association for the Promotion of the Economy for the Common Good e. V.); die»*Principles for Responsible Investment (PRI)* initiative by the United Nations Environment Program Finance Initiative (UNEP FI) and the UN Global Compact«; das *Environmental Impact Assessment (EIA)* des United Nations Environment Programme; das *Product Sustainability Assessment (PROSA)* des Öko-Instituts; die Richtlinie des Vereins Deutscher Ingenieure *VDI 4070 Nachhaltiges Wirtschaften in kleinen und mittelständischen Unternehmen – Anleitung zum Nachhaltigen Wirtschaften.*" Siehe auch: Dahm & Rossner 2015: S. 9f & 12.

bei? Die Integrität welcher Ökosysteme und Landschaften wird durch die Unternehmensaktivitäten ins Risiko gestellt? Über solche Fragen liefern Best-in-Class Bewertung kaum bis keine Aufschlüsse und sind damit für die Messung von Nachhaltigkeit ungeeignet. Sie stehen daher in kategorischem Widerspruch mit dem Prinzip Starker Nachhaltigkeit, bei dem die Nachhaltigkeitswirkungen von Unternehmen – dies ist ja ein zentrales Argument dieser Arbeit – notwendigerweise an der ökologischen Wirklichkeit (und eben nicht nur im Vergleich zu anderen Unternehmen) gemessen werden müssen.[81]

3.4.2 Mangelnde Evidenz

Erschwerend kommt hinzu, dass Best-in-Class Bewertungen auch ihrer Kernfunktion, dem relativen Vergleich von Unternehmen derselben Branche, kaum gerecht werden. Denn sie gelangen nicht zu reproduzierbaren Ergebnisse. So gelangt ein Forschungsprojekt der MIT Sloan School[82] zu dem Ergebnis, dass die Korrelationen zwischen verschiedenen untersuchten und prominenten Rating-Agenturen[83] mitunter nur 10 % betragen, wobei es möglich ist, dass ein Top-Performer des einen Ratings auf den untersten Rängen eines anderen Ratings rangiert und umgekehrt. Berg et al. (2019) prägten ob der geringen Korrelation und Reproduzierbarkeit von ESG-Ratings den Begriff *aggregierte Verwirrung* (*aggregate confusion*).

Hinsichtlich des Grundes hinter diesen diametralen Unterschieden, geben die Autoren die bereits kritisierte Art und Weise der Herkunft und Generierung der Daten und Informationen, auf denen die Ratings aufbauen, an: „The results call for greater attention to how the data underlying ESG ratings are generated."[84] Barker und Eccles (2018, S. 38) erklären die Unzulänglichkeit der Daten und Informationen durch eine kritische Analyse der methodischen Standards der Nachhaltigkeitsberichte, aus denen sie stammen. Zum Vergleich von Nachhaltigkeitsreporting mit herkömmlichem (finanziellen) Reporting schreiben sie:

---

[81] Vgl. Exemplarisch: Bjørn et al. 2018.
[82] Berg et al. 2019. Laut dem *Rate the Raters* Report 2019 und 2020 der Firma SustainAbility schneiden hierbei RobecoSAM, CDP, Sustainalytics und MCSI aus Sichtweise von Investorinnen am besten ab. Vgl.: Wong et al. 2019; Wong & Petroy 2020.
[83] Diese sind: KLD Research & Analytics, Sustainalytics, Moody's ESG (Vigeo-Eiris), S&P Global (RobecoSAM), Refinitiv (Asset4), and MSCI. Siehe Dahm (2019, S. 138f) für eine Liste der wichtigsten Ratings in Deutschland.
[84] Berg et al. 2019: Abstract.

"The relationship between data and tools is very different in the financial and nonfinancial reporting worlds. In the former, data originally comes from listed companies who have to report it using a set of accounting standards. Data vendors such as Bloomberg and Thomson Reuters all report the same data. [...] In the nonfinancial reporting world, since there are no standards and reporting requirements, the data vendor must first source and aggregate the data using its own proprietary methodology. These data vendors then create tools for using the data. Thus, the data and the tool are inseparable, and it is difficult to know the relative weighting of each in the overall quality of data provided. In contrast, financial analysis tools all start with the same underlying data and data quality and so the value is clearly in the tool"

Entscheidend an dieser Stelle festzuhalten ist also, dass der sprichwörtliche Hund hinsichtlich der mangelnden Evidenz von Ratings an erster Stelle nicht bei den Rating-Agenturen und ihren Methoden der Datenbewertung und -gewichtung begraben liegt, sondern bereits in deren Datengrundlage. Die Verfahren ihrer Erfassung sind bisher nicht standardisiert und Daten können daher nur schwer auf Vollständigkeit und Validität überprüft werden, was sich daher auf von Rating-Agentur zu Rating-Agentur mitunter fundamental unterschiedliche Ergebnisse niederschlägt, wie das MIT-Projekt *Aggregate Confusion* zeigt. Dahm (2019, S. 145) diagnostiziert:

„Anstelle von Transparenz durch Vergleichbarkeit der Bewertung und Qualitäten zu schaffen, ergibt sich so bei den Ratingagenturen ein Bild von Subjektivität und Beliebigkeit."

Die Datengrundlage zur Erstellung von ESG-Ratings stammt in erster Linie aus den Nachhaltigkeitsreports der gerankten Unternehmen. Diese Standards zur Erstellung solcher Reports wird die Arbeit im Folgekapitel eingehend betrachten. Darüber hinaus fragen die meisten Rating-Agenturen die Unternehmen nach zusätzlichen Daten an, führen Interviews mit ihren Vertreterinnen und werten Fachzeitschriften, Artikel und Newsletter aus.[85] Das hierdurch keine valide Datengrundlage zustande kommt, wundert angesichts der Größe und Komplexität der meisten Unternehmen nicht.

ESG-Ratings, Rankings und Prinzipien für nachhaltige Geldanlage werden im Weiteren nicht mehr im Fokus der Arbeit stehen. Denn sie sind keine Managementmethoden, die von Unternehmen angewendet werden und damit im engen

---

[85] Vgl.: Döpfner & Schneider 2012: S. 10.

Sinne nicht Teil dieser Arbeit.[86] Nichtsdestotrotz sind sie relevant für das Verständnis des Nachhaltigkeitsmanagements, da sich die Methoden desselben, wie wir sehen werden, stark nach den Bedürfnissen von Investorinnen und anderen Kapitalgebern richten, die Anforderungen der Kapitalgeber haben also einen starken Einfluss auf die Praxis des Nachhaltigkeitsmanagements. Datengrundlage und -Verwendung stehen also in einem wechselseitigen Verhältnis und können nicht isoliert voneinander betrachtet werden.

3.4.3 Primat des Ökonomischen

Mit den Verheißungen grünen Wachstums und dem Leitbild der nachhaltigen Entwicklung nach westlichem Vorbild setze sich auch eine Vorstellung durch, die bis heute in die Methodenstandards zur Messung und Steuerung von Nachhaltigkeit eingeschrieben ist: Die Gleichrangigkeit von ökologischen, sozialen und ökonomischen Faktoren (die sich auch im Begriff ESG spiegelt), auch bekannt als Drei-Säulen-Modell der Nachhaltigkeit (*Triple Bottom Line* (TBL) – profit, people, planet[87]). In der *Erklärung von Johannesburg über nachhaltige Entwicklung* zehn Jahre nach Rio heißt es:

> „Thirty years ago, in Stockholm, we agreed on the urgent need to respond to the problem of environmental deterioration. Ten years ago, at the United Nations Conference on Environment and Development, held in Rio de Janeiro, we agreed that the protection of the *environment*, and *social* and *economic* development are fundamental to sustainable development, based on the Rio Principles. To achieve such development, we adopted the global program, Agenda 21, and the Rio Declaration, to which we reaffirm our commitment. The Rio Summit was a significant milestone that set a new agenda for sustainable development."[88]

---

[86] Ebenso werden Themen rund um nachhaltiges Finanzwesen (sustainable finance) nicht im Fokus der Arbeit stehen. Vielmehr geht sie von der Perspektive aus, dass, ähnlich, wie ESG-Ratings nur so gut sind, wie die Daten und die Methodik auf denen sie gründen, Finanzprodukte und das Finanzwesen insgesamt nur insofern und insoweit nachhaltig sein können, wie Nachhaltigkeit auch gemessen (und gesteuert) werden kann. Diese Perspektive verweist zurück auf den thematischen Fokus dieser Arbeit.

[87] Als ‚Erfinder' der Triple Bottom Line gilt der Unternehmensstratege, Unternehmer und 1983 Gründer der Beratungsgesellschaft SustainAbility John Elkington. Siehe hierzu: Elkington 1997 & 2004. Vgl.: Mile & Gray 2012: S. 14. Siehe auch: Zappettini & Unerman 2016: S. 522.

[88] UN 2002: Punkt 8. Hervorhebungen durch den Autor. Die Enquete-Kommission des Deutschen Bundestags nennt ebenfalls „ökonomische, soziale und ökologische" Faktoren/Bereiche gleichrangig. (Deutscher Bundestag 1998: S. 37, 47)

Ähnlich wie der Begriff des grünen Wachstums eignet sich das Drei-Säulen-Modell als politisches Leitprinzip vor allem ob seiner positiven narrativen Wirkung. Anstelle einer restriktiven Unterordnung ökonomischer Zielsetzungen unter ökologische, suggeriert es eine bequeme Gleichrangigkeit, die umweltpolitische mit wirtschafts- und sozialpolitischen Belangen zu integrieren vermag, und somit die jeweiligen Interessenvertreter gleichermaßen adressiert. Dies trug, so der deutsche Sachverständigenrat für Umweltfragen (SRU) maßgeblich dazu bei, dass sich das Modell etablieren konnte.[89]

Mit ihm konnte die problematische Vorstellung, die sich in der frühen Umweltpolitik etabliert, (↑ Abschnitt 3.1) und durch die Begriffe des grünen Wachstums und der nachhaltigen Entwicklung gehalten hatte (↑ Abschnitt 3.2), nämlich, dass Umweltbelange mit den herrschenden ökonomischen Leitbildern und der Wachstumspolitik harmonisiert werden könnten, in der politischen und wirtschaftlichen Praxis weiter (und bis heute) fortdauern, obwohl sie von zunehmend weniger Menschen tatsächlich geglaubt wurde.

Die Kehrseite des pragmatischen Nutzens des Drei-Säulen-Modells und seiner Implikationen ist, dass sie empirischen Fundaments ermangeln. Es verhält sich hierbei ähnlich wie bei der Auslegung des Diskurses um die Substitutionsfähigkeit von Natur- und Sachkapitalien im Sinne der Schwachen Nachhaltigkeit: Die Gleichrangigkeit impliziert, dass sich ökologische mit ökonomischen (und sozialen) Ressourcen aufwiegen oder kompensieren lassen, was in manchen Bereichen zwar bedingt zutrifft, in anderen aber unhaltbar ist (↑ Abschnitt 3.3). Ein Unternehmen kann auf dieser Grundlage stets die etwaigen wohlfahrtsdienlichen Folgen seines wirtschaftlichen Erfolgs (beispielsweise die Schaffung von Arbeitsplätzen) gegenüber ökologischen Faktoren in den Vordergrund rücken, und hierdurch die Fortführung der unternehmerischen Aktivitäten bei gleichzeitig nur inkrementeller Verbesserung oder gar einer Verschlechterung in ökologischen Belangen legitimieren.

Ein am Drei-Säulen-Modell ausgerichtetes Verständnis von Nachhaltigkeit läuft daher stets Gefahr, Schwache Nachhaltigkeit gegenüber Starker Nachhaltigkeit zu priorisieren, zu falschen Annahmen über die Vereinbarkeit ökonomischer (und sozialer) mit ökologischen Zielen zu führen, den Weg für Vereinnahmungen und Aneignung ökologischer Belange durch ökonomische zu bereiten, ‚Nachhaltigkeitsprobleme' primär durch Marktmechanismen lösen zu wollen und somit

---

[89] Sachverständigenrat für Umweltfragen 2008: S. 56.

3.4 Grundlegende konzeptionelle Konflikte ...

im Ergebnis ökonomischen Interessen, insbesondere im Kontext von Konjunkturpolitik, (gewollt oder ungewollt) den Vorrang einzuräumen.[90] Die Geschichte der Nachhaltigkeit wird, bis in die Gegenwart, von vielen als Geschichte solcher Prozesse der Vereinnahmung und Aneignung gelesen.[91] Ansätze wie das Drei-Säulen-Modell, ebenso wie Best-in-Class, hatten anfänglich vor allem den Zweck, alle Parteien, insbesondere Wirtschaftsunternehmen im politischen Prozess der nachhaltigen Entwicklung zu involvieren.[92] Schließlich war es noch vor wenigen Jahrzehnten längst kein Allgemeinplatz, dass Unternehmen Beitragende oder gar aktive Gestalter des Wandels zu einer nachhaltigeren Welt sein sollten. Heute erweisen sich diese Ansätze jedoch als Problem und lähmen, da sie diesen eingeschrieben sind, die substanzielle Weiterentwicklung der Managementstandards für Nachhaltigkeit. „Zwar gelang die Marktdurchdringung, aber der Maßstab wurde nicht weiter geschärft."[93]

Die Agenda 21, die aus dem Erdgipfel in Rio 1992 verabschiedet wurde, war in erster Linie ein politisches, kein unternehmerisches Projekt. Lediglich vier der über 350 Seiten sind „der Rolle der Wirtschaft" gewidmet (S. 296–299). Diese solle „einschließlich der transnationalen Unternehmen, und die sie vertretenden Organisationen [...] an der Durchführung und Bewertung von Maßnahmen im Zusammenhang mit der Agenda 21 voll *beteiligt* sein."[94] Diese Sichtweise steht in diametralem Unterschied zu heutigen Strategiepapieren, beispielsweise

---

[90] Vgl.: Dahm 2019: S. 119f, 144 f. Anders dargestellte, auf dem Drei-Säulen-Modell aufbauende Konzepte der Nachhaltigkeit sind zudem, bezogen auf Deutschland das *Nachhaltigkeitsdreieck* oder *Magische Dreieck*, in dem „sich wirtschaftliche, soziale und ökologische Ziele gegenüber[stehen]" (Deutscher Bundestag 1994: S. 54) sowie die „Dreidimensionalität der Nachhaltigkeit" (Deutscher Bundestag 1997, S. 170).
[91] Siehe hierzu exemplarisch: Kungl 2021; Besedovsky 2018; Blühdorn et al. 2020; Zapettini & Unerman 2016; Buhr et al. 2014, S. 52: „[...] sustainability has got lost in the trappings of corporate speak."
[92] Vgl. in Bezug auf Best-in-Class: Dahm 2019: S. 123.
[93] Dahm & Rossner 2015: S. 18.
[94] UN 1992: S. 296. Hervorhebung durch den Autor. Auch wurde von manchen Beobachtern des Rio-Gipfels festgehalten, dass die Vertreter und Vertreterinnen der Unternehmen gar nicht über das Verständnis verfügten, um die Nachhaltigkeitstransformation in relevanter Weise mitzugestalten. Siehe hierzu beispielsweise: Elkington 1997: „But most of the hundreds of companies that limbered up for the 1992 Earth Summit by signing the Business Charter for Sustainable Development, devised by the International Chamber of Commerce (ICC), had little idea of the deeper logic of sustainable development. As far as they, and the thousands of companies which have signed up since, were concerned, the basic challenge was simply one of "greening," of making business more efficient and trimming costs."

dem European Green Deal, in dem von Kapitel zu Kapitel vor allem die anvisierten Transformationen verschiedener Wirtschaftsbranchen und die Rolle der verschiedenen Marktakteure hierbei beschrieben werden und politische Ziele vorrangig in Verbindung mit ökonomischen Zielen stehen.[95] Während es also zunächst darum ging, Unternehmen ein attraktives Narrativ anzubieten, um sie zu an der Nachhaltigkeitstransformation zu *beteiligen*, war Vielen klar, dass diese Narrative nur der Beginn einer langfristigen, kooperativen Ausarbeitung besserer Methoden für die Messung und Steuerung unternehmerischer Nachhaltigkeit zwischen öffentlichem und privatem Sektor sein sollen, und nicht deren finales methodisches Fundament. So stellt beispielsweise der Unternehmensstratege Elkington (1997, S. 94) wie selbstverständlich fest, dass „a sustainable corporation is one which ‚leaves the biosphere no worse off at the end of the accounting period than it was at the beginning'", und stellt im gleichen Atemzug die Triple Bottom Line lediglich in den Dienst der *Erweiterung* der Auslegung dieses Verständnisses eines nachhaltigen Unternehmens. Die Entwicklungen der letzten 25 Jahre müssen demgegenüber als Rückschritt betrachtet werden. Denn das Drei-Säulen-Modell wurde, zumindest in den gängigen Standards, nicht fundamental erweitert, gleichzeitig aber die von Elkington beschriebene Rolle von Unternehmen als Treuhänder der Integrität der Biosphäre weitestgehend vergessen. Das Mindestmaß an Weiterentwicklung wären Mechanismen gewesen, die eine Gleichrangigkeit der ökologischen und sozialen mit der ökonomischen Dimension, die Integrität und Eigenständigkeit dieser Dimensionen, unterstützten, beziehungsweise Mechanismen, welche in einem (finanz-)kapitalistischen System die stets drohende Dominanz und Durchsetzung der ökonomischen Dimension gegenüber den anderen einhegen.[96]

Obwohl das Drei-Säulen-Modell in naturwissenschaftlichen Fachkreisen längst nicht mehr Teil des Diskurses ist, hat sich ihm gegenüber bislang keine andere Vorstellung durchgesetzt. In fast allen Strategiepapieren zur Nachhaltigkeit tauchen die drei Säulen als methodische Grundlage grünen Wachstums oder einer Green Economy auf, in der Regel als Zieldimension der gleichrangigen Erreichung „ökonomische[r], ökologische[r] und soziale[r] Wirkungen"[97] oder als analytischer Fokus zur Ermittlung von „ökologischen, sozialen und

---

[95] Milne & Gray (2013, S. 13) diagnostizieren: „much of this debate [about „an ecologically sustainable society "] has come to be dominated by international business, and its associations."
[96] Siehe hierzu: Gray & Milne 2004.
[97] Deutsche Bundesregierung 2020: S. 20.

3.4 Grundlegende konzeptionelle Konflikte …

wirtschaftlichen Auswirkungen"[98] bestimmter Maßnahmen. Vogt (2009, S. 142) kritisiert:

> „Mit dem parataktischen Verständnis des Drei-Säulen-Konzeptes als bloßes Nebeneinander einer angeblichen Gleichrangigkeit von Ökologie, Ökonomie und Sozialem, die jeder nach seinen Präferenzen interpretiert, ist die Orientierungsfunktion des Leitbildes gefährdet, denn es wird verwendet, um Widersprüche und Gegensätze zu verdecken, statt einen Konsens in Kernfragen, Zielsetzungen und Prioritäten zu festigen. […] Nur wenn man daran festhält, dass Nachhaltigkeit in diesem Sinn ein ökologisch fokussiertes Konzept ist, dessen Sinnspitze nicht das gleichberechtigte Nebeneinander, sondern die systematische Integration von Umweltbelangen in andere Sektoren von Politik, Wirtschaft und Gesellschaft ist, kann man eine Verflachung in Beliebigkeit und Inhaltsleere verhindern."

Vom politischen Diskurs übersetzte sich das Drei-Säulen-Modell in der Regel unhinterfragt in die Methoden des Nachhaltigkeitsmanagements,[99] so beispielsweise prominent in der Anleitung der *Global Reporting Initiative* (GRI) zum Nachhaltigkeitsreporting.[100] Die Bedeutung dessen ist nicht zu unterschätzen, da der GRI in den 25 Jahren seit seiner Gründung zu *dem* Standard für Nachhaltigkeitsreporting wurde (2011 bereits berichteten 80 % der G250[101] Unternehmen (neben anderen) nach GRI;[102] 2019 traf dies auf alle DAX-30 Unternehmen zu) und eine starke Orientierungs- und Leitfunktion für alle anderen Standardsetzer im Feld hat.[103] Der *Deutsche Nachhaltigkeitskodex* (DNK) beispielsweise, der vom 2011 vom Rat für nachhaltige Entwicklung (RNE) entwickelt wurde, nennt in seinen Leistungsindikatoren für die Erfüllung der einzelnen DNK-Kriterien, neben den ESG-Indikatoren der European Federation of Financial Analysts Societies (EFFAS), eins zu eins die Indikatoren der universellen (GRI 102–103) und themenspezifischen GRI-Standards (200er, 300er und 400er Reihe): „Die Unternehmen entscheiden, ob sie die Leistungsindikatoren der GRI SRS (Sustainable Reporting Standards) oder der EFFAS berichten."[104] Der Teil der Arbeit zu Nachhaltigkeitsreporting wird sich daher an erster Stelle um den GRI-Standard drehen.

---

[98] Vgl.: Europäische Kommission 2019: S. 23.
[99] Vgl.: Dahm 2019: S. 143 ff.
[100] GRI 2016: S. 2, 3, 4, 5, …
[101] *G250* bezeichnet die 250 umsatzstärksten Unternehmen der Welt.
[102] Vgl.: Buhr et al. 2014: S. 63.
[103] Vgl.: Landrum & Ohsowski 2017: S. 3; Oprean-Stan et al. 2020: S. 5: „Most organizations follow the GRI structure, which has become the norm for reporting on sustainability."
[104] RNE 2020: S. 16.

Angesichts der im Drei-Säulen-Modell methodisch zementierten Gleichrangigkeit ökologischer mit ökonomischen und sozialen Faktoren, drängen sich grundlegende Fragen auf: Weshalb sind ökologische Faktoren, neben sozialen und ökonomischen, nur gleichrangige Bestandteile von Nachhaltigkeitsstandards, und nicht, wie beispielsweise Vogt (2009) im obigen Zitat fordert, systematisch in diese integriert? Geht es bei Nachhaltigkeit nicht darum, Wirtschafts- (ökonomische Faktoren) und Gesellschaftssysteme (soziale Faktoren) mehr an ökologischen Gesichtspunkten zu orientieren, beziehungsweise sie ‚umweltverträglicher' zu gestalten? Des weiteren: Wie kommt es, dass ökologische, soziale und ökonomische Faktoren nebeneinander stehen und nicht der ihnen intrinsischen Hierarchie folgen? Ist es nicht selbstevident, dass es ohne ‚das Ökologische' (die natürlichen Lebensgrundlagen des Menschen und aller Lebewesen) auch ‚das Soziale' (die menschlichen Gesellschaften) nicht geben kann, und das Soziale wiederum grundlegend für ‚das Ökonomische' (die Ökonomien innerhalb der Gesellschaften) ist?[105]

Es scheint also bei genauerer Betrachtung nicht klar, was der Begriff Nachhaltigkeit heute überhaupt zu beschreiben, und dementsprechend, was Nachhaltigkeitsmanagement zu messen und zu steuern versucht. Und tatsächlich wird der nächste Teil der Arbeit zeigen, dass viele Autorinnen und Autoren grundsätzlich anzweifeln, ob es bei Nachhaltigkeitsmanagement denn überhaupt, wie man intuitiv annehmen könnte, um den Schutz der Natur und das Management ihres Erhalts geht. Zunächst werden wir aber, um den ersten Teil der Arbeit abzuschließen, anhand des Begriffs Nachhaltigkeit ein Fazit ziehen, und die in der bisherigen Analyse angeschnittenen Unzulänglichkeiten der bestehenden Methodenstandards für Nachhaltigkeit kurz zusammenfassen.

3.4.4 Un-nachhaltige Nachhaltigkeit – Eine begrifflichen Sinnentleerung

Dauerhafte (nachhaltige) Entwicklung ist Entwicklung, die die Bedürfnisse der Gegenwart befriedigt, ohne zu riskieren, dass künftige Generationen ihre eigenen Bedürfnisse nicht befriedigen können. Zwei Schlüsselbegriffe sind wichtig: 1) der Begriff Bedürfnisse, insbesondere die Grundbedürfnisse der Ärmsten der Welt sollen Priorität haben; 2) der Gedanke von Beschränkungen, die der Stand der Technologie und der sozialen Organisation auf die Fähigkeit der Umwelt ausübt, gegenwärtige und zukünftige Bedürfnisse zu befriedigen [...]. Dementsprechend müssen die Ziele wirtschaftlicher

---

[105] Siehe hierzu exemplarisch: Schulte & Hallstedt 2018, S. 11: „thriving business is dependent on a prospering society, which in turn is dependent on a healthy and functioning environment."

3.4 Grundlegende konzeptionelle Konflikte ...

und sozialer Entwicklung im Hinblick auf die Dauerhaftigkeit definiert werden, in allen Ländern – Industrie- und Entwicklungsländern, marktorientierten oder zentral gelenkten.

Definition von Nachhaltigkeit entsprechend des Brundtland-Berichts Unsere gemeinsame Zukunft (1987)[106]

[...] [T]he Brundtland Report to the United Nations in 1987 put the term firmly centrestage of the economic, political and business agendas. Since then [...] the word has entered everyday speech and is used to mean a wide range of different things – most if them, in face, are not sustainable at all.

Rob Gray 1991

Im Zuge seines Aufstieges mit der Green Economy zum ökonomischen Wachstumstreiber und politischen Rechtfertigungswerkzeug nivellierte sich der Sinngehalt von Nachhaltigkeit weiter. Häufig nur synonym für andauernd, anhaltend, ungemindert verwendet und verstanden, trägt der Begriff mehr zu Unverständnis als zur Aufklärung bei.

Daniel Dahm 2019

Was bedeutet *Nachhaltigkeit*? Das Eingangszitat ist Grundlage für die bis heute maßgebende Definition des Begriffs: Nachhaltigkeit ist eine Form der Entwicklung, die nicht zu Lasten der Bedürfnisse zukünftiger Generationen gehen darf. Unter ‚Entwicklung' muss hierbei die Gesamtheit der menschlichen Aktivitäten gefasst werden, die eine potenzielle Wirkung auf die für Menschen jetziger und zukünftiger Generationen relevanten Lebensbereiche hat. Gleichzeitig dürfen laut der Brundtland-Definition die Menschen derzeitiger Generationen nicht ‚zu kurz' kommen. Hieraus leitete sich maßgeblich das Recht auf Entwicklung der Rio-Deklaration ab.

Die Definition hat zwei potenzielle Schwächen: Wir wissen nicht genau, was die Bedürfnisse der Menschen zukünftiger Generationen sein werden. Und wir wissen auch nicht, auf welche Art und Weise sie ihre Bedürfnisse befriedigen und verwirklichen werden. Also ist es schwierig, Aussagen darüber zu treffen, wie wir (insbesondere Unternehmen) *heute* dazu beitragen können, dass *zukünftige* Generationen ihre Bedürfnisse befriedigen werden können.[107] Der ersten Schwäche kann näherungsweise beigekommen werden: Zukünftige Generationen werden,

---

[106] Zitiert bei: Dahm 2019: S. 118, in Anlehnung an die Übersetzung des Brundtland-Berichts von Hauff 1987.
[107] Über diese Problematik schrieb bereits 1953 bereits Bowen in *Social Responsibilities of the Businessman*.

so wie die Menschen heute, ein lebenswertes und glückliches Leben führen wollen. Diese Antwort führt notwendigerweise zu der Frage, worin denn eine solches Leben besteht. Hier macht es Sinn, die Frage umzudrehen, also zu fragen, was der Befriedigung der Bedürfnisse zukünftiger Generationen mit hoher Sicherheit entgegenstehen würde. Dann können wir, ohne uns in philosophische Grundsatzdiskussionen über das gute Leben und dergleichen begeben zu müssen, aus der Definition schon so viel ableiten: Die heutigen Generationen müssen solche Aktivitäten unterlassen, von denen wir annehmen müssen, dass sie die Chancen auf ein lebenswertes und glückliches Leben mit hoher Sicherheit schmälern werden. Sie werden weder in Armut und Elend, noch unter Ressourcenknappheit und extremen Umweltbedingungen leben wollen, und auch nicht in Gesellschaften, die von Ungleichheit und Missgunst geprägt sind.[108]

Eine Antwort auf die zweite Schwierigkeit ist komplexer. Durch sie erhält Technologie und Innovation Einzug in die Definition. Denn die Art und Weise, *wie* die Menschen ihre Bedürfnisse befriedigen, hing stets von den ihnen zur Verfügung stehenden Technologien ab, beziehungsweise veränderte sich mit Innovationen der soziotechnischen Systeme.[109] Ab hier wird es komplizierter. Denn durch die Beschleunigung des technologischen Fortschritts sind substanzielle Aussagen über die Technologien und soziotechnischen Systeme der Zukunft ab einem Zeitraum von wenigen Jahrzehnten kaum möglich. Das bedeutet, dass Positionen fortschrittsgläubiger, technikzentrierter oder solutionistischer Natur theoretisch stets annehmen können, dass die Menschen zukünftiger Generationen alle vorstellbaren zukünftigen Probleme durch entsprechende technologische Innovationen werden lösen können. Mehr noch: Mitunter erscheint aus dieser Perspektive als der gangbarste Weg für die Erhöhung der Chancen zukünftiger Generationen auf ein lebenswertes und glückliches Leben die Maximierung von Investitionen in technologische Entwicklungen zu sein.

Es ist dieser Glaube, der den Positionen Schwacher Nachhaltigkeit, wie zuvor beschrieben (↑ Abschnitt 3.3), innewohnt: Technologische Innovationen werden es zukünftigen Generationen stets erlauben, Schäden an Naturkapital und an den ökologischen Lebensgrundlagen durch technologische Innovation zu substituieren, beziehungsweise monetär zu kompensieren. Solange die Investitionen in die Human- und Sachkapitalien, die die Grundlage für diese technologischen Innovationen bilden, hoch genug sind, lässt sich potenziell eine Substituierbarkeit aller Ressourcen, Naturkapitalien und natürlichen Lebensgrundlagen mit Human-

---

[108] Siehe hierzu: Helliwell et al. 2022, *World Happiness Report*.
[109] Siehe hierzu: Rohpol 2009.

3.4 Grundlegende konzeptionelle Konflikte ...

und Sachkapitalien postulieren, vereinfacht gesagt, eine potenziell unendliche Substitutionselastizität zwischen Natur und Technik.[110]

Über die Kritik an den Grenzen des Wachstums und die Integration von Naturkapital in die ökonomische Kapitaltheorie (↑ Abschnitt 3.3), die Favorisierung von ‚Entwicklung' gegenüber ökologischer Nachhaltigkeit (↑ Abschnitt 3.1), den Glauben an die Vereinbarkeit von quantitativen Wirtschaftswachstums mit Nachhaltigkeit, zementiert in den Begriffen des grünen Wachstums und der Green Economy und der Mobilisierung von Nachhaltigkeit als Innovations- und Wachstumstreiber seit 2007 und der Weltwirtschaftskrise (↑ Abschnitt 3.2), ist es stets dieser Glaube an die Substituierbarkeit von Natur durch Technik, die – in der Gänze oder nur bedingt angenommen, implizit oder explizit vertreten, wissentlich oder unwissentlich reproduziert – der Auslegung von Nachhaltigkeit innewohnt.[111] Die heute gängigen Standards sind hiervon in vielen Aspekten durchdrungen, was sich, um an dieser Stelle zunächst nur ein Beispiel zu nennen, darin niederschlägt, dass eine schwache Auslegung von Nachhaltigkeit dem Großteil der von Unternehmen publizierten Nachhaltigkeitsberichte zugrunde liegt.[112]

Auf diese Weise verstanden, wurde Nachhaltigkeit seiner inhaltlichen Schärfe und Konsistenz entledigt,[113] verlor mit der Zeit seine normative Orientierungsfunktion[114] und dient heute als Allgemeinplatz, der nach Belieben ausgelegt und angeeignet werden kann. Zappettini und Unerman (2016, S. 521) diagnostizieren:

„[…] the term sustainability has been […] semantically 'bent' to construct the organisation itself as being financially sustainable, that is, viable and profitable and for

---

[110] Siehe hierzu auch: Sachs 2005: S. 33 ff. Sachs kritisierte diese grundlegend fehlerhafte Weichenstellung bereits 1999 scharf unter dem Schlagwort *reduction of environmentalism to managerialism* und verglich dieses Leitbild metaphorisch mit dem in der Einleitung dieser Arbeit beschriebenen Auto, das auf einen Abhang zufährt.
[111] Vgl.: Landrum & Ohsowski 2017.
[112] Vgl. exemplarisch: Zappettini & Unerman (2016). Die Autoren schlussfolgern im Kontext von Integrated Reporting (S. 538): „[…] sustain* terms were primarily attributed to the organisation and they were primarily used as synonyms for prolonged, durable and profitable business rather than relating to social or environmental issues. […] Our analysis suggested that […] performance and value (for shareholders), organisations appropriated discourses of sustainability to primarily represent themselves as being or becoming (financially, economically and commercially) sustainable and to characterise certain actions or decisions that would benefit shareholders as sustainable, thus (re)constructing sustainability as the company's own growth and profitability."
[113] Vgl.: Pezzey 1992.
[114] Vgl.: Dahm 2019: S. 121.

the primary benefit of shareholders. [...] [M]ost companies have primarily colonised discourses of sustainability for the rhetorical purpose of self-legitimation."[115]

Dahm (2019, S. 123) schlussfolgert:

„Ungewollt löste sich der Nachhaltigkeitsbegriff in der Wirtschaftspraxis aus seiner wichtigen normativen Orientierung und wurde methodisch instrumentalisiert und umgedeutet."

Hierdurch geriet aus dem Fokus, was Rachel Carson bereits 1962 in Silent Spring beschrieb und in Kreisen der Naturwissenschaften auch nie bezweifelt wurde: Die unausweichliche Einbettung des Menschen in seine natürliche Umwelt und die Unmöglichkeit der Überwindung ökologischer Grenzen, sowie folglich die unauflösbare Problematik quantitativen Wirtschaftswachstums. Diese Position wurde von der frühen Nachhaltigkeitsbewegung zwar vertreten, dann aber immer mehr relativiert, und im Zuge der politischen Institutionalisierung der Nachhaltigkeitsdebatte zunehmend in die kapitalistische Wirtschaftsordnung integriert.[116]

Die Auslegungen von Nachhaltigkeit, wie sie in die derzeitigen Methodenstandards zur Messung und Steuerung von Nachhaltigkeit eingeschrieben ist, sind daher nicht in der Lage, eine konstruktive Orientierungsfunktion für die Nachhaltigkeitstransformation zu bieten. Denn die vornehmliche Aufgabe, die sich im Zuge dieser Transformation derzeit stellt, ist der (Wieder-)Aufbau der natürlichen Lebensgrundlagen für die Sicherung des Fortbestehens des Menschen auf diesem Planeten. Diese spiegelt sich aber nicht im Begriff der Nachhaltigkeit, wie er heute methodisch ausgelegt wird, wider. Die methodische und begriffliche Inkonsistenz der heutigen Methodenlandschaft des Nachhaltigkeitsmanagements ist eine direkte Folge hiervon:

„Anstatt auf den Arbeiten Anderer aufzubauen, wurden in dem frühen wissenschaftlichen Diskurs im Rahmen der Nachhaltigkeitsbewertung in der Mehrzahl eigene Interpretationen und Definitionen entwickelt. Die resultierende Vielfalt an Begriffen und Akronymen sorgte dafür, dass sich die Terminologie innerhalb der verschiedenen Wissenschaftsgebiete und nichtwissenschaftlichen Diskurse sehr unterschiedlich gestaltet."[117]

---

[115] Zappettini & Unerman 2016: S. 521. Vgl. auch: Ebd.: S. 538f; Buhr et al. 2014.
[116] Vgl.: Zappettini & Unerman 2016: S. 522; Siehe auch: Sandbach 1978.
[117] Andes 2019: S. 52, unter Bezugnahme auf Dalal-Clayton & Sadler 2014.

3.4 Grundlegende konzeptionelle Konflikte ...

Die Sinnentleerung des Begriffs gipfelt darin, dass Nachhaltigkeit, überwiegend in der Wirtschaft und im Marketing und in Kombination mit Begriffen wie *Wirtschaftswachstum* oder *Profitabilität*, heute teilweise mit *anhaltend, kontinuierlich, ungehindert, andauernd, stetig* oder dergleichen gleichgesetzt wird.[118] *Nachhaltiges Wirtschaftswachstum* ist somit zu einer Floskel geworden, die, rezipiert von Vielen in Politik und Zivilgesellschaft, die begriffliche Beliebigkeit auf die Spitze treibt. Sie meint im besten Fall ökoeffizientes Wachstum, im schlechtesten schlicht die Extrapolation von business-as-usual in die Zukunft.

Welche Möglichkeiten es gibt, um Nachhaltigkeit und ihren Managementmethoden eine konstruktive, verbindliche Orientierungsfunktion zurückzugeben und diese in Standards zu operationalisieren, wird vor allem im letzten Teil dieser Arbeit betrachtet werden. Um die hierzu notwendige Grundlage zu schaffen, fokussiert das Folgekapitel zunächst kritisch die verschiedenen Formen des Nachhaltigkeitsmanagements, untergliedert in Nachhaltigkeitsberichterstattung (Sustainability Reporting), Nachhaltigkeitsbilanzierung (Sustainability Accounting) und Nachhaltigkeitsrisikomanagement (Sustainability Risk Management). Der Fundierung und dem besseren Verständnis der Aussage, dass die erstrangige Aufgabe von Nachhaltigkeit und Nachhaltigkeitsmanagement der Erhalt und (Wieder-)Aufbau der natürlichen Lebensgrundlagen sein muss, ist der nachfolgende Einschub gewidmet.

I. Einschub: Externalisierung

Aus der Perspektive Starker Nachhaltigkeit ist es evident, dass die einzige Möglichkeit, zukünftige Generationen im Sinne des Brundtland-Berichts nicht der Möglichkeit der Befriedigung ihrer Bedürfnisse zu berauben, der Erhalt der natürlichen Lebensgrundlagen des Planeten ist. Unter dieser Perspektive kann Nachhaltigkeit eindeutig definiert werden, ja, es steckt eigentlich bereits im Wort: *to sustain (something)* beutetet etwas erhalten/aufrechterhalten;[119] *ability (to do something)* ist die Fähigkeit/das Vermögen zu etwas.[120] *Sustainability* kann also übersetzt werden mit ‚die Fähigkeit zu Erhalten'. Und so sind Praxen nachhaltiger Entwicklung oder nachhaltiges Wirtschaften solche, die sich oder etwas erhalten. Dieses *sich*

---

[118] Vgl.: Dahm 2019: S. 7.

[119] Vgl.: Oxford Learner's Dictionary 2022 (sustain something = to make something continue for some time without becoming less). oxfordlearnersdictionaries.com/definition/english/sustain.

[120] Vgl.: Oxford Learner's Dictionary 2022 (ability to do something = the fact that somebody/something is able to do something). oxfordlearnersdictionaries.com/definition/english/ability.

und *etwas* fallen unter der Perspektive Starker Nachhaltigkeit zusammen. Damit beispielsweise eine wirtschaftliche Aktivität sich selbst erhalten oder fortdauern kann, muss sie erhalten, was ihr dieses Fortdauern ermöglicht. Also die Gesellschaft, durch die sie erst hervorgebracht werden kann (soziale Nachhaltigkeit), sowie deren natürliche Lebensgrundlagen, beziehungsweise, aus der Perspektive des Wirtschaftsakteurs, die zur Hervorbringung der Aktivität notwendigen natürlichen Produktionsgrundlagen (ökologische Nachhaltigkeit). Damit diese Definition in die Zukunft projiziert werden kann, müssen alle Akteure diese Fähigkeit des Erhaltens vorweisen – und zwar, absolut gesehen, in allen Aspekten und zu allen Zeiten. Gray (1991, S. 1) schreibt:

> „Business practice which sustains the planet must [...] only take from the planet that amount which will leave the planet no worse off at the end of any period that it was at the beginning – ie (sic!) which will leave future generations with the same opportunities as we were bequeathed by our parents."

Fast 30 Jahre später operationalisiert Dahm (2019, S. 159) dieses Grundprinzip mit der *Sustainability Zeroline*: Nachhaltigkeit „[i]st die Summe von (1) Externalisierung negativer Effekte, (2) Internalisierung, (3) Kompensation/Ausgleichsmaßnahmen und (4) guter Wirkungen."

Diese Formel bedarf einiger begrifflicher Erläuterungen. Der zentrale Begriff hierbei (und generell für das Verständnis von Nachhaltigkeit im Sinne Starker Nachhaltigkeit) ist der Begriff der *Externalisierung*. Externalisierung ist die „Auslagerung bzw. Abwälzung"[121] von Kosten (in der Regel privater Wirtschaftsaktivitäten) auf die Um- und Mitwelt. Was dies genau beutetet, lässt sich an Beispielen aus der Landwirtschaft veranschaulichen, da hier die Zusammenhänge zwischen Wirtschaftsaktivitäten (primär durch die Bewirtschaftung des Bodens) und ihrer Um- und Mitwelt (der Boden selbst sowie die Menschen und Lebewesen, die von ihm leben) sehr plastisch sind: Stellen wir uns vor, eine Apfelbäuerin bestäubt ihre Bäume mit Pestiziden. Hierdurch erhöht sie ihren Ertrag und folglich (falls die Pflanzenschutzmittel nicht finanziell unwirtschaftlich sind) ihren unternehmerischen Gewinn. Der Einsatz von Pflanzenschutzmitteln bleibt aber nicht ohne Folgen: Es gerät mit dem Regenwasser in den Boden und verschlechtert mitunter die Bodenfruchtbarkeit. Indem Insekten getötet werden, greift es in die umliegenden Ökosysteme ein und verringert mittelbar auch den Bestand derer Vögel, die sich von diesen Insekten ernähren. Vielleicht speisen anliegende Dörfer ihr Leitungswasser aus dem Grundwasser, in welches das Pflanzenschutzmittel zuvor gelangt ist, was wiederum zu gesundheitlichen Folgen (oder erhöhten Wasserpreisen ob der

---

[121] Dahm 2019: S. 77. Siehe auch: Unerman et al. 2018: Introduction.

3.4 Grundlegende konzeptionelle Konflikte ...

notwendigen Wasseraufbereitung) führt. Die Liste ließe sich fortsetzen. Klar wird: Der Einsatz von Pflanzenschutzmitteln bleibt nicht ohne Folgekosten. Nur werden diese nicht unmittelbar von der Bäuerin getragen, sondern entfallen in Form *externer Effekte/Folgekosten* (=Externalitäten) teilweise auf ihre Um- und Mitwelt: In Form erhöhter Wasserpreise (monetäre Folgekosten), negativer Auswirkungen auf die Gesundheit der Anwohnerinnen und Anwohner (gesundheitliche Folgekosten), beziehungsweise erhöhte Belastungen des Gesundheitssystems (soziale Folgekosten oder Folgekosten des Sozialsystems), Umweltschäden durch Wasserqualität-, Bodenfruchtbarkeits-, und Biodiversitätsverlust (ökologische Folgekosten) und so weiter. Allein die ökologischen Folgekosten der globalen Landwirtschaft schätz die Ernährungs- und Landwirtschaftsorganisation der Vereinten Nationen (FAO) jährlich auf 2,1 Billionen US-Dollar, die sozialen Folgekosten auf 2,7 Billionen,[122] summiert also mehr als das Bruttoinlandsprodukt Deutschlands. Jedes Jahr verlieren wir (die Landwirtschaft ist hierbei der größte Faktor) global Ökosystemleistungen im Wert von mehr als 10 Prozent unserer globalen Wirtschaftsleistung.[123]

Entscheidend ist hierbei, dass die Bäuerin die Kosten entweder gar nicht oder nur mittelbar selbst trägt, sondern eben *externalisiert*. Externalisierung und ihre Folgen lassen sich, in Abhängigkeit von der Perspektive und der wissenschaftlichen Disziplin unterschiedlich beschreiben und rahmen. Dahm (2019), Geograph und Biologe, schlüsselt sie nach ihrem Einfluss auf die (Bio-)Kapazitäten der Wirkungsbereiche von Biogeosphäre (auf sie entfallen vor allem die ökologischen Externalitäten) und Antroposphäre (auf sie entfallen vor allem die sozialen Externalitäten) auf.[124] Externalisierung lässt sich aber auch, wie dies erstmals der US-amerikanische Ökologe und Mikrobiologe Garrett Hardin in seinem berühmten Essay *The Tragedy of the Commons* (1968) (Die Tragik der Allmende) tat, über den Begriff der Allgemeingüter beschreiben. Diese stehen, sofern nicht privatisiert, allen Menschen potenziell gleichermaßen zur Verfügung, werden von niemandem besessen, und fallen somit zunächst auch in niemandes Sorgfaltspflicht, weshalb die in sie externalisierten Kosten nicht von den Verursachern, sondern von der Allgemeinheit getragen werden. Sie unterliegen somit aus spieltheoretischer Perspektive stets der Gefahr der Übernutzung und Auszehrung. In dieser Arbeit wurde stellvertretend für die verschiedenen Wirkungsbereiche von Biogeosphäre (und Antroposphäre) und die Allgemeingüter bisher verallgemeinernd der Begriff der natürlichen (und sozialen) Lebensgrundlagen verwendet.

---

[122] Vgl.: oekom 2022; GLS Bank 2019.
[123] UNEP & FAO 2021: Foreword.
[124] Vgl.: Dahm 2019: 161 ff.

Die naturwissenschaftliche, empirische Grundlage für die näherungsweise Quantifizierung von Externalitäten bieten vor allem die planetaren Grenzen des Stockholm Resilience Center[125] und das Prinzip des ökologischen Fußabdrucks des Global Footprint Network[126]. Die Methoden zur Operationalisierung der empirischen Grundlagen sind vor allem Methoden des Naturkapital- und True Cost Accountings, wobei hier danach unterschieden werden kann, welche Organisationseinheit (Nationalstaat, Unternehmen/Organisation, Individuum) betrachtet, und auf welche Zielsetzung hin gemessen wird. Hierauf wird die Arbeit im Teil zu Nachhaltigkeitsaccounting (↓ Abschnitt 4.2) zurückkommen, wobei an dieser Stelle bereits vorweg genommen werden kann, dass eine zentrale methodische Problematik innerhalb der Zielsetzung verortet ist: Unternehmen, die Nachhaltigkeitsaccounting (oder Nachhatigkeitsrisikomanagement) betreiben, sind zunächst nur incentiviert, jene Externalitäten zu messen und zu steuern, die sich – indirekt oder direkt, mittelbar oder unmittelbar, heute oder in Zukunft – für das Unternehmen zu materialisieren drohen. In diesem Sinne ist die Bäuerin aus unserem Beispiel somit lediglich dazu incentiviert, jenen *Lebens*grundlagen Rechnung zu tragen, von denen die zukünftige Profitabilität ihres Unternehmens abhängt, die also gleichzeitig ihre *Produktions*grundlagen sind, wie beispielsweise der Erhalt der Fruchtbarkeit ihres Bodens.

Anhand dieser Überlegung lassen sich die restlichen Begriffe von Dahms Gleichung erläutern: *Internalisierung* meint eben jenes ‚Rechnung-Tragen'. Sie ist der „Gegenprozess zu Externalisierung"[127]: Die externen Folgekosten werden in das Wirtschaftskalkül der Unternehmerin mit einbezogen. Dies kann freiwillig erfolgen (durch gesellschaftliche Normen, Verantwortungsempfinden oder (vertragliche) Vereinbarungen), oder durch staatlich durchgesetzte (Markt-)Regulierungen (durch Steuern, Gebühren, beispielsweise auf Emissionen und ähnliches). Im Beispiel unserer Apfelbäuerin wäre eine mögliche geeignete Internalisierung eine Steuer auf den Einsatz von Pflanzenschutzmitteln, die sich an der Höhe der ökologischen und sozialen Folgekosten bemisst. Hierdurch würde ihr Einsatz mitunter unwirtschaftlich, eine nachhaltige Bewirtschaftungsweise wäre unter Umständen ökonomisch

---

[125] Siehe insbesondere: Rockström et al. 2009; Steffen et al. 2015. Veranschaulicht unter: stockholmresilience.org/research/planetary-boundaries.html „The planetary boundaries concept presents a set of nine planetary boundaries within which humanity can continue to develop and thrive for generations to come".

[126] Siehe insbesondere: Ewing et al. (2010). Veranschaulicht unter: footprintnetwork.org/our-work/ecological-footprint „The Ecological Footprint is the only metric that measures how much nature we have and how much nature we use." sowie auf overshootday.org durch den Earth Overshoot Day.

[127] Dahm 2019: S. 78. Sieh auch: Dahm 2013.

3.4 Grundlegende konzeptionelle Konflikte ...

zu favorisieren und die Wettbewerbsbedingungen der verschiedenen Marktteilnehmer würde sich folglich verändern. Internalisierung könnte aber auch in der Folge von Öffentlichkeitsdruck durch Anwohner oder Medien, beispielsweise in der Folge publik gewordener Wasserverunreinigungen, oder durch die eigenverantwortliche Einigung mit anderen Apfelbauern der Region, keine Pflanzenschutzmittel zu verwenden, erfolgen. Wichtig ist, dass von Internalisierung nur dann gesprochen werden kann, wenn die Kosten de facto auch vollständig, direkt oder indirekt, von den Verursacherinnen oder Verursachern getragen werden. Denn alle übrigen Externalitäten werden immer „ökologisch [oder sozial] internalisiert"[128], fallen also bei unzureichenden Internalisierungsmaßnahmen weiterhin Um- und Mitwelt zulasten.

Der Begriff der *Kompensation* verweist darauf, dass Internalisierung nicht an Ort und Stelle, zur gleichen Zeit und sogar nicht zwangsweise hinsichtlich des gleichen Wirkungsbereichs erfolgen muss. Die Apfelbäuerin könnte beispielsweise durch Humusaufbau, Insektenfarmen, Vogelbrutkästen, Wasseraufbereitungsanlagen, Investitionen in die lokale Gesundheitsversorgung und dergleichen alle externen Effekte des Einsatzes von Pflanzenschutzmitteln ausgleichen. Dass dies intuitiv absurd erscheint, ist durchaus richtig und an dieser Stelle gewollt, denn es zeigt die Komplexitäten und Problematiken geeigneter und gelingender Kompensation. Diese lassen sich derzeit prominent anhand des Diskurses um CO_2e-Kompensation und -Zertifikate nachvollziehen.[129] Jenseits von CO_2e sind jedoch die vorhandenen Mechanismen und Märkte für Kompensations- und Ausgleichsmaßnahmen noch weniger weit ausgereift. Es gibt beispielsweise mit dem Biotopwertverfahren und der Berechnung des Biotopwerts in sogenannten Ökopunkten einen Ansatz für ein System für die Kompensation von Natureingriffen und Flächenversiegelungen. Dieses hat jedoch starke Mängel und beschränkt sich zudem rein auf die deutsche Gesetzgebung.[130] Wie der letzte Teil der Arbeit zeigen wird, muss es ein zukünftiger Methodenstandard für Nachhaltigkeitsmanagement leisten, *alle* Externalitäten (negative wie positive) einer Wirtschaftseinheit (ob dies auf der Ebene einzelner Unternehmen geschieht, sei zunächst dahingestellt) entlang *aller* planetaren Grenzen der Erde zu erfassen, zu quantifizieren, und damit die Grundlage vollständiger Internalisierung (oder Kompensation, beziehungsweise Ausgleich) entsprechend Dahm's (2019) Nachhaltigkeitsnullinie oder einer vergleichbaren Methodik zu schaffen. Dieser muss, ähnlich wie im Bereich der CO_2e-Emissionen, juristisch und ordnungspolitisch flankiert werden. Er muss auch dem Umstand Rechnung

---

[128] Dahm 2019: S. 77. Ergänzung durch den Autor.
[129] Siehe beispielsweise: Khadka 2022.
[130] Siehe hierzu: BNatSchG., Kapitel 3 *Allgemeiner Schutz von Natur und Landschaft*. §16. dejure.org/gesetze/BNatSchG/16.html.

tragen, dass wir die ökologischen (und sozialen) Folgen ökonomischer Aktivitäten zwar näherungsweise, aber nie in allen Facetten werden beschreiben und quantifizieren können, weder für die Vergangenheit noch für die Zukunft. Der Umgang mit Unschärfen spielt daher eine entscheidende Rolle, ebenso wie die Arten und Weisen der Quantifizierung und Monetarisierung.[131]

Jeder Methodenstandard, der anstrebt, Nachhaltigkeit *tatsächlich*, also im Sinne Starker Nachhaltigkeit, messen und steuern zu können, wird daran bewertet werden müssen, inwiefern er dabei unterstützt, Externalitäten möglichst vollständig zu erfassen. Nur auf dieser Grundlage werden wir künftig näherungsweise differenzieren können zwischen wirtschaftlichen Aktivitäten, die dem Erhalt und dem (Wieder-)Aufbau unserer Lebensgrundlagen, und damit der Zukunft des Menschen auf dem Planeten Erde, dienlich sind (und zu welchem Grad sowie in welchen Dimensionen), und solchen, auf die dies nicht zutrifft.[132]

Bevor wir einen solchen Methodenstandard haben, wird Externalisierung ein Wettbewerbsvorteil sein. Denn durch die Auslagerung externer Kosten in die Um- und Mitwelt des Unternehmens, sind diese in der Lage, ihre Produkte und Dienstleistungen günstiger anzubieten.[133] Unternehmen sind somit incentiviert, die Praxis der Externalisierung fortzuführen und dies zu verschleiern. Leider fördern, wie die Arbeit zeigen wird, die gegenwärtigen Standards für Nachhaltigkeitsmanagement diese Praxis. Scherhorn (2011) schlägt in diesem Zusammenhang vor, Externalisierung und die Verschleierung derselben als unlauteren Wettbewerb im Bürgerlichen Gesetzbuch zu verbieten, sowie Ausgleichszahlungen gegenüber den Gemeingütern, in die externalisiert wird, festzuschreiben (↓ Kapitel III). Auch das Verursacherprinzip (polluter pays principle, PPP),[134] welches bereits 1972 von der OECD vorgeschlagen wurde, fällt in diese Kategorie ordnungspolitischer Maßnahmen.

---

[131] Siehe hierzu: Fourcade 2011.
[132] Siehe hierzu: Dahm 2019: S. 159 f.
[133] Vgl.: Dahm 2019: S. 93.
[134] Siehe hierzu: OECD 2022.

4 Nachhaltigkeitsreporting, -accounting und -risikomanagement

> *We need [...] a real cultural shift if we want to move away from a reporting that only relates to risks and opportunities that may have financial implications for companies in the short-term (e.g. dependencies). Instead, we need information that puts the sustainability and the planetary boundaries at the core, and thereby steers the decisions of investors and organisations towards tackling the socially and ecologically most material and pressing sustainability questions. In other words, we advocate for reporting where public interest considerations become the primary information need we aim at fulfilling.*
>
> Laine & Michelon 2020

4.1 Nachhaltigkeitsreporting

Dieser erste Teil von Kapitel 4 zu Nachhaltigkeitsreporting wird sich hauptsächlich mit dem GRI SRS der Global Reporting Initiative, dem <IR> Framework des International Integrated Reporting Council (IIRC), den aktuellen Bemühungen um die Harmonisierung des Feldes der Nachhaltigkeitsberichterstattung im Umfeld der IFRS Foundation sowie dem Entwurf eines europäischen Standards (European Sustainability Reporting Standard, ESRS) befassen. Denn wie weiter oben bereits erläutert, ist der GRI SRS der richtungsweisende Standard im Feld des Nachhaltigkeitsreportings. Daneben gelang, insbesondere in den letzten zehn Jahren, das Konzept des Integrated Reporting vermehrt zu Aufmerksamkeit, wobei in diesem Feld das <IR> Framework die derzeit populärste und das Feld prägendste Methode darstellt.[1] Anderer Methoden werden nur behandelt, sofern und soweit ihre Grundprinzipien von diesen beiden Standards, dem Status

---

[1] Vgl.: Buhr et al. 2014: S. 53, 62, 65.

quo des Nachhaltigkeitsreportings, abweichen oder die Perspektive auf dieselben erweitern.

4.1.1 Geschichte des Nachhaltigkeitsreportings

Nachhaltigkeitsreports sind seit den späten 1990er Dreh- und Angelpunkt des Nachhaltigkeitsmanagements geworden. Sie sind das zentrale Dokument, mit dem Unternehmen gegenüber ihren Shareholdern und sonstigen Stakeholdern über ihre Nachhaltigkeitswirkungen und -strategien kommunizieren und bilden, wie bereits geschildert, die zentrale Informationsgrundlage für ESG-Ratings. In den zwölf Jahren von 1999 bis 2011 ist der Anteil unter den G250 Unternehmen der Welt, die auf die ein oder andere Weise einen öffentlichen Bericht über ihre ökologischen und sozialen Wirkungen publizieren, von 35 % auf 95 % gestiegen (und seither konstant hoch geblieben), wobei es hierin keine signifikanten Unterschiede zwischen unterschiedlichen Branchen und zwischen den verschiedenen Regionen der Erde gibt.[2]

Neben finanziellen Wirkungen auch über ökologische und soziale Themen zu berichten, ist jedoch keine neue Idee des 21. Jahrhunderts, beziehungsweise nicht erst seit dem Aufstieg der gegenwärtigen Form des Nachhaltigkeitsreportings Teil unternehmerischer Praxis. Guthrie und Parker (1989) sowie Hogner (1982) stellten bei ihrer Analyse der Finanzberichte amerikanischer Stahlunternehmen fest, dass nicht primär finanziell relevante Informationen bereits zu Beginn des 20. Jahrhunderts Teil der Berichte waren. In einer Zeit, in der das Leben vieler Arbeiterfamilien von Prekarität und gesundheitlichen und sozialen Problemen geprägt war, berichteten die untersuchten Stahlunternehmen über diese Probleme und ihre Beiträge zu deren Lösung, insbesondere in Form von Wohnungsbau für Arbeitnehmerinnen, Kommunalentwicklung, Hypothekenhilfe und Investitionen in Arbeitsplatzsicherheit. Diese Praxis ging über in erste Formen des Sozialreportings (social reporting, social auditing) in den 1960er und 1970er Jahren, bei denen über Sozialindikatoren neben dem Wohlergehen der Mitarbeiter auch die Wirkungen von Unternehmen auf die Lebensqualität der Menschen im weiteren Umfeld der Unternehmen gemessen werden sollte.[3] Gegen Ende des 20. Jahrhunderts, insbesondere mit der Publikation des Brundtland-Berichts 1987, gelangten dann ökologische ‚Probleme' zunehmend in den Fokus der Öffentlichkeit und

---

[2] Vgl.: KPMG 2020. Siehe auch: Buhr et al. 2014: S. 55 ff.
[3] Vgl.: Buhr et al. 2014: S. 53 f.; Siehe auch: Elkington 1997: S. 86 ff.

folglich in das Berichtswesen von Unternehmen.[4] Eine wegweisende Publikation hierbei war *Coming Clean: Corporate Environmental Reporting, Opening up for Sustainable Development*[5].

Diese Entwicklungen zeigen, dass die unternehmerische Praxis der Berichterstattung schon immer auch davon beeinflusst war, welche nicht-finanziell relevanten Problemstellungen sich im Umfeld von Unternehmen stellen, welche Verantwortungen in Fragen der Unterstützung bei der Bewältigung dieser Problemstellungen an das Unternehmen herangetragen werden und vor allem, welche finanziellen Auswirkungen diese mittelbar auf das Unternehmen zu haben drohen. So mussten sich Unternehmen in der Spätphase der Industrialisierung mit der prekären Lage ihrer Arbeitnehmer und deren Familien auseinandersetzen, diese Bemühungen seit den 1960er Jahren auch auf gesamtgesellschaftliche Belange (worunter auch ökologische Belange fielen, sofern sie gesellschaftliche Auswirkungen hatten) erweitern, und sahen sich spätestens seit dem Aufstieg des CSR-Leitbilds in den 1990er Jahren in der Pflicht, über ihre Rolle bei der Umsetzung der nachhaltigen Entwicklung zu berichten.

Als erste Ansätze zur Standardisierung dieser Bemühungen können sogenannte *Balanced Scorecards*, und später, seit den 1990er Jahren, *Sustainability Balanced Scorecards* angesehen werden.[6] Seit der 2000er Jahren begannen Unternehmen, diese Bemühungen unter dem populär gewordenen Begriff der *Nachhaltigkeit* zu subsumieren:

„corporate sustainability reporting is an extension and progression from earlier forms of corporate reporting to include matters of an organization's environmental policies and impacts (e.g. resource and energy use, waste flows), and its social policies and impacts (e.g. health and safety of employees, impacts on local communities, charitable giving)."[7]

4.1.2 Wozu Nachhaltigkeitsreporting?

Es ist daher festzustellen: Unabhängig von der Form des Reporting, reagieren Unternehmen in der Regel mit den darin beschriebenen Maßnahmen zunächst strategisch auf aktuelle Herausforderungen des Unternehmens. Die Berichterstattung ist also Teil strategischer Abwägungen:

---

[4] Vgl.: Buhr et al. 2014: S. 54; Sheldon & Land 1972: S. 137 ff.
[5] Deloitte Touche Tohmatsu International et al. 1993.
[6] Siehe hierzu: Hahn & Wagner 2001.
[7] Buhr et al. 2014: S. 51.

„Regardless of the form of reporting, it is always driven – to one degree or another – by the immediate and strategic objectives of the corporation. Accordingly, corporations report with motivation, a calculated purpose and a message in mind. What is produced is provided, at least in part, in response to various pressures, expectations and social change and how the corporation interprets and prioritizes these."[8]

Während sich das Leitbild der Nachhaltigkeit in vielen Belangen in den letzten zwanzig Jahren zu einer Aufgabe der planerischen Zukunftsgestaltung und groß angelegten Transformation weiterentwickelte, veränderten sich aber Inhalt und Gegenstand der Nachhaltigkeitsberichte oft nicht entsprechend.[9] Vielmehr wurde mit dem Drei-Säulen-Modell ein Narrativ geschaffen, dass es Unternehmen erlaubte, ihre bisherigen Strategien (unter dem Label der ökonomischen Dimension der Nachhaltigkeit) mit dem Leitbild der Nachhaltigkeit zu harmonisieren, beziehungsweise nach Belieben in dieses zu integrieren.[10]

In diesem strategischen und finanziellen Fokus liegt einer der Hauptgründe, weshalb sich die Hoffnungen der modernen Nachhaltigkeitsberichterstattung und der dahinterstehenden Philosophie des verantwortungsvollen Unternehmertums nicht einlösten. Kenneth P. Pucker, Manager und Lehrbeauftragter für nachhaltiges Unternehmertum, schildert, indem er kritisch über seine Zeit als Nachhaltigkeitsmanager reflektiert, diese Philosophie in einem Artikel im Harvard Business Review (2021)[11]. Er schreibt:

„Over the past 20 years many forward-thinking academics, consultants, executives, and NGO leaders have promoted a theory outlining how businesses can prosper while pursuing a greener and more socially responsible agenda. These people, […] believed that if companies committed to measuring and reporting publicly on their sustainability performance, four things would happen:

1. Individual companies' social, environmental, and governance (ESG) performance would improve (because what gets measured gets managed).
2. A link tying companies with better sustainability records to better equity returns would emerge.
3. Investors and consumers would reward companies with strong sustainability performance – and put pressure on those that lagged.

---

[8] Buhr et al. 2014: S. 59.
[9] Siehe hierzu: Landrum & Ohsowski 2017.
[10] Vgl.: Wheeler and Elkington 2001: S. 4
[11] Der Artikel wurde vom akademischen Partnerverbund *Alliance for Research on Corporate Sustainability* (ARCS) rezipiert. corporate-sustainability.org/article/overselling-sustainability-reporting-were-confusing-output-with-impact/

4.1 Nachhaltigkeitsreporting

4. Ways to measure social and environmental impact would become more rigorous, accurate, and widely accepted.

Over time, this virtuous cycle would result in a more sustainable form of capitalism."

Eine Studie über den organisationalen Aufbau der Global Reporting Initiative schildert die Zielsetzung derselben sehr ähnlich, wobei der GRI von Anfang an anstrebte, innerhalb der CSR-Bewegung die Vorreiterrolle einzunehmen:

„One assumption was that information empowers and mobilizes societal actors to demand accountability and certain performance from companies, and as such is an instrument of civil–private regulation. In particular, standardized information that could be used for benchmarking, ranking and cross-comparisons was presumed to be a powerful tool by way of political action and market-based mechanisms. [...] Another assumption was that GRI would serve the interests of progressive companies with public claims to being socially responsible, transparent and accountable. These organizations would take up the GRI system and become its strong supporters in order to gain competitive advantage and pre-empty formal regulations. Over time, the middle-of-the road and laggard companies would follow."[12]

Dieser Ansatz, auch bezeichnet als der informationsbasierter Regulierungsansatz (*information based approach to regulation*[13]), ist im Kontext von Nachhaltigkeitsreporting gescheitert. Pucker schlussfolgert in besagtem Artikel, dass CSR-Reporting sich als ungeeignet erwies, Fortschritte hinsichtlich der sozialen und ökologischen Wirkungen von Unternehmen zu messen, und daher kein „proxy for progress" sein kann. Brown et al. (2009) kommen in Bezug auf den GRI-Standard zu einem ähnlichen Ergebnis.[14] Gleichzeitig hat sich durch den enormen Anstieg publizierter Nachhaltigkeitsberichte und der zentralen Bedeutung derselben für die Selbstdarstellung von Unternehmen im Kontext der Nachhhaltigkeitstransformation ein lukrativer Wirtschaftszweig von CSR-Standardsetzern, -Beraterinnen und -Expertinnen entwickelt, der in hohem Maße zu einem Selbstzweck geworden zu sein scheint:

---

[12] Brown et al. 2009: S. 572.
[13] Brown et al. 2009: S. 572.
[14] Vgl.: Brown et al. 2009: S. 577 f.

"A thriving new industry has emerged around these activities [generating reports or [...] using the information therein]. Propelled by idea entrepreneurs and information brokers, this industry seeks to grow, expand its influence, and standardizes professional practices."[15]

Angesichts dieser ernüchternden Diagnose drängt sich die Frage auf, wozu CSR-Reporting überhaupt betrieben wird. Folgt man dem obigen Zitat von Buhr et al. (2014), sind es vor allem strategische Zielsetzung der berichtenden Unternehmen. Ein Großteil der wissenschaftlichen Untersuchungen zu CSR-Management beschäftigt sich daher mit den Auswirkungen von Nachhaltigkeitsberichterstattung auf die Unternehmensperformance. Oprean-Stan et al. (2020) betrachteten diese Untersuchungen in einer Metaanalyse. In den Grundannahmen der untersuchten Studien herrschen zwei konkurrierende Theorien vor. Erstere, die Wertschöpfungstheorie (*value creation theory*), geht von einem positiven Zusammenhang zwischen Nachhaltigkeitsreporting und Unternehmensperformance (hinsichtlich der Dimensionen (a) finanzieller Performance, (b) Marktperformance und (c) anhaltenden Wachstums) aus. Unternehmen minimieren durch die Übernahme von sozialer und ökologischer Verantwortung ihr Unternehmensrisiko und erzielen in der Folge bessere Leistungen, so die grundlegende Annahme. Die Wertvernichtungshypothese (*value destruction hypothesis*) unterstellt einen gegenteiligen Effekt, mit der Begründung, dass Unternehmen, die sich für soziale und ökologische Belange engagieren, weniger Wert auf Gewinne legen (zum Nachteil ihrer Shareholder) und sich stattdessen darin verzetteln, andere Stakeholdergruppen zufriedenzustellen.[16] Welche Theorie ist nun näher an der Wirklichkeit? Lohnt sich Nachhaltigkeitsreporting? Und wenn ja, weshalb? In diversen der betrachteten Studien wurden, mit Fokus auf die Dimension (a) finanzielle Performance, beide Thesen teilweise bestätigt und teilweise nicht, wobei eine leichte Tendenz zu einem positiven Zusammenhang von Nachhaltigkeitsreporting und finanzieller Performance besteht. Viele Studien ergaben jedoch keine statistisch relevanten Zusammenhänge oder inkonsistente Ergebnisse.[17] Weder (a) finanzielle Performance noch (b) Marktperformance noch (c) anhaltendes Wachstum scheinen in einem eindeutig negativen Zusammenhang mit den Bemühungen von Unternehmen zu stehen, über ihre Nachhaltigkeitswirkungen Bericht zu erstatten oder nicht.[18] Die Ergebnisse dieser Bericht können

---

[15] Brown et al. 2009: S. 577. Siehe auch: Schendler 2009.
[16] Vgl.: Oprean-Stan et al. 2020: S. 3.
[17] Vgl.: Ebd.: S. 7 ff.
[18] Vgl.: Ebd.: S. 24.

4.1 Nachhaltigkeitsreporting

wiederum negative Auswirkungen haben.[19] Signifikant negative Auswirkungen auf alle drei Dimensionen entstehen vor allem, wenn das Unternehmen hohen Nachhaltigkeitsrisiken (*ESG risk exposure*) ausgesetzt ist, insbesondere wenn es diese nicht adäquat managt.[20] Die Frage nach der Berichterstattung über diese Risiken bleibt hiervon aber zunächst unberührt, vielmehr scheint es hierbei um die generelle Frage zu gehen, ob das Unternehmen im Zusammenhang mit Umweltproblemen von Risiken bedroht ist und ob das Management in der Lage zu sein scheint, adäquat auf diese zu reagieren.

Zunächst muss man also festgehalten, dass es insgesamt wenig Belege dafür gibt, dass Nachhaltigkeitsreporting substanzielle Einflüsse auf die Unternehmensperformance hat (die wahrgenommene Qualität des Managements von Nachhaltigkeitswirkungen allerdings durchaus). In Anbetracht des Erfolgs des CSR-Leitbilds und der Praxis der CSR-Berichterstattung ist dies eine überaus ernüchternde Diagnose. Zu nützen scheint Nachhaltigkeitsreporting also vor allem den Industrien, die an der Durchführung und Analyse derselben verdienen, den CSR-Standardsetzern, -Beratern und -Expertinnen, nicht den externen Analystinnen von Unternehmen und den Unternehmen selbst nur insofern sie ihre Nachhaltigkeitswirkungen ohnehin bereits zufriedenstellend managen oder es ihnen zumindest gelingt, dies so erscheinen zu lassen. Angesichts der uneindeutigen Studienlage scheint es unwahrscheinlich, dass sich die oben zitierten Hoffnungen der CSR-Bewegung in naher Zukunft einlösen werden. Anders formuliert: Unternehmen sind wenig dazu incentiviert, in die Verbesserung ihrer Berichterstattung zu investieren, da hieraus kaum positive Auswirkungen auf die Unternehmensperformance zu erwarten sind. Wozu sie allerdings incentiviert sind, ist, Nachhaltigkeitsrisiken und Nachhaltigkeitswirkungen zu verschleiern, sofern sie diese nicht vollständig, und in den Augen von Analysten adäquat managen können.

Auch scheint die Qualität des Berichtsinhalts bisher, wie die Arbeit im Weiteren noch genauer betrachten wird, wenig auf die Entscheidungen der für Unternehmen relevanten Interessengruppen zu haben. Denn wenn beispielsweise Kunden oder Investorinnen ihre Kauf- oder Investitionsentscheidungen stärker von den Berichten abhängig machen würden, hätten diese zwangsläufig auch einen stärkeren Einfluss auf die Unternehmensperformance. In dieses Bild fügt sich die Beobachtung ein, dass die Global Reporten Initiative eine geringe Beachtung von GRI-Berichten durch Organisationen der Zivilgesellschaft, andere Nichtregierungsorganisationen, Verbraucherverbänden, Gewerkschaften und den

---

[19] Vgl.: Ebd.
[20] Vgl.: Ebd.

Medien beklagt.[21] Dies ist fatal für ein System, welches auf einem *informationsbasierten* Regulierungsansatz gründet. Denn die Wirksamkeit eines solchen Systems ist maßgeblich davon abhängig, wie viel Bedeutung den Informationen von ihren Adressatinnen zugeschrieben wird. Wenn diese gering sind, droht ein solches System, wie Spence et al. (2010, S. 76) dem Feld des Nachhaltigkeitsreportings unterstellen, in Selbstreferenzialität zu verfallen. Milne & Gray (2013, S. 14) formulieren es so: „business has made a (change-but-no-change) sense of sustainability" auf Basis der Reporting-Unternehmenspraxis.

4.1.3 GRI – Ziele & Zielerreichung

Wie kommt es, dass sich die Ziele der CSR-Bewegung bisher nicht eingelöst haben? Und welche Rolle spielt hierbei der GRI-Standard, welcher diese Bewegung in den letzten 20 Jahren maßgeblich prägte? Die Global Reporting Initiative ist eine Gemeinschaftsinitiative mehrerer Interessengruppen (multi-stakeholder cooperation) mit dem Ziel, ein allgemein anerkanntes Rahmenwerk von Grundsätzen für das Umwelt-, Sozial- und Wirtschaftsreporting zu etablieren. Die Leitlinien werden seit dem Jahr 2000 veröffentlicht und regelmäßig aktualisiert. Die GRI-Indikatoren zielen im Großen und Ganzen auf die Umsetzung der Ideen des Drei-Säulen-Modells der Nachhaltigkeit ab und suggerieren, dass eine Organisation beziehungsweise ein Unternehmen, das seine Verantwortung (CSR) ernst nimmt, sein Verhalten in allen drei Dimensionen seiner Aktivitäten steuern würde. Der Leitfaden schlägt standardmäßige Offenlegungen für das Profil und den Managementansatz eines Unternehmens (GRI 102 & 103) vor und empfiehlt themenspezifische Indikatoren entlang der drei Dimensionen.[22] Die Unternehmen werden aufgefordert, die Leitlinien einzuhalten, auf der Website des GRI über ihre Einhaltung zu berichten und ihre Berichte dort zu publizieren.[23]

---

[21] Vgl.: Brown et al. 2009: S. 575. „The low use of GRI reports by civil society organizations and other NGOs, consumer organizations, organized labor, and the media has been a long standing concern to GRI Secretariat."

[22] Die 200er Reihe befasst sich mit *Ökonomie*, die 300er Reihe mit *Ökologie* und die 400er Reihe mit *Sozialem*. (Vgl.: GRI 2016: S. 3). Zur 200er Reihe gehört beispielsweise *Wirtschaftliche Leistung* (GRI 201) und *Steuern* (GRI 207), zur 300er Reihe gehören *Energie* (GRI 302) und *Biodiversität* (GRI 304), und in der 400er Reihe, welche die meisten Indikatoren umfasst, findet sich unter anderem *Arbeitssicherheit und Gesundheitsschutz* (GRI 403), *Kinderarbeit* (GRI 408) und *Marketing und Kennzeichnung* (GRI 417). Jeder themenspezifische GRI-Standard beinhaltet wiederum mehrere (in der Regel zwei bis vier) sachbezogene Kategorien von Angaben.

[23] Vgl.: Buhr et al. 2014: S. 62 f.

4.1 Nachhaltigkeitsreporting

Die Publikation dient Gründen der Transparenz (im Sinne des informationsbasierten Regulierungsansatzes) und Vergleichbarkeit (indem sie beispielsweise die Datengrundlage für Best-in-Class Rankings und Ratings schafft) und soll allen Interessengruppen die Möglichkeit geben, die Inhalte der Berichte kritisch zu prüfen und daraufhin ihre Anliegen in die Öffentlichkeit und zurück an die berichtenden Unternehmen tragen zu können.

Die Global Reporting Initiative verfolgte hiermit unter anderem zwei übergeordnete Ziele: Erstens, war es die ausdrückliche Zielsetzung des GRI, durch die Harmonisierung zahlreicher Ansätze für Nachhaltigkeitsreporting unter ihrem Dach, das nicht-finanzielle Äquivalent der Berichterstattungsstandards zum finanziellen US-Finanzberichterstattungssystem (FASBI) zu werden.[24] Zweitens wollte der GRI, sowohl hinsichtlich des Designs des Standards als auch hinsichtlich der Verwendung der durch ihn offengelegten Informationen, das Feld der Reports in die Breite der verschiedenen Interessengruppen öffnen. Die Organisationsstruktur des GRI (sie beinhaltet unter anderem einen 60-köpfigen Stakeholder Council[25]) ebenso wie der vorgesehene Ablauf des Reportings (Einbindung von Stakeholdern als oberstes Prinzip zur Bestimmung des Berichtsinhalts;[26] Ausrichtung der Prinzipien der Berichterstattung, beziehungsweise der Prinzipien zur Sicherstellung der Berichtsqualität auf die Bedürfnisse der Stakeholder;[27] Öffentliche Publikation aller Berichte auf der Website des GRI) sind darauf ausgelegt, die verschiedenen Stakeholder in den gesamten Prozess des nicht-finanziellen Reportings zu integrieren.

Wie steht es um die Erreichung dieser Ziele? Brown et al. (2009, S. 575 & 578) schreiben:

„[...] GRI has not succeeded in unifying the social reporting field around a single set of standards; it has not resulted in the generation of data that are of high and consistent quality and that can be easily comparable across companies; and has not delivered the promised efficiency gains to the many potential users of reports. Nor has it stimulated the emergence of a single community of financial, labor, civil right, environmental or consumer activists around these reports for whom using the reports would be a standard [...]. In this regard, GRI has fallen far short of the intent of attaining status equivalent to FASBI standards. As a result, the essential source of competitive pressure among companies to issue GRI reports and to be accountable for their content is absent."

---

[24] Vgl.: Brown et al. 2009: S. 571.
[25] Vgl.: Brown et al. 2009: S. 574.
[26] Vgl.: GRI 2016: S. 7.
[27] Vgl.: GRI 2016: S. 12 ff.

Gleichzeitig werden die Berichte, wie oben eben bereits geschildert, von den meisten Interessensgruppen wenig genutzt. Nichtsdestotrotz entwickelte der GRI-Standard sich in den ersten zehn Jahren nach seiner Gründung zum mit Abstand beliebtesten nicht-finanziellen Reportingstandard, sowohl quantitativ, also hinsichtlich der Zahl der anwendenden Organisationen, als auch qualitativ, hinsichtlich seiner Orientierungsfunktion innerhalb des CSR-Feldes. Weshalb blieb die Global Reporting Initiative nichtsdestotrotz hinter ihren ambitionierten Zielen zurück? Zwei Ansätze zur Beantwortung dieser Frage sollen im Folgenden kurz ausgeführt werden. Der erste betrifft die Prinzipien zur Bestimmung des Berichtsinhalts, der zweite die Prinzipien zur Sicherstellung der Berichtsqualität.

4.1.4 GRI – Berichtsinhalt und Berichtsqualität

Zunächst fällt auf, dass der GRI Unternehmen hinsichtlich des Inhalts ihrer Berichterstattung keine Vorgaben macht.

„Auf Grundlage der Prinzipien der Berichterstattung zur Bestimmung des Berichtsinhalts können Organisationen entscheiden, welche Inhalte sie in ihren Bericht aufnehmen."[28]

Auch die Orientierungsprinzipien zur Bestimmung des Berichtsinhalts sind eher vager und unverbindlicher Natur – *Einbindung von Stakeholdern, Nachhaltigkeitskontext, Wesentlichkeit* und dergleichen werden je auf nur einer Seite erläutert und es wird lediglich ein grobes Vorgehen für sie nahegelegt.[29] Diese Unverbindlichkeit hinsichtlich des Berichtsinhalts, beziehungsweise der Prinzipien der Bestimmung des Berichtsinhalts wurde, zumindest in der früheren Version der Richtlinien bis zum Jahr 2013, dadurch verstärkt, dass der GRI sechs Stufen der Konformität (compliance) anbot, wobei sich *C-Level* Berichte beispielsweise nur zu zehn der 84 vorgegebenen Leistungsindikatoren (*performance indicators*) äußern mussten. Jede Dimension (ökologisch, sozial, ökonomisch) musste bei *C-Level* Berichten unter den zehn gewählten Indikatoren nur mindestens *ein Mal* vertreten sein.[30] Konkret bedeutete dies, dass ein Unternehmen beispielsweise die ökologische Dimension des GRI-Berichts bereits damit erfüllen konnte,

---

[28] GRI 2016: S. 7.
[29] Vgl.: Ebd.: S. 8 ff.
[30] Vgl.: Buhr et al. 2014: S. 63.

4.1 Nachhaltigkeitsreporting

dass es über Energieeffizienzmaßnahmen innerhalb eines von fünf Bereichen, in denen der GRI den Energieverbrauch einer Organisation unterteilte, berichtete.[31] In der aktuellen Version des Standards wurde die Kriterien zur Erfüllung der Konformität verschärft.[32] Es gibt nun nur noch die Optionen *Kern* (*Core*) und *Umfassend* (*Comprehensive*), wobei dies den Unternehmen immer noch weitreichende Gestaltungsspielräume lässt.

Wollte man jedoch eine etwaige unzulängliche, GRI-konforme Reportingpraxis von Unternehmen kritisieren, müsste man zunächst nachweisen, dass das Unternehmen gegen eines der GRI-Prinzipien, beispielsweise das Prinzip der Wesentlichkeit[33] (materiality), verstößt. Stakeholder, die auf Grundlage eines GRI-Berichts etwaige ökologische oder soziale Missstände eines Unternehmens kritisieren wollten, sehen sich somit unter Umständen nicht nur unzulänglichen Informationsgrundlagen gegenüber, sondern geraten auch in die Beweisschuld, falls sie diese Unzulänglichkeit feststellen und das Unternehmen zur Veröffentlichung weiterer Informationen bewegen oder ihm die Verletzung von GRI-Prinzipien vorwerfen wollen. Das Unternehmen könnte sich in einem solchen Fall stets darauf berufen, den Standard formell erfüllt zu haben, während sich die betreffenden Stakeholder in der Regel in einer ‚David gegen Goliath-Situation' wiederfänden. Um sich vor solchen Vorwürfen zu schützen, legen Unternehmen in ihren Berichten einen starken Fokus auf die Erläuterung ihrer Konformität und die Einhaltung von Vorschriften, wobei dies bei GRI-Berichten im Vergleich zu anderen Berichtsformen im Besonderen zutrifft.[34]

Offenkundig fordert jede seriöse Rating-Agentur, wie es gängige Praxis bei der Erstellung von Best-in-Class Ratings ist (↑ Abschnitt 4.3.2), von unzulänglich berichtenden Unternehmen zusätzliche Informationen an. Sie sind hiermit aber zunächst abhängig von der Kooperation des Unternehmens und müssen die Validität der Informationen selbst beurteilen; eine Aufgabe, die mit zunehmender Größe und Komplexität des betrachteten Unternehmens geradezu unmöglich erscheint. Anhand dessen leuchten die enormen Unterschiede zwischen den verschiedenen Best-in-Class Ratings ein (↑Abschnitt 4.3.2).

---

[31] Vgl.: GRI 2016b. (302: Energie)
[32] Vgl.: GRI 2016: S 22 f.
[33] Wesentlichkeit wird im Kontext von Reporting von der IFRS Foundation (2018) wie folgt definiert: „Information is material if omitting, misstating or obscuring it could reasonably be expected to influence the decisions that the primary users of general purpose financial statements make on the basis of those financial statements, which provide financial information about a specific reporting entity."
[34] Vgl.: Landrum & Ohsowski 2017: S. 12.

Anstatt Rating-Agenturen und andere externe Interessensgruppen von der Kooperation der Unternehmen abhängig zu machen, könnte es für alle Unternehmen verpflichtend sein, ihre GRI-Reports durch eine unabhängige Agentur verifizieren zu lassen. Insgesamt ist die Anzahl der Berichte, die extern und unabhängig überprüft werden, jedoch deutlich weniger stark gestiegen als die Gesamtzahl.[35] Buhr et al. (2014, S. 63) vermuten daher, dass der Erfolg des GRI und der enorme Anstieg der nach GRI berichtenden Organisationen auch mit der Verringerung des Aufwands und der damit einhergehen Erhöhung der Flexibilität in der Berichterstattung zusammenhing. Es liegt also die Befürchtung nahe, dass die Gründe, weshalb der GRI binnen kurzer Zeit zum beliebtesten Rahmenwerk für Nachhaltigkeitsberichterstattung wurde, nicht nur in dessen Qualität zu suchen sind, sondern auch in seiner ‚bequemen' Anwendung und Erfüllung der GRI-Konformität[36] sowie der damit einhergehenden positiven Öffentlichkeitswirkung. „GRI is primarily a tool for sustainability, reputation and brand management by companies."[37]

Verschärft wird das Problem der inhaltlichen Unzulänglichkeit von GRI-Berichten durch folgenden Umstand: Auf Grundlage des Gesagten könnte man annehmen, dass die inhaltlichen Mängel des Nachhaltigkeitsberichts unseres Beispielunternehmens, das nur einen Indikator hinsichtlich ökologischer Wirkungen angegeben hat, jedem Laien direkt auffallen, was sich wiederum negativ auf das Image des Unternehmens auswirken würde. Es ist dem Unternehmen jedoch, und das ist kontraintuitiv, nicht untersagt, über die eine Energieeffizienzmaßnahme hinaus auch über andere ökologische Belange zu berichten. Es muss sich hierbei allerdings, um den GRI zu erfüllen, da es die Kriterien durch den einen Punkt bereits erfüllt, nicht an den GRI (oder überhaupt an irgendeinen) Standard halten. Das bedeutet umgekehrt, dass es der Marketingabteilung des Unternehmens (innerhalb derer in vielen Fällen die CSR-Abteilung angesiedelt ist) freisteht, alle möglichen unstandardisierten Inhalte im ökologischen Teil ihres Nachhaltigkeitsberichts zu schreiben und ihm gleichzeitig das Gütesiegel der GRI-Konformität aufzudrücken. So verwischt für die Betrachter die Grenze zwischen Standard und Beliebigkeit, zwischen GRI und Selbstdarstellung.

---

[35] Vgl.: Buhr et al. 2014: S. 63.

[36] Buhr et al. 2009 (S. 63) schreiben in diesem Zusammenhang: „Clearly, the GRI framework provides for considerable flexibility in reporting, and it is this flexibility, and particularly the introduction of 'C-level' reporting, that might have accelerated the incidence of reporting in recent years."

[37] Brown et al. 2009: S. 578.

4.1 Nachhaltigkeitsreporting

4.1.5 GRI – Das Beispiel *Nike*

Hierzu ein Beispiel aus der *sozialen* Dimension der Nachhaltigkeit:[38] Die Firma Nike hat ihren Nachhaltigkeitsbericht 2020 GRI-konform erstellt (*Core* Level).[39] Zunächst fällt auf, dass sich der Bericht nicht an der Struktur des GRI orientiert. Vielmehr ist auf Seite 112 bis 116 in einer kleinteiligen Tabelle aufgelistet, an welcher Stelle im Bericht die spezifischen Informationen zu den einzelnen GRI-Standards zu finden sind. Darunter sind beispielsweise Angaben zum GRI 412: *Human Rights Assessment*. Nike erfüllt zum GRI 412 zwei der drei themenspezifischen Indikatoren,[40] gibt aber keine Auskunft über 412–3 *Erhebliche Investitionsvereinbarungen und -verträge, die Menschenrechtsklauseln enthalten oder auf Menschenrechtsaspekte geprüft wurden*. Bei einem Unternehmen aus der Textilbranche würden Viele die fehlende Auskunft über diesen Aspekt schon als eklatante Unzulänglichkeit erachten. GRI 412–1 scheint Nike aber zu erfüllen.[41] Die Angabe gibt folgende Offenlegung vor: *Gesamtzahl und Prozentsatz der Geschäftsstandorte, an denen eine Prüfung auf Einhaltung der Menschenrechte oder eine menschenrechtliche Folgenabschätzung durchgeführt wurde, aufgeschlüsselt nach Ländern.*[42] Auf der angegebenen Seite (S. 105) würde man nun eine entsprechende Aufschlüsselung erwarten. Stattdessen findet sich dort aber Nikes allgemeines *Commitment to Respecting Human Rights*, beginnend mit den blumigen Worten: „At NIKE, we strongly believe in and are committed to respecting human rights. It is not only the right thing to do, it also drives our success by allowing people's full potential to be realized." Zu Prüfungen auf die Einhaltung von Menschenrechten oder dergleichen steht auf der angegebenen Seite nichts.

Auf der angegebenen Seite sind mehrere Verhaltenskodizes verlinkt, unter anderem ein *Supplier Code of Conduct*[43]. Es stellt sich die Frage, ob die

---

[38] Das Beispiel weicht vom Fokus der Arbeit – *ökologische* Nachhaltigkeit – ab, ist aber dennoch geeignet, um die Problematiken des GRI hinsichtlich Berichtsinhalt und -qualität zu verdeutlichen.

[39] Vgl.: Nike 2020: S. 112.

[40] *412–1 Betriebsstätten, an denen eine Prüfung auf die Einhaltung der Menschenrechte oder eine menschenrechtliche Folgenabschätzung durchgeführt wurde* und *412–2 Schulungen für Angestellte zu Menschenrechtspolitik und -verfahren*. (Vgl.: GRI 2016b: S. 2).

[41] Vgl.: Nike 2020: S. 124, mit Verweis auf S. 105.

[42] GRI 2016b: S. 7. Im Glossar des GRI ist „Prüfung auf Einhaltung der Menschenrechte" zudem spezifiziert als: „Ein formelles oder dokumentiertes Bewertungsverfahren, bei dem eine Reihe von Menschenrechtskriterien berücksichtigt werden." (GRI 2016c, S. 15).

[43] Nike 2017.

erwarteten Zahlen vielleicht über den Link zu finden sind, oder ob der Verhaltenskodex für Zulieferer zumindest die Bewertungsverfahren, nach denen die Einhaltung auf Menschenrechte überprüft wird, beinhaltet. Der dreiseitige Kodex trägt den Titel *Commitment is Everything*. Er beinhaltet zwar einige Phrasen zu Respekt, Fairness, Sicherheit und Nachhaltigkeit, jedoch keine Bewertungsverfahren, quantitativen Aussagen zu Menschenrechtsstandards und deren Prüfung oder ähnliches. Auch über die anderen Links des *Commitment to Respecting Human Rights* in Nikes Nachhaltigkeitsbericht ist es dem Autor nicht gelungen, die entsprechenden Zahlen oder formellen Bewertungsverfahren ausfindig zu machen.[44] Das bedeutet, dass Nike auf Grundlage seines Berichts und der dort verlinkten Informationen Indikator GRI 412–1 entgegen der eigenen Aussage schlichtweg nicht erfüllt, es sei denn, man fasst das Dokument *Commitment is Everything* im Sinne der Definition des GRI als „formelles oder dokumentiertes Bewertungsverfahren"[45] zur Prüfung der Einhaltung von Menschenrechten auf. Die Beurteilung dieser Frage überlässt der Autor den Lesern und Leserinnen, möchte aber den Hinweis geben, dass der Term *Menschenrechte* (human rights) in *Commitment is Everything* nicht einmal erwähnt wird. Lediglich einmal fällt, unter *Our Expextations*, der Term *rights of workers*: „We expect all our suppliers to share Nike's commitment to *the goals* of respecting the rights of workers [...]"[46]

Erschwerend hinzu kommt, dass man als Leserin von Nikes Nachhaltigkeitsbericht durchaus den Eindruck bekommt, dass Nike um eine hohe Sorgfalt gegenüber seinen Zulieferern und der Einhaltung von Menschenrechtsstandards bemüht ist. Unter *Sustainable Sourcing*[47] beschreibt Nike ausführlich seine Ziele (auch quantitativ), Maßnahmen und Verfahren zur Zielerreichung hinsichtlich der Produktionsbedingungen bei den direkten Zulieferern.[48] Warum aber sind diese Informationen, da sie dem von dem Indikator geforderten Inhalt entsprechen, nicht dem GRI-Indikator 412–1 zugeordnet? Das quantitative Ziel von Nike hinsichtlich nachhaltiger Beschaffung lautet: „Source 100 % from factories that meet *our* definition of sustainable (rated bronze or better)"[49]. Nike beurteilt seine direkten Zulieferer demnach nach seinem *eigenen* Bewertungsmaßstab und nicht

---

[44] Ebenso wenig über eine umfassende Internetrecherche.
[45] GRI 2016c: S. 15.
[46] Nike 2017: S. 2. Hervorhebung durch den Autor.
[47] Nike 2020: S. 28.31
[48] Ebd. Nike schildert seine „Factory ratings" „for lean manufacturing, labor and health, safety and environment" in den Stufen *Red, Yellow, Bronze, Silver* und *Gold*.
[49] Ebd. Hervorhebung durch den Autor.

4.1 Nachhaltigkeitsreporting

nach einem der gängigen Standards. Neben dem GRI 412 könnte man Informationen über die sozialen Standards bei Nikes Zulieferern noch unter GRI 414–2 *Negative Soziale Auswirkungen in den Lieferketten und ergriffene Maßnahmen*[50] erwarten. Diese themenspezifische Angabe lässt Nikes Bericht aber aus.[51]

Das beschriebene Beispiel ist selbstverständlich selektiv. Es würde den Rahmen dieser Arbeit sprengen, mehrere Nachhaltigkeitsberichte auf diese Weise zu analysieren. Der Autor hat daher versucht, ein möglichst relevantes und repräsentatives Beispiel zu wählen. Schließlich ist Nike der größte Sportartikelhersteller der Welt, beziehungsweise der zweitgrößte Modekonzern, mit einem Jahresumsatz von knapp 45 Milliarden US-Dollar,[52] und hat daher eine enorme Marktmacht und Orientierungsfunktion hinsichtlich der Entwicklung, Umsetzung und Prüfung von Menschenrechtsstandards an Produktionsstandorten der Textilindustrie, die wiederum eine der relevantesten Branchen im Kontext von Menschenrechtsstandards ist. Auch sollte es einleuchten, dass dieses Thema für ein Unternehmen wie Nike hinsichtlich ihrer Nachhaltigkeitstransformation, der Verbesserung ihrer ökologischen und sozialen Wirkungen, im Vergleich zu anderen Themen allerhöchste Priorität hat. Wie enorm muss der Einfluss der Firma Nike auf die Arbeitsbedingungen und damit das Leben hunderttausender Menschen auf den verschieben Stufen von Nikes Lieferkette sein? Nikes Nachhaltigkeitsreport muss demgegenüber jedoch als Beispiel für die Diagnose vieler Autorinnen, die im Zuge dieser Arbeit bisher zu Wort kamen, betrachtet werden, nämliche als Marketing- und Greenwashing-Instrument, das in vielen Kreisen *cynicism and disbelief* (↑Abschnitt 2.5.2) affiziert. Die tatsächlichen Wirkungen werden von Nike verschleiert, die spezifischen GRI-Standards nur unzureichend erfüllt, beziehungsweise Falschaussagen hinsichtlich der Erfüllung getätigt.

---

[50] GRI 2016d: S. 8.
[51] Vgl.: Nike 2020: S. 124. Die Informationen zu Nikes eigenem Bewertungsmaßstab und sonstigen Ausführungen zur nachhaltigen Beschaffung (S. 28–31) werden sogar angeführt, um die spezifischen Informationen zu GRI 412-2 *Schulungen für Angestellte zu Menschenrechtspolitik und -verfahren* zu belegen. Es ist allerdings nicht ersichtlich, was das eine mit dem anderen zu tun hat. Die einzige Schulung, die auf den besagten Seiten genannt wird, ist ein „Training of factory management through Lean and other enhanced management practices", scheint also, sofern es aus dem Bericht ersichtlich wird, nichts mit Menschenrechtspolitik und -verfahren zu tun zu haben.
[52] Vgl.: Statista Research Departement 2022a.

4.1.6 GRI – Ausblick

Solange die GRI-Standards nicht dazu beitragen, Praktiken, wie jene des Nike Konzerns, zu verhindern oder zumindest transparent zu machen, beziehungsweise sie sogar durch das Gütesiegel der GRI-Konformität stützen und legitimiert, muss der GRI mehr als Hemmnis für, denn als Beitrag zur Nachhaltigkeitstransformation betrachtet werden.

Seit 2021 gibt es neue GRI-Standards, die ab dem ersten Januar 2023 in Kraft treten werden. Darin enthalten sind einige, augenscheinlich grundlegende, Änderungen, die unter Umständen positive Auswirkungen auf die Praxis der Berichterstattung nach GRI und ihre Unzugänglichkeiten haben könnten. Zunächst wurde eine gänzlich neue GRI-Reihe eingeführt, die *GRI Sector Standards*. „Sustainability Reporting by individual companies has not always consistently addressed a sector's key challenges"[53] heißt es in einer Präsentation des *GRI Sector Standards Program*.[54] „More clarity is needed on what constitutes *a sectors most significant impacts* from a sustainable development perspective."[55] Es gibt also Grund, gespannt auf Nikes CSR-Bericht 2023 zu sein. Gleichzeitig hat der überarbeitete GRI anstelle einer einseitigen Erläuterung nun eine 30-seitige Erläuterung zur Bestimmung wesentlicher Themen.[56] Dieser ist zwar freiwillig, jedoch lässt diese Neuerung hoffen, dass es Nike und anderen Unternehmen in Zukunft weniger leichtfallen könnte, zentrale Nachhaltigkeitsthemen, wie die Einhaltung von Menschenrechtsstandards an den Produktionsstandorten, nur beiläufig zu behandeln. Auf welche Weise sich der neue Standard auf die Berichterstattung auswirken wird, ist zum jetzigen Zeitpunkt jedoch noch nicht vorhersehbar.

Ein zweiter Punkt verspricht zudem eine Verbesserung: Die Rolle der Stakeholder bei der Wesentlichkeitsanalyse soll gestärkt und die Art und Weise ihrer Einbeziehung systematisiert werden.[57] Das Prinzip der Wesentlichkeit und damit die Substanz der Berichte würde durch die Umsetzung einer tatsächlichen Multistakeholder-Involvierung maßgeblich gestärkt.

---

[53] GRI Secretary 2020: Min. 2.
[54] Siehe auch: GRI 2019.
[55] GRI Secretary 2020: Min. 3. Hervorhebung durch den Autor. Siehe auch: Gehmayr 2021.
[56] GRI 2021a: GRI 3: Material Topics 2021.
[57] Siehe hierzu: GRI 2021a: S. 8, 10, 12 und 16. Unter „Disclosure 3–1 Process to determine material topics" (S. 16) steht als Anforderung: „specify the stakeholders and experts whose views have informed the process of determining its material topics." Siehe auch: Rogl 2021.

4.1 Nachhaltigkeitsreporting

Es ist zudem begrüßenswert, dass die Option *Core* ab 2023 entfallen wird. Unternehmen, die GRI-konform berichten, müssen demnach alle dasselbe Niveau (wenn auch nicht die gleichen Indikatoren) erfüllen, wie es derzeit vom umfassenderen Konformitätsgrad *Comprehensive* vorgegeben wird. Gleichzeitig empfiehlt der GRI allen anwendenden Unternehmen fortan explizit eine externe Prüfung ihrer Nachhaltigkeitsberichte. Hiermit reagiert die Initiative auf den Vorschlag zur Überarbeitung der EU-Richtlinie zur nichtfinanziellen Berichterstattung (CSR-Richtlinien-Entwurf), die, gemeinsam mit dem darin vorgegebenen zukünftigen *European Sustainability Reporting Standards* (ESRS) ebenfalls ab erstem Januar 2023 in Kraft treten und Unternehmen unter anderem zur externen Prüfung von Nachhaltigkeitsberichten verpflichten soll.[58] Die Begründung der Europäischen Kommission für die verpflichtende externe Prüfung spiegelt die gleiche Problematik wider, wie sie hier anhand der Firma Nike aufgezeigt wurde:

„Der derzeitige Rechtsrahmen ist nicht ausreichend, um dem Informationsbedarf dieser Nutzer [Anleger und Nichtregierungsorganisationen, Sozialpartner sowie andere Interessenträger] gerecht zu werden. Dies ist darauf zurückzuführen, dass einige Unternehmen, von denen die Nutzer Nachhaltigkeitsinformationen wünschen, diese nicht bereitstellen, zahlreiche andere Unternehmen wiederum, die Nachhaltigkeitsinformationen bereitstellen, nicht alle Informationen übermitteln, die für die Nutzer relevant sind. Wenn Informationen bereitgestellt werden, sind diese häufig nicht hinreichend zuverlässig und reichen auch nicht aus, um Unternehmen miteinander zu vergleichen. Die Informationen sind für Nutzer oftmals schwer aufzufinden und liegen selten in einem maschinenlesbaren digitalen Format vor."[59]

Auch der „Grundsatz der doppelten Wesentlichkeit"[60] (double materiality, auch als „environmental and social materiality"[61] oder „impact materiality"[62] bezeichnet) wird durch die Überarbeitung des CSR-Richtlinien-Entwurf voraussichtlich Einzug in das Nachhaltigkeitsberichtswesen halten, wobei die Auslegung zunächst noch präzisiert werden soll.[63] Doppelte Wesentlichkeit gibt vor, dass sich der Berichtsinhalt nicht nur nach ökologischen und sozialen Wirkungen des

---

[58] Vgl.: Europäische Kommission 2021: S. 3.
[59] Ebd., Einschub im Original.
[60] EU Kommission 2021: S. 16 & 36.
[61] Laine & Michelon 2020.
[62] EFRAG 2022: S. 12.
[63] Vgl.: EU Kommission 2021: S. 16. Siehe auch: Lanfermann 2021: S. 8.

Unternehmens mit (finanziellen) Auswirkungen *auf das Unternehmen* selbst richten soll („herkömmliche', finanzielle Wesentlichkeit), sondern ebenso nach Wirkungen des Unternehmens *auf die Um- und Mitwelt*[64] im weiteren Sinne– also auf das, was ohnehin als grundsätzlicher Zweck von Nachhaltigkeitberichterstattung und Nachhaltigkeitsmanagement verstanden wird.

Der GRI-Standard 2021 äußert sich hinsichtlich doppelter Wesentlichkeit noch zurückhaltend:

> „While the impacts of the organization's activities and business relationships on the economy, environment, and people may become financially material, sustainability reporting is also highly relevant in its own right as a public interest activity. Sustainability reporting is independent of the consideration of financial implications. It is therefore important for the organization to report on all the material topics that it has determined using the GRI Standards. These material topics cannot be deprioritized on the basis of not being considered financially material by the organization."[65]

Es ist davon auszugehen, dass sich der GRI und der ESRS des CSR-Richtlinien-Entwurfs fortan in enger Anlehnung aneinander entwickeln werden. Denn die Europäische Beratungsgruppe zur Rechnungslegung (European Financial Reporting Advisory Group, EFRAG) und der GRI haben am 8. Juli 2021 angekündigt, in der zukünftigen Entwicklung des ESRS zusammenzuarbeiten.[66] Die EFRAG wurde wiederum von der Europäischen Kommission mit der Erarbeitung dieses Standards betraut (↓Abschnitt 4.1.10). Da sich der Vorschlag der EFRAG für den ESRS an den Empfehlungen der international einschlägigen Organisationen orientiert,[67] werden im Weiteren zunächst jene betrachtet, anschließend der ESRS.

---

[64] Vgl.: Täger 2021.

[65] GRI 2021: S. 9.

[66] Vgl.: Lanfermann 2021: S. 19.

[67] Initiativen, die neben dem GRI Beachtung finden sollen, umfassen: „the International Accounting Standards Board (IASB), the recommendations of the Task force on Climate-related Financial Disclosures (TCFD), Carbon Disclosure Standards Board (CDSB), the Carbon Disclosure Project (CDP), the Sustainability Accounting Standards Board (SASB), the International Integrated Reporting Council (IIRC). Organisation Environmental Footprint. Other potentially relevant initiatives include the European Eco-Management and Audit scheme, Natural Capital Protocol and ISO 14000 series of standards." (Vgl.: EFRAG 2021, S. 130).

Kooperationen, die neben dem GRI zur Erarbeitung des ESRS von der EFRAG eingegangen wurden, sind die Shift Project, Ltd. (shiftproject.org) und die World Intellectual Capital Initiative (wici-global.com). Alle drei Organisationen gaben Input und Vorschläge für den ESRS (Vgl.: EFRAG 2022c: S. 7).

4.1.7 Integrated Reporting – Relevanz

Angesichts der starken Kritik am gegenwärtigen Stand des CSR-Reportings gibt es Bewegungen, die versuchen das Feld der Nachhaltigkeitsberichterstattung zu reformieren. Hierbei ist insbesondere der Ansatz des *Integrated Reporting* (IR) zu nennen. Ziel von IR ist es, die Nachhaltigkeitsrisiken von Unternehmen gemeinsam mit deren finanziellen Informationen in der finanziellen Berichterstattung zu integrieren.[68] So sollen, anstelle selektiver Berichterstattung über Nachhaltigkeitswirkungen und einem eher unzusammenhängenden Nebeneinander von als finanziell relevant geglaubten und nicht-finanziellen Informationen im CSR-Reporting, alle wesentlichen Abhängigkeiten der unternehmerischen Aktivitäten (und des Unternehmenswertes) von Umwelt- und Klimafaktoren im Finanzbericht, potenziell entlang aller Positionen, transparent gemacht und ihre Wirkung auf diese Positionen beschrieben werden. Die Abhängigkeiten von Umweltfaktoren des Unternehmens erscheinen unter dieser Perspektive als (Nachhaltigkeits-) Risiken (oder Chancen), denn sie drohen, sich, wenn beispielsweise die natürlichen Produktionsgrundlagen des Unternehmens ausgezehrt werden oder extreme Wetterereignisse an den Produktionsstandorten zunehmen, negativ auf die Performance des Unternehmens auszuwirken. Diese Informationen sind dann relevant für das strategische Management des Unternehmens, ebenso wie für Investoren, Kreditgeberinnen und dergleichen. Durch die Integration in die finanzielle Berichterstattung, also die Verbindung von Nachhaltigkeitswirkungen und -risiken mit den betreffenden finanziell relevanten Unternehmensaktivitäten, soll der Informationswert steigen. Sowohl die neuen GRI-Standards als auch die neue EU-Richtlinie zur nichtfinanziellen Berichterstattung streben eine Integration der nicht-finanziellen in die finanzielle Berichterstattung, also einen Wandel zur *integrierten* Berichterstattung, an.[69]

Vor allem Entwicklungen im Bereich des IR sind dabei relevant. 2013 publizierte das International Integrated Reporting Council (IIRC) den ersten Draft des <IR> Frameworks[70]. Es ist, wie von manchen Beobachterinnen schon zu Beginn vermutet,[71] seither zum Standard für IR im unternehmerischen Kontext geworden.[72] Zudem haben sich insbesondere seit dem Jahr 2020 die ‚Big Player' der Reporting-Szene zusammengetan, um die verschiedenen Ansätze des Feldes

---

[68] Siehe hierzu: Villiers & Hsiao 2017.
[69] Vgl.: Gehmayr 2021; Rogl 2021.
[70] Aktuelle Version: IIRC 2021.
[71] Siehe exemplarisch: Buhr et al. 2014.
[72] Vgl.: Humphrey et al. 2017.

miteinander zu harmonisieren, einen gemeinsamen, einheitlichen Standard zu entwickeln und diesen im Sinne der Zielsetzung von IR mit den für Unternehmen juristisch verbindlichen Standards für finanzielle Berichterstattung zu integrieren. Beide Entwicklungen sollen im Folgenden beleuchtet und hinsichtlich ihrer Bedeutung für das Management und die Steuerung von Nachhaltigkeit kritisch analysiert werden.

4.1.8 Integrated Reporting – <IR> Framework

Das <IR> Framework wird in Fachkreisen als ungeeignet für das Management von Nachhaltigkeit kritisiert. Craig Deegan, Professor für Accounting an der RMIT University, Melbourne, bringt es auf den Punkt, wenn er schreibt: „[…] along the way the idea of accountability seemed to have been circumvented towards value creation."[73]

Das grundlegende Anliegen des <IR> Frameworks ist, die unternehmerische Sorgfaltspflicht über finanzielles Kapital auf einen ganzheitlichen Kapitalbegriff zu erweitern:

> „The capitals are stocks of value that are *increased, decreased or transformed* through the activities and outputs of the organization. They are categorized in the <IR> Framework as *financial, manufactured, intellectual, human, social and relationship, and natural capital* […]"[74]

Veränderungen in der Integrität und den Beständen dieser Kapitalen haben, so die Überlegung, sowohl Auswirkungen auf die Organisation, (da diese Kapitalien ihre Produktionsgrundlagen sind,) als auch auf die verschiedenen Stakeholder der Organisation, da diese, ganz im Sinne der Idee der Allgemeingüter (↑ Kapitel I), von diesen Kapitalien abhängig sind:

> „Value created, preserved or eroded by an organization over time manifests itself in increases, decreases or transformations of the capitals caused by the organization's business activities and outputs. That value has two interrelated aspects value created, preserved or eroded for:
>
> – The organization itself, which affects financial returns to the providers of financial capital

---

[73] Deegan 2020: S. 114.

[74] IIRC 2021: S. 6. Hervorhebungen durch den Autor.

4.1 Nachhaltigkeitsreporting

- Others (i.e. stakeholders and society at large)."[75]

Diese Sichtweise erscheint zunächst vielversprechend. Jedoch legt der IIRC keine Methode fest, auf welche Art und Weise und mit welcher Zielsetzung und Methodik die jeweilige Organisation über ihren Einfluss auf die verschiedenen Kapitalien zu berichten hat:

„The <IR> Framework does not prescribe specific key performance indicators, measurement methods or the disclosure of individual matters. Those responsible for the preparation and presentation of the integrated report therefore need to exercise judgement, given the specific circumstances of the organization [...]"[76]

Die Organisation entscheidet also zunächst selbst, welche Aspekte hinsichtlich ihres Einflusses auf die Kapitalien als zentral erachtet werden, welchen Risiken und Chancen sie, wie das <IR> Framework weiter nahelegt,[77] vertiefende Beachtung schenkt und wie sie ihre Strategie und Ressourcenallokation[78] entsprechend anpasst. Das <IR> Framework selbst gibt Auskunft darüber, welche Interessengruppen der Organisation wohl den größten Einfluss auf jene Schwerpunktsetzung haben, beziehungsweise welchen Interessengruppen die Organisation wohl am meisten Beachtung schenken wird:

„The primary purpose of an integrated report is to explain to *providers of financial capital* how an organization creates, preserves or erodes value over time."[79]

Zappettini und Unermann (2016, S. 533) ergänzen hierzu:

„Our analysis of IRs [...] has revealed that in the recontextualisation of IIRC's discourses about value, sustainability was appropriated by the discourse of business and finance and it was typically constructed as the organisation's own prolonged competitiveness and its ability to produce a return for its investors. Notably, the term 'value' was often qualified as 'sustainable' in the sense of 'desirable for investors' and used as a byword for the market value of one's company shares."

---

[75] IIRC 2021: S. 16.
[76] IIRC 2021: S. 11.
[77] Siehe hierzu: IIRC 2021: S. 44: 4D Risks and opportunities.
[78] Siehe hierzu: Ebd.: S. 44 f.: 4E Strategy and resource allocation.
[79] IIRC 2021: S. 5. Hervorhebung durch den Autor.

Daher leistet es der IIRC nicht, wie intendiert und von vielen Beobachtern erhofft, die Verantwortungspflicht der Organisation für ihre Kapitalen tatsächlich und substanziell auszuweiten. Sofern die Integration der sonstigen Interessensgruppen (beispielsweise „employees, customers, suppliers, business partners, local communities, NGOs, environmental groups"[80]), ihrer Interessen an den Aktivitäten der Organisation und ihre Abhängigkeiten von den durch die Organisation beeinflussten Kapitalien, nicht systematisch berücksichtigt werden, beziehungsweise vom <IR> Framework keine systematische Methode vorgegeben wird, wie diese Interessen und Abhängigkeiten in den Prozess des Reportings und in die Strategie der Organisation Einzug halten sollen, ist davon auszugehen, dass den finanziellen Interessen der Organisation und denen der Finanzkapitalgeberinnen (*providers of financial capital*) stets Vorzug gewährt wird. Zum gleichen Ergebnis kommt Deegan (2020, S. 116 f.). Er schlussfolgert:

> „What perhaps needed to be accepted, or understood, by the IIRC is that an organization [...] has a responsibility, and therefore an accountability, to a broad group of stakeholders and not just to those parties that provide financial capital. This is obviously not a new idea, but it is an idea that the IIRC seems to have failed to embrace or grasp. Nevertheless, the restricted view of accountability apparently embraced by the IIRC does reflect the views of many people in business (but not all people!). The pity is that such people, with this heavily restricted view of accountability, seem to have captured the standard-setting processes within the IIRC. This is unfortunate, as the IIRC has established a great deal of support globally."[81]

Auch Unerman et al. (2018, S. 1) unterstützen jene Position, wenn sie sagen:

> „implementation of this reporting framework (IIRC's <IR> Framework) by corporations has tended to focus on financial value and capital while marginalizing social and environmental factors."

Diese Analysen erinnern an die diversen Stimmen, die im bisherigen Verlauf der Arbeit bereits zitiert wurden, welche die Geschichte der Nachhaltigkeit und des Nachhaltigkeitsmanagement als Prozesse der Aneignung und Vereinnahmung durch ökonomische Interessen lesen. Das <IR> Framework ist hierfür ein Paradebeispiel. Zunächst treffen die zentralen Kritikpunkte am ‚herkömmlichen' Nachhaltigkeitsreporting und am GRI-Standard auf das <IR> Framework ebenfalls zu, tendenziell in verschärftem Maße: Es bleibt absolut beliebig hinsichtlich der Bestimmung des Berichtsinhalts, weshalb es nicht zu mehr Transparenz,

---

[80] IIRC 2021: S. 54.
[81] Deegan 2020: S. 116 f. Siehe auch: Gleeson-White 2015; 2020.

4.1 Nachhaltigkeitsreporting

Vergleichbarkeit oder auch nur zu besseren Best-in-Class Rankings beiträgt. Weiter ordnet es die Bestimmung des Berichtsinhalts kategorisch den strategischen und als finanziell relevant interpretierten Interessen des Unternehmens und seinen Kapitalgebern unter. Und dass hierbei andere Stakeholder Beachtung finden, ist auf Grundlage der Vorgaben des Frameworks nicht zu erwarten. Darüber hinaus leistet es eine Steilvorlage für die Mobilisierung der verschiedenen Kapitalien (unternehmensintern wie -extern) zur Mehrung des finanziellen Kapitals des Unternehmens und reproduziert damit die Banalisierung dieser Kapitalien im Sinne Schwacher Nachhaltigkeit (↑Abschnitt 3.1). Auf der Website des IIRC werden „reports that have been recognized as leading practice by a reputable awards process or through benchmarking"[82] zur Verfügung gestellt. Der letzte zum aktuellen Zeitpunkt (Juni 2022) veröffentlichte Report stammt von der japanischen ITOCHU Corporation, einem Handelsunternehmen aus Tokio mit einem Jahresumsatz von gut 12 Trillionen Yen (ca. 85 Milliarden Euro). Im Bericht steht zwar einige Male der Begriff *non-financial capital*, jedoch beispielsweise kein einziges Mal die Begriffe *natural capital* oder *social capital*.[83] Seite 38 f. behandelt „Sustainable Value Creation through Capital Accumulation" und zeigt die Strategie des Unternehmens zur „internalization of external capital", also der Umwandlung verschiedener externen Kapitalien in internes Finanzkapitel. *Sustainable* oder *Sustainability* steht fast ausschließlich im Zusammenhang mit den Begriffen *growth* und *(corporate) value*, und die „Expansion of Social Value" wird als eindimensionale, automatische Folge der „Expansion of Economic value" dargestellt.[84]

Die ITOCHU Corporation ist ein Extrembeispiel. Selbst unter Gesichtspunkten Schwacher Nachhaltigkeit hat kaum etwas mit Nachhaltigkeit zu tun. Nichtsdestotrotz wird der Bericht des Unternehmens vom IIRC als führende Praxis (*leading practice*) präsentiert. Die beiden zeitlich zuvor in dieser Rubrik auf der IIRC-Website veröffentlichten integrierten Berichte, von CPA Australia[85] und der Hitachi Group[86], sind weniger extrem, vor allem in dem Sinne, dass beide Nachhaltigkeit nicht fälschlicherweise eindimensional finanzwirtschaftlich auslegen. Alle weiteren genannten Kritikpunkte am <IR> Framework spiegeln sich jedoch auch in ihnen wider.

---

[82] Examples.integratedreporting.org/recognized_reports
[83] Vgl.: ITOCHU Corporation 2020.
[84] Vgl. Ebd.: S. 30.
[85] CPA Australia 2020.
[86] Hitachi Group 2020.

4.1.9 IFRS Foundation und ISSB

Auch als Reaktion auf die zuletzt auf der Weltklimakonferenz (COP26) formulierte und seit langem von institutionellen Anlegern in aller Welt geäußerte Forderung nach einer Harmonisierung der bestehenden Standards für eine qualitativ hochwertige Nachhaltigkeitsberichterstattung, wurden diesbezüglich in jüngster Zeit entscheidende Schritte unternommen: Die International Financial Reporting Standards (IFRS) Foundation[87] gründete ein International Sustainability Standards Board (ISSB),[88] welches nun auf gleicher Ebene mit dem International Accounting Standards Board (IASB) steht. Das ISSB soll, nach den Worten der IFRS, eine umfassende globale Grundlagenpapier für die Offenlegung von Nachhaltigkeitsinformationen für die Kapitalmärkte entwickeln.[89] Die IFRS Foundation legt die Grundsätze fest, nach denen Unternehmen ihre Finanzberichte für die internationalen Kapitalmärkte erstellen. Spannend ist daher an dieser Entwicklung innerhalb der IFRS Foundation zweierlei. Erstens impliziert die Gründung des ISSB auf einer Ebene mit dem IASB, zumindest potenziell, eine anvisierte Gleichrangigkeit finanzieller mit nicht-finanziellen Reporting- und Accounting-Standards innerhalb der Foundation, was durch die zentrale Stellung des IASB – die durch das Board entwickelten Grundsätze sind in 120 Ländern, darunter alle EU-Staaten, vorgeschrieben – weitreichende Auswirkungen haben könnte. Die IFRS Foundation ist also in geeigneter Position, nicht-finanzielle mit finanziellen Reporting- und Accounting-Standards zu integrieren.

Zweitens sind im Bereich der finanziellen Berichterstattung bisher im Gegensatz zu nicht-finanzieller Berichterstattung die Ebene des Reportings und die des Accountings direkt miteinander verbunden. Worüber berichterstattet wird, ergibt sich weitestgehend direkt aus dem Accounting. Es wäre rechtlich unzulässig, Informationen auszulassen oder zu verändern. Nicht-finanzielle Berichterstattung hat, wie in dieser Arbeit bereits problematisiert, keine vergleichbar verbindliche Informationsgrundlage, sondern ist hinsichtlich Umfang und Gegenstand bisher weitestgehend unverbindlich. Das bedeutet, dass die Entwicklung innerhalb der IFRS Foundation im Bereich der nicht-finanziellen Berichterstattung

---

[87] ifrs.org.

[88] Siehe hierzu: Adams & Mueller 2022; de Villiers et al. 2022: „The IFRS Foundation's initiative to enter the sustainability reporting standard-setting arena, although from the perspective of providing information to investors regarding the influence of society and the environment on the reporting organisation, is an attempt to solidify its own position as the reporting standard setter of choice, not only for financial reporting but for all reporting standards."

[89] Vgl.: IFRS 2022.

4.1 Nachhaltigkeitsreporting

auch zu einer Integration von Reporting- mit Accounting-Standards führen könnte und damit möglicherweise zu einer substanziellen Verbesserung der Informationsgüte nicht-finanzieller Berichterstattung. Beides, sowohl die Integration nicht-finanzieller mit finanziellen Reporting-Standards als auch die Integration von nicht-finanziellen Reporting- mit Accounting-Standards werden von der Fachwelt seit langem als zentrale, notwendige Weiterentwicklungen im Bereich des Nachhaltigkeitsreportings erachtet.[90] Angesichts der Tatsache, dass diese Form der Integration auch Ziel des IIRC war,[91] das <IR> Framework offenbar jedoch zu keiner signifikanten Stärkung von Nachhaltigkeitsbelangen im finanziellen Berichtswesen geführt hat, gilt es auch die Entwicklungen im Umfeld der IFRS Foundation, beziehungsweise die methodischen Vorschläge, die hieraus hervorgehen, hinsichtlich ihres Potenzials in Richtung Starker Nachhaltigkeit kritisch zu analysieren.

Das ISSB hat im März 2022 jüngst eine Sondierung zu seinen ersten beiden vorgeschlagenen Standards eingeleitet.[92] Der eine enthält allgemeine nachhaltigkeitsbezogene Offenlegungsanforderungen,[93] der andere spezifiziert klimabezogene Offenlegungsanforder-ungen.[94] Wie sind diese beiden Entwürfe für Nachhaltigkeitsreporting-Standards aus der Perspektive Starker Nachhaltigkeit zu bewerten? Die IFRS Foundation (2022) schreibt:

„The objective of [draft] IFRS S1 *General Requirements for Disclosure of Sustainability-related Financial Information* is to require an entity to disclose information about its significant sustainability-related risks and opportunities that is useful to the *primary users of general purpose financial reporting* when they *assess enterprise value* and decide whether to provide resources to the entity."[95]

Weiter schreibt sie:

„Sustainability-related risks and opportunities that cannot reasonably be expected to affect assessments of an entity's enterprise value by primary users of general purpose financial reporting are outside the scope of this [draft] Standard."[96]

---

[90] Vgl.: Barker & Eccles 2018.
[91] Vgl.: IIRC 2021: S. 2 f.
[92] Vgl.: IFRS Foundation 2022d.
[93] IFRS Foundation 2022.
[94] IFRS Foundation 2022a.
[95] IFRS Foundation 2022: S. 22.
[96] Ebd.: S. 23.

Das bedeutet, dass nur Informationen, die relevant für die finanzielle Performance des Unternehmens und entsprechend für den Marktwert desselben sind, Berücksichtigung finden:

> „Material sustainability-related financial information provides insights into factors that could reasonably be expected to influence primary users' assessments of an entity's enterprise value."[97]

Die zentrale Problematik, die sich aus dieser Auslegung von Wesentlichkeit, wie sie auch im <IR> Framework und teilweise im GRI verankert ist, aus der Perspektive Starker Nachhaltigkeit ergibt, ist offenkundig. Sie lässt sich exemplarisch anhand unseres Beispiels der Apfelbäuerin (↑ Kapitel I) verdeutlichen. Wir gehen für den Moment davon aus, dass ihr Betrieb ein börsennotiertes Agrarunternehmen ist. Aus dem Einsatz von Pflanzenschutzmitteln ergeben sich für die Bäuerin Nachhaltigkeitsrisiken (*sustainability-related risks*). Sie müsste diese im Sinne der ISSB-Methodik dann offenlegen, wenn durch den Einsatz (oder auch eine (zu) intensive Bewirtschaftung) eine Abnahme der Bodenfruchtbarkeit der Äcker des Betriebs drohte. Denn diese würde sich langfristig negativ auf die Erträge und somit auf den Unternehmenswert (enterprise value) auswirken. Aus der Perspektive der Bäuerin und der Personen, die sich für ihre Bilanzen interessieren (*primary users of general purpose financial reporting* (= „Existing and potential investors, lenders and other creditors"[98])) könnte es nun aber ratsam sein, beispielsweise das Feld zu einem geeigneten Zeitpunkt einfach zu verkaufen oder auf eine Feldfrucht umzustellen, mit der auch auf ausgezehrten Böden hohe Erträge erwirtschaftet werden können. Denn aus finanzwirtschaftlicher Perspektive könnte dieses Vorgehen unter Umständen gegenüber einer schonenderen Bewirtschaftung zu bevorzugen sein. Die ökologischen und sozialen Folgekosten blieben bei einem solchen Vorgehen jedoch offensichtlich bestehen. Auf Grundlage der ISSB-Methodik wäre hiergegen jedoch nichts einzuwenden. Im Gegenteil, es würde mit den Anforderungen der ISSB-Methodik an die offenzulegenden strategischen Entscheidungen im Umgang mit Nachhaltigkeitsrisiken korrespondieren.

> „Specifically, an entity shall disclose: [...] (d) how it expects its financial performance to change over time, given its strategy to address significant sustainability-related risks and opportunities."[99]

---

[97] Ebd.: S. 34. IFRS Foundation 2022a folgt einem ähnlichen Schema.
[98] Ebd.: S. 40.
[99] IFRS Foundation 2022: S. 27.

4.1 Nachhaltigkeitsreporting

Umgekehrt bedeutet dies aber auch, dass die ISSB-Methodik, ebenso wie jede andere Methodik, die den Berichtsinhalt entlang der Gesichtspunkte rein finanzieller Wesentlichkeit orientiert, den Sinn und Zweck Starker Nachhaltigkeit, die Internalisierung von Externalitäten zugunsten der Um- und Mitwelt nicht leisten kann:

> „there is concern that ISSB standards will serve the capital markets but at the expense of wider stakeholders, and ultimately, the wellbeing of our planet and our society."[100]

Ganz grundsätzlich stellt sich die Frage, weshalb der methodische Vorschlag des ISSB (in ähnlicher Weise wie das <IR> Framework) überhaupt unter dem Titel *Nachhaltigkeit* steht. Ist es nicht gängige unternehmerische Praxis, Risiken und Chancen zu managen und gegenüber Shareholdern hierüber zu berichten, unabhängig davon, ob diese nun im Zusammenhang mit Nachhaltigkeit (*sustainability-related risks and opportunities*[101]), oder, im Falle der klimabezogenen Offenlegungsanforderungen, im Zusammenhang mit Klima, (*climate-related risks and opportunities*[102]) stehen, oder nicht? Leistet die ISSB-Methodik also in ihrem jetzigen Stadium mehr als den Allgemeinplatz zu unterstreichen, dass Nachhaltigkeits- und Klimarisiken, die hinsichtlich der Höhe ihrer Eintrittswahrscheinlichkeit sowie ihrer Auswirkung mittlerweile die relevantesten gesellschaftlichen Risiken darstellen,[103] zunehmend Auswirkungen auf den Marktwert von Unternehmen haben werden?[104]

Aus der Perspektive Starker Nachhaltigkeit ist nicht schwer zu erkennen, welche Erweiterung die methodologische Grundlage des Methodenschlags der ISSB benötigen würde. Auch die Wirkungen der betrachteten unternehmerischen Entität auf die Welt und ihre Ökosysteme, man könnte auch sagen, die Risiken, die aus den Aktivitäten des Unternehmens für die Integrität der Ökosysteme (und die Menschen, die von ihnen abhängen) folgen, nicht nur die Risiken, die aus der

---

[100] Michelon 2021.
[101] Ebd.: S. 5.
[102] IFRS Foundation 2022a: S. 5.
[103] Vgl.: WEF 2019: S. 5.
[104] Die Allianz (2018, S. 5) schreibt beispielsweise im Kontext von Naturkapitalrisiken: „As a matter of good practice, companies need to proactively investigate potential risks stemming from these trends and assess the extent that these risks could affect the company's operations or even business model. [...] Most companies have effective risk management and insurance systems in place that can be used to address natural capital risks. Rather than reinventing the wheel, companies can broaden the scope of these systems beyond financial and operational risk management [...]"

Verwendung derselben für das Unternehmen entstehen, müssten in die Betrachtung mit einbezogen werden. Der zentrale Ansatz hierbei ist das bereits genannte Konzept der doppelten Wesentlichkeit:

> „it is not just climate-related impacts on the company that can be material but also impacts of a company on the climate – or any other dimension of sustainability […]"[105]

Die Arbeit wird auf die Frage der Wesentlichkeit an anderer Stelle noch zurückkommen. Für den Moment reicht es, festzuhalten, dass eine Internalisierung der Externalitäten vom gegenwärtigen Methodenvorschlag der ISSB nicht geleistet wird und er damit aus der Perspektive Starker Nachhaltigkeit abzulehnen ist.

Als eine Erweiterung des Konzepts ausschließlich finanzieller Wesentlichkeit könnte die Referenz des ISSB auf dynamische Wesentlichkeit (dynamic materiality) verstanden werden. Das ISSB schreibt hierzu in den Erläuterungen zum Standard-Entwurf:

> „The material sustainability-related financial information disclosed by a reporting entity might change from one reporting period to another as circumstances and assumptions change and as materiality judgements and the assessments of enterprise value by users of general purpose financial reporting evolve. The risks and opportunities that users reflect in their assessments of enterprise value can change from one reporting period to another. Some refer to this as 'dynamic materiality', although that term is not used in the Exposure Draft."[106]

Hierdurch stellt das ISSB zum jetzigen Stand jedoch lediglich fest, dass die Bewertung der finanziellen Wesentlichkeit von Umwelt- und Klimawirkungen zu jedem Berichtszeitraum neu vorgenommen werden muss, und geht nicht über das Konzept der finanziellen Wesentlichkeit hinaus. Anders wäre es, wenn die berichtenden Organisationen zunächst eine vollständige Betrachtung *aller* Umwelt- und Klimawirkungen aufstellen müssten, und vor dem Hintergrund dieser entscheiden würden, welche sie (zu welchem Grad) als wesentlich erachten und welche nicht. Die Nutzerinnen der Berichte (*existing and potential investors, lenders and other creditors*) könnten dann entsprechend ihrer eigenen Vorstellungen und Methoden entscheiden, ob das Unternehmen die Einschätzung der Wesentlichkeit korrekt vorgenommen hat und die Unternehmen unter Umständen dazu bewegen, ihre Einschätzung neu vorzunehmen und beispielsweise auch solche Umwelt- und

---

[105] Täger 2021. Siehe auch: Europäische Kommission 2019a.
[106] IFRS 2022c: S. 23.

4.1 Nachhaltigkeitsreporting

Klimawirkungen in Betracht zu ziehen, die auf den ersten Blick nicht wesentlich erscheinen, sich aber mittelbar auf den Erfolg des Unternehmens (oder anderer Wirtschaftsakteure, deren Erfolg im Interesse dieser Nutzer ist) auswirken. Wie wir weiter unten im Kontext von Risikomanagement sehen werden, trifft dies potenziell auf alle Umwelt- und Klimawirkungen zu und die Einschätzungen der Wesentlichkeit aus der Innenperspektive von Unternehmen klafft häufig deutlich mit der externen Perspektive der Nutzer, insbesondere großer Kreditinstitute, auseinander.

Darüber hinaus könnten auf der Informationsgrundlage einer vollständigen Aufstellung aller Umwelt- und Klimawirkungen andere Organisationen, deren Zielgruppen nicht nur rein finanzielle Interessen an den Berichten der Unternehmen haben, beispielsweise NGOs im Bereich Umweltschutz oder Menschenrechte, ihre eigenen Definitionen von Wesentlichkeit und ihren Standards anwenden. Diese Möglichkeit bleibt zum jetzigen Stadium des ISSB-Entwurfs verschlossen, denn die Informationsgrundlage solcher Bemühungen wäre auf Grundlage des ISSB-Standards unzureichend. Hierdurch reproduziert das ISSB die Problematik hinsichtlich der Erstellung von Rankings (↑Abschnitt 3.4.1) ebenso wie die Problematik der ‚Holschuld' von Informationen kleiner Akteure gegenüber großen Unternehmen (↑Abschnitt 4.4.1).

Es erscheint in diesem Kontext des Methodenvorschlags der ISSB sinnvoll, das Eingangszitat von Paul Hawken (2002) aus der Einleitung an dieser Stelle erneut anzuführen:

„At this juncture in our history, as corporations and governments turn their attention to sustainability, it is crucial that the meaning of sustainability not get lost in the trappings of corporate speak […] I am concerned that good housekeeping practices such as recycled hamburger shells will be confused with creating a just and sustainable world."

Methoden der Berichterstattung, die ausschließlich die Risiken des eigenen Betriebs zum Gegenstand haben, sind gute Haushaltspraktiken, mit Nachhaltigkeit haben sie aber wenig zu tun. Vielmehr ist davon auszugehen, dass sich durch die ISSB-Methodik und die gegenwärtigen Bewegungen im Feld der integrierten Berichterstattung, ebenso wie durch alle anderen Standards, die Wesentlichkeit einseitig finanziell auslegen, neue Wege der Verschleierung negativer Nachhaltigkeitswirkungen unter dem Deckmantel der unternehmerischen Verantwortung ergeben werden. Verantwortung wird hier zwar übernommen, aber ausschließlich für die finanziellen Belange der Shareholder.

Wie wird die Frage der Wesentlichkeit bei anderen Standardsetzern ausgelegt? Das Rahmenwerk des SASB (2017) gründet ebenfalls ausschließlich auf finanzieller Wesentlichkeit, wobei „Financial Impacts & Risk", „Legal, Regulatory & Policy Drivers", „Industry Norms & Competitive Drivers", „Stakeholder Concerns & Social Trends" und „Opportunities for Innovation" als mögliche Faktoren, die finanzielle Wesentlichkeit beeinflussen könnten, angegeben werden. Die Vorschläge des SASB zur Überarbeit ihres Rahmenwerks (2020) sieht keine Erweiterung des Begriffs der Wesentlichkeit vor. Das SASB bietet einen *Materiality Finder*,[107] der die finanziell wesentlichen Nachhaltigkeitswirkungen verschiedener Branchen systematisiert. Dieser dient jedoch lediglich als freiwillige Orientierung.

Das Climate Disclosure Standards Board (CDSB) betrachtet Wesentlichkeit zwar etwas differenzierter und legt zumindest nahe, dass auch Klima- und soziale Faktoren, die das Unternehmen zunächst nicht zu betreffen scheinen, finanziell wesentlich werden können. Wesentlich sind:

> „Climate change risks to which all businesses are potentially exposed and are therefore considered material for the purposes of the CDSB Framework; and Risks relating to social inequalities to which all businesses are potentially exposed and are therefore considered material for the purposes of the CDSB Framework."[108]

Das <IR> Framework des IIRC ging im Juni 2021 in der Value Reporting Foundation (VRF) auf, welche vom IIRC und dem Sustainability Accounting Standards Board (SASB) als Zusammenschluss gegründet wurde.[109] Zuvor, bereits im September 2020, hatten sich IIRC und GRI, das Carbon Disclosure Project (CDP), das Climate Disclosure Standards Board (CDSB) und das SASB zusammengetan, um die Kompatibilität ihrer Methoden für Nachhaltigkeitsreporting auf der Basis der Empfehlungen der Task Force on Climate-related Financial Disclosures (TCFD)[110] zu testen.[111] Nach Aussage der VRF zeigte das Projekt „high levels of alignment between their reporting frameworks"[112].

Der jüngste Schritt dieser Institutionen ist nun, wie man einer Erklärung vom 25. Mai 2022 entnehmen kann, die VRF, und damit vor allem das <IR> Framework, in die IFRS Foundation zu integrieren, und in diesem Zuge die Methoden

---

[107] sasb.org/standards/materiality-map/
[108] CDSB 2022: S. 13.
[109] Vgl.: valuereportingfoundation.org/about/
[110] TCFD 2017.
[111] Vgl.: CDP et al. 2020.
[112] integratedreporting.org/corporate-reporting-dialogue/

4.1 Nachhaltigkeitsreporting

beider Organisationen zuerst miteinander abzugleichen und dann zu vereinheitlichen.[113] Das bedeutet, dass die IFRS Foundation, primär mit ihrem ISSB, von nun an im Bereich der etablierten Standardsetzer für integrierte Berichterstattung die relevanteste Institution sein wird. Die Integration wurde im Zeitraum des Verfassens dieser Arbeit, am 2. August 2022, offiziell verkündet. Es hängt also nun maßgeblich von der IFRS und ihrem neuen ISSB-Standard ab, welche Richtung die zukünftigen Entwicklungen nehmen werden.

4.1.10 ESRS-Vorschlag der EFRAG

Am 21. April 2021 hat die Europäische Kommission einen Legislativvorschlag für eine Richtlinie zur Nachhaltigkeitsberichterstattung von Unternehmen (CSRD) vorgestellt.[114] Die CSRD verpflichtet europäische Unternehmen, die in den Anwendungsbereich der Richtlinie fallen, ab dem 1. Januar 2024 für das Geschäftsjahr 2023 mit den europäischen Standards für Nachhaltigkeitsberichterstattung ESRS über ihre Nachhaltigkeitswirkungen zu berichten. Ebenfalls im April hat die *Project Task Force on European sustainability reporting standards* (PTF-ESRS) der EFRAG, die von der Europäischen Kommission zur Erarbeitung des ESRS beauftragt wurde,[115] den ersten Entwurf vorgelegt.[116] Der Legislativvorschlag der Europäischen Kommission legt, maßgeblich in Artikel 19a bis 19d, den Rahmen für den zukünftigen ESRS und somit die Arbeit der ERFRG fest.[117] Die CSRD löst die ehemalige CSR-Richtlinie (Non-Financial Reporting Directive, NFRD (2014/95/EU)) ab. Unter sie fallen zukünftig nicht nur deutlich mehr Unternehmen als unter der CSR-Richtlinie,[118] auch die Berichtspflichten werden ausgeweitet, teilweise substanziell. Was bedeutet dies für die Möglichkeiten der Umsetzung Starker Nachhaltigkeit im Nachhaltigkeitsmanagement europäischer Unternehmen?

Von Bedeutung ist zunächst, wie die Frage der Wesentlichkeit von der EFRAG behandelt wird. Die Auslegung der EFRAG geht deutlich über alle dem

---

[113] Vgl.: IFRS Foundation 2021; IFRS Foundation 2022b. Siehe auch: Deloitte 2021.
[114] Europäische Kommission 2021.
[115] Vgl.: McGuinness 2021.
[116] efrag.org/lab3
[117] Vgl.: EFRAG 2022: S. 6.
[118] Unternehmen, auf welche zwei der folgenden Kriterien zutreffen: > 20 Mio. EUR Bilanzsumme; > 40. Mio. EUR Jahresumsatz; > 250 Mitarbeiterinnen. Insgesamt sind in Europa circa 50.000 Unternehmen, davon circa 15.000 in Deutschland, betroffen. Dies entspricht circa der vierfachen Anzahl als unter der ehemaligen CSR-Richtlinie. Vgl.: KPMG 2022.

Autor bekannten Auslegungen von Wesentlichkeit in Nachhaltigkeitsreporting-Standards hinaus. Sie erhebt *doppelte* Wesentlichkeit zum Leitprinzip.[119] Doppelte Wesentlichkeit in der Auslegung der EFRAG ist „the union (in mathematical terms, i.e., union of two sets, not intersection) of impact materiality and financial materiality."[120] Impact materiality definiert die EFRAG wie folgt:

> „A sustainability matter is material from an impact perspective if it is connected to actual or potential significant impacts by the undertaking on people or the environment over the short-, medium- or long-term. This includes impacts directly caused or contributed to by the undertaking in its own operations, products or services and impacts which are otherwise directly linked to the undertaking's upstream and downstream value chain, and not limited to contractual relationships."[121]

Darüber hinaus gibt der ESRS, ähnlich wie auch der Standard des CDSB, vor, Nachhaltigkeitsaspekte zu berücksichtigen, die nicht direkt aus dem Handeln der Organisation folgen:

> „In addition, beyond considering the actual and potential financial consequences of its material impacts, the undertaking shall consider how it is affected by sustainability matters which are external to its activities."[122]

Im Klartext bedeuten diese Auslegungen von Wesentlichkeit, dass potenziell alle denk- und beschreibbaren Nachhaltigkeitswirkungen einer Organisation im Bericht Berücksichtigung finden müssen, streng genommen sogar solche, die nicht in den Rahmen des ESRS fallen.[123] In dieser zunächst vollständigen Erfassung *aller* Wirkungen (deren Wesentlichkeit dann erst in der Folge bewertet wird) liegt ein immenser Unterschied des ESRS gegenüber den bestehenden Standards.

Eine Schwäche, die aus der Perspektive des Autors weiterhin besteht, ist, dass keine verbindliche Methodik für die Identifikation der wesentlich von den Aktivitäten des Unternehmens betroffenen Stakeholder sowie die Möglichkeiten der

---

[119] Vgl.: EFRAG 2022. S 12.

[120] Ebd.

[121] Ebd.: S. 13.

[122] Ebd.: S. 12.

[123] „The undertaking shall provide a description of the outcome of its assessment process in relation to material impacts, risks and opportunities that are not addressed under mandatory disclosure and require entity-specific disclosure. [...] The disclosure required by paragraph 78 shall include the following information: (a) a clear statement of sustainability matters, not reflected by any ESRS, that are material based on its specific facts and circumstances [...]" (EFRAG 2022a: S. 18).

4.1 Nachhaltigkeitsreporting

Einflussnahme derselben auf die Berichtsinhalte festgelegt ist.[124] Hier wird erst die Praxis zeigen, inwieweit die ESRS einen Unterschied machen kann. Ähnliches gilt auch an anderen Stellen. Beispielsweise schlägt die EFRAG vor:

> „The undertaking shall establish explicit thresholds and/or criteria to determine when a disclosure is complied with through a statement 'not material for the undertaking'."[125]

Sie empfiehlt weiter:

> „The undertaking shall provide a description of its processes to identify its sustainability impacts, risks and opportunities and assess which ones are material."[126]

Der Vorschlag der EFRAG beinhaltet, ähnlich wie der Materiality-Finder des SASB, Branchen-Leitfäden, die bei der Identifikation der hier benannten Kriterien anleiten. Allerdings wird nicht klar, wie Organisationen die besagten Schwellenwerte (*thresholds*), Kriterien (*criteria*) und Prozesse (*processes*) ausmachen und gestalten sollen. Die damit zusammenhängenden Detailfragen werden aber von großer Bedeutung sein, sobald es um die Erstellung und Bewertung der Berichtsinhalte im Kontext ökologischer Belastungsgrenzen, beziehungsweise die Messung derselben an einer entsprechenden Benchmark geht, oder auch nur um den Vergleich und das Ranking von Organisationen untereinander.[127] Wie wir gesehen haben, werden durch die bestehenden Standards oft inkrementelle Verbesserungen, beispielsweise Energieeffizienz- oder Wassereinsparungsmaßnahmen, die sich nicht nach den Kriterien ökologischer Relevanz richten, favorisiert. Sobald von Organisationen aber gefordert wird, Kriterien und Schwellenwerte für die Bewertung ihrer Nachhaltigkeitswirkungen als wesentlich oder unwesentlich anzugeben, stellt sich die Frage, woran diese Schwellenwerte gemessen werden. Vermutlich wird aber erst die Auslegung des Standards in den unternehmerischen Praxen zeigen, wie mit dieser Vorgabe umgegangen wird, und ob aus ihr eine engere Beziehung zwischen Berichtsinhalten und ihren ökologischen Kontexten folgen wird.

---

[124] Vgl.: EFRAG 2022. S 12.
[125] Ebd.: S. 14.
[126] EFRAG 2022a: S. 16.
[127] Auch den Vergleich berichtender Organisationen verspricht der ESRS zu erleichtern. Berichtsinhalte sollen veröffentlich werden unter „a structure that facilitates access to and understanding of the sustainability statements, both in human and machine-readable formats." (EFRAG 2022a: S. 23).

Insgesamt entsteht der Eindruck, dass der ESRS weit über bisherige Berichterstattungsstandards hinausgeht, dies jedoch um den Preis einer aktuell kaum zu bewältigenden Fülle an Fragen hinsichtlich der Spezifizierung des Standards und den Modalitäten seiner Anwendung seitens der anwendenden Unternehmen. Die beschrieben Problematiken der Kriterien, Schwellenwerte und Prozesse kratzt hierbei nur an der Oberfläche. Man muss sich vergegenwärtigen, dass es derzeit keine erprobten Standards für die Umsetzung doppelter Wesentlichkeit in Nachhaltigkeitsberichten gibt. Die bloße Vorgabe der EFRAG, dass dies umzusetzen und der Weg der Umsetzung zu beschreiben sei, verändert hieran zunächst nichts. Die gleiche Problematik ergibt sich in geradezu noch verschärfter Form im Kontext des ESRS E4[128], das die Offenlegungspflicht von Unternehmen im Kontext von Biodiversität und Ökosystemen regeln wird (↓ Kapitel 5).[129]

4.1.11 Fazit

Die behandelten Institutionen werden, wenn sie die Externalisierung negativer Wirkungen in die Gemeingüter und die gemeinsamen Lebensgrundlagen der Menschen und aller Lebewesen auf dem Planeten Erde nicht in die Zukunft extrapolieren möchten, die oben bereits genannte, zentrale Fragen in ihre Methoden integrieren müssen: Wie können Unternehmen im Sinne doppelter Wesentlichkeit auch Sorgfaltspflichten für die Risiken, die sie auf die natürlichen Lebenssysteme und die Menschen, die von ihnen abhängen, übernehmen? Denn jede Externalität wird, wie wir gesehen haben, „ökologisch internalisiert"[130] und dadurch früher oder später, mittelbar oder unmittelbar, zum Nachhaltigkeitsrisiko für Andere. Bis auf den ESRS und in Teilen den neuen GRI kommen alle bisherigen Standards, Methodenvorschläge (insbesondere der des ISSB) und Versuche zur Harmonisierung der Reportingstandards (insbesondere durch die VRF und die IFRS Foundation) einer Unterordnung des Ökologischen unter das (Finanz-)

---

[128] EFRAG 2022b.

[129] Hierin (S. 6) wird beispielsweise gefordert: „The undertaking shall disclose its plans to ensure that its business model and strategy are compatible with the transition to achieve no net loss by 2030, net gain from 2030 and full recovery by 2050. The principle to be followed under this Disclosure Requirement is to provide an understanding of the transition plan of the undertaking and its compatibility with the preservation and restoration of biodiversity and ecosystems in line with the Post-2020 Global Biodiversity Framework and the EU Biodiversity Strategy for 2030. The undertaking shall disclose its plans for its own operations and throughout its upstream and downstream value chain."

[130] Dahm 2019: S. 77.

4.1 Nachhaltigkeitsreporting

Ökonomische gleich. Wie wir gesehen haben, folgt ein solches System epistemischen Trugschlüssen. Seine Logik ignoriert die Wirklichkeit der multiplen ökologischen Krise. Dauerhaft können sie daher keinen Bestand haben. Das Rahmenwerk der Task Force on Climate-related Financial Disclosures (TCFD), das eine zentrale Orientierungsfunktion für die Entwicklung der VRF hatte (↑Abschnitt 4.1.9), weist die gleiche grundlegende Problematik auf: Es fokussiert sich lediglich auf finanzielle Wesentlichkeit und dient daher nicht als geeignete Orientierung für die Entwicklung von Managementmethoden zur Steuerung von Nachhaltigkeit.[131] Im Unterschied dazu steht der aktuelle Report (2022) der im Jahr 2020 neu gegründeten Task Force on Nature-related Financial Disclosures (TNFD). Hierin werden neben der finanziellen Wesentlichkeit auch doppelte Wesentlichkeit (Abbildung 4.1) und dynamische Wesentlichkeit (dynamic materiality) adressiert. Die Verfasser schreiben:

„The terms 'single materiality', 'double materiality' and 'dynamic materiality' are used to distinguish different approaches. Double materiality is associated with the approach that organisations should disclose not only how nature may impact the organisation's immediate financial performance (so-called 'outside-in') but also how the organisation impacts nature ('inside out'). The concept of 'dynamic materiality' emphasises that there is a path for issues (including impacts) to become material over time. [...] In line with the gradual convergence in the perspective on materiality in the market, the TNFD framework recognises that consideration of both nature-related dependencies and impacts is required for a comprehensive assessment of risks and opportunities, and that impacts on nature become relevant to enterprise value when assessed over a future time horizon (e.g. through scenario analysis)."[132]

Doppelte Wesentlichkeit, als Ergänzung zur finanziellen, scheinen derzeit das fehlende Bindeglied zur Versöhnung der Interessen der verschiedenen Interessengruppen des CSR- sowie des Integrated Reporting. Leider gibt es derzeit neben dem ESRS-Vorschlag der EFRAG wenig Anzeichen dafür, dass die das Feld dominierenden Standardsetzer dieses Konzept verbindlich umzusetzen versuchen. Insbesondere die Methodenaufschläge des ISSB sind in diesem Zusammenhang als Rückschlag zu verstehen. Bis zum 29. Juli 2022 konnten diese Entwürfe kommentiert werden. Insgesamt haben sich über 700 Personen und Institutionen zu

---

[131] Vgl.: Kedward et al. 2020; Europäische Kommission 2019a (S. 7 & S. 37): „[...] the TCFD has a financial materiality perspective only."
[132] TNFD 2022: S. 73 f.

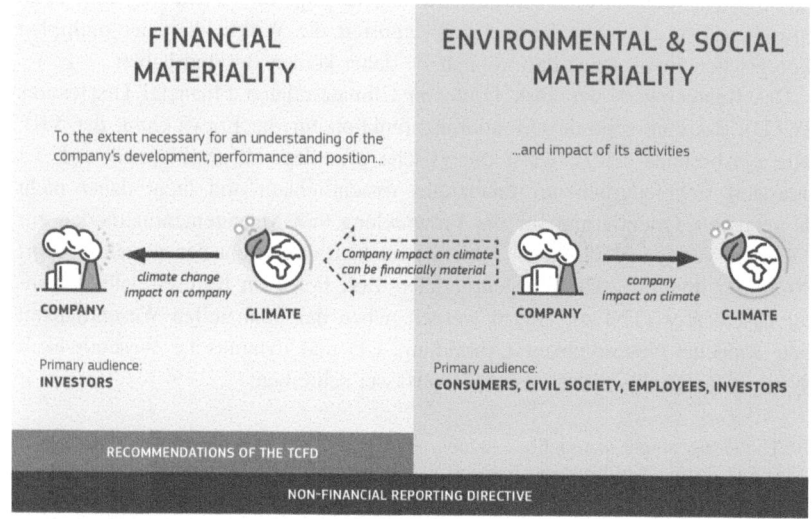

Abbildung 4.1 Doppelte Wesentlichkeit nach TNFD 2022

Wort gemeldet,[133] darunter ein großer Teil der weltweit größten Finanz- und Vermögensverwalter[134] und transnationalen Organisationen[135].

Es bleibt abzuwarten, ob die zahlreichen kritischen Stimmen Beachtung finden werden, aber es gibt wenig Anzeichen für Optimismus. Denn die Praxis des Feldes des Integrated Reporting scheint vereinnahmt von finanzwirtschaftlichen Interessen, was bereits in der Vergangenheit dazu geführt hat, dass den Positionen kritischer Beobachterinnen des Feldes wenig praktische Beachtung zuteilwurde. Im ungünstigsten Fall werden beispielsweise die diversen noch offenen Fragen des ESRS von der bestehenden CSR-Industrie um die großen Beratungshäuser und Standardsetzer ausgelegt. Es ist davon auszugehen, dass dies zu einer Banalisierung der darin enthaltenen wichtigen Neuerungen entlang des Vorbildes der letzten zwei Jahrzehnte führen würde.

---

[133] ifrs.org/projects/work-plan/general-sustainability-related-disclosures/exposure-draft-and-comment-letters/#view-the-comment-letters.

[134] Beispielsweise MSCI, Amundi und BlackRock.

[135] Beispielsweise die UNEP, die Weltbank, der Internationale Währungsfond und die Europäische Wertpapier- und Marktaufsichtsbehörde (ESMA).

4.1 Nachhaltigkeitsreporting

„[…] dialogue between the actors in the integrated reporting field seems to be strongly influenced by professionals, namely accountants and investors, who, either more or less insidiously, propagate their market/ industrial agendas, thereby advancing their own commercial positions. […] [M]anagerial capture by corporates, through a focus primarily on those non-financial aspects deemed financially material, and supporting the firm's "business-case" rather than general accountability, social justice or ecological sustainability, makes the possibility of a shared compromise increasingly problematic."[136]

Was Dahm (2019, S. 144) im Kontext von ESG-Ratings schreibt, lässt sich ohne weiteres auf deren gegenwärtige methodischen Grundlagen aus dem Feld des CSR- und Integrated Reporting übertragen:

„Ein ökonomisiertes Nachhaltigkeitsrating in diesem Sinne pervertiert den Nachhaltigkeitsbegriff, aber auch das Ökonomieverständnis, weil es ökologische und soziale Nachhaltigkeit de facto auf den Kopf stellt und Wirtschaft völlig dem Primat des Finanzprofits unterwirft."

Im Weiteren werden wir zwei weitere Felder des Nachhaltigkeitsmanagements betrachten, die sich hinsichtlich ihrer Motivation und Entstehungsgeschichte teilweise vom Feld des Reportings unterscheiden und dadurch mitunter ihre eigenen Methodologien entwickelt haben: Nachhaltigkeitsaccounting und Nachhaltigkeitsrisikomanagement. Vereinfacht gesagt setzt Nachhaltigkeitsaccounting eine Stufe unterhalb der Berichterstattung an. Der Hauptunterschied ist, dass im Accounting primär mit Zahlen gearbeitet wird, die Informationen also quantitativ sind, wohingegen qualitative Gesichtspunkte die Sphäre des Reportings bestimmen. Nachhaltigkeitsrisikomanagement ist keine genuin neue Methode, sind doch auch, wie wir gesehen haben, das Reporting und die aus ihm abgeleiteten ESG-Ratings maßgeblich davon motiviert, die Risiken (und Chancen) im Zusammenhang mit Nachhaltigkeitswirkungen offenzulegen. Im Nachhaltigkeitsrisikomanagement werden jedoch die Risiken perspektivisch an den Ausgangspunkt gestellt, wodurch sich andere methodische Ansätze eröffnen.

Nachhaltigkeitsreporting, -accounting und -risikomanagement lassen sich nicht trennscharf voneinander unterscheiden. Viele Konflikte treffen auf das Feld des Nachhaltigkeitsmanagements als Ganzem zu. Wir werden daher in den folgenden Abschnitten weniger den Fokus darauflegen, die Konflikte der beiden

---

[136] Koen van Bommel 2014. Zappettini & Unerman (2016) kommen über den Weg der Diskursanalyse zum gleichen Ergebnis, wenn auch lediglich in Hinblick auf das <IR> Framework.

Felder erschöpfend zu beschreiben, da sich hieraus Redundanzen mit dem vorhergegangenen Kapitel ergeben würden, sondern versuchen, unsere Perspektive auf die fundamentalen Konflikte des Nachhaltigkeitsmanagements aus der Perspektive der beiden Felder Nachhaltigkeitsaccounting und -risikomanagement zu erweitern. Und wir werden dabei, entsprechend der von der Arbeit angestrebten Lösungsorientierung (↑Abschnitt 2.5.5), bereits auf Kapitel 5, in dem es um die Auflösung der Konflikte gehen wird, hinarbeiten. Eine Synthese aller herausgearbeiteten fundamentalen Konflikte erfolgt am Ende des vierten Kapitels.

4.2 Nachhaltigkeitsaccounting

4.2.1 Geschichte des Nachhaltigkeitsaccountings

Ende der 1970er, einige Jahre nach der Publikation der Grenzen des Wachstums, dem ersten Erdgipfel der Vereinten Nationen in Stockholm zum Thema Umwelt und der daraufhin initiierten Gründung der UNEP, wurde in Fachkreisen erstmals die Idee populär, dass die Internalisierung externer Kosten (Externalitäten) und entsprechende Accounting-Methoden, welche die Grundlage für diese Internalisierung schaffen sollten, der Schlüssel zu einer nachhaltigeren Wirtschaft sein könnten.[137] Die anfänglichen Veröffentlichungen, die Accounting und Nachhaltigkeit miteinander in Verbindung brachten, konzentrierten sich auf die Unzulänglichkeiten der konventionellen Rechnungslegung sowie auf die Grenzen der ihnen zugrundeliegenden Konzepte, die sich alleinig auf monetäre, nach den gängigen Metriken quantifizierbare Bewertung der wirtschaftlichen Aktivitäten von Unternehmen konzentrierte.[138]

Taibi et al. (2020) geben einen Überblick der verschiedenen methodischen Ansätze, die seit den 1990er (zum Teil bereits seit den 1970er) Jahren in der Wissenschaft und in Fallstudien mit Unternehmen ausgearbeitet und erprobt wurden. Hieraus lassen sich zwei Ansätze erkennen, die richtungsweisend für die heute relevanten Vorschläge für Nachhaltigkeitsaccountings sind, einer, der vom Konzept der Externalitäten ausgeht, und einer, den Weg über das Konzept der Naturkapitalien nimmt, wobei beide im Kern das gleiche Ziel, die Internalisierung von Externalitäten und die Abbildung der ‚wahren' Kosten unternehmerischer Aktivitäten (Internalisierung aller externen Kosten), verfolgen.

---

[137] Vgl.: Taibi et al. 2020: S. 1219.
[138] Siehe hierzu: Gray 1992; Schaltegger & Sturm 1992; Maunders & Burritt 1991.

4.2 Nachhaltigkeitsaccounting

Letzterer Ansatz baute, ähnlich wie zumindest ideell auch das <IR> Framework, auf der Idee auf, dass die Erhaltung des Kapitals eines Unternehmens als Heuristik für Nachhaltigkeit verwendet werden kann, sofern alle vom Unternehmen ge- und verbrauchten Kapitalien (neben Naturkapitalen, in Abhängigkeit von den Definitionen und Abgrenzungen der jeweiligen Methode auch Wissens-, Kultur- und Sozialkapitalien) dabei berücksichtigt werden.[139] Ein nachhaltiges Unternehmen muss seine Kapitalien und deren Grundlagen erhalten, was unter vollständiger Berücksichtigung aller Kapitalien näherungsweise damit gleichzusetzen ist, dass es keine negativen externen Effekte in die Gemeingüter auslagert. Spätere Methoden bezogen in die Betrachtung neben negativen Externalitäten (Kosten) auch positive Externalitäten (Nutzen) mit ein.

Die Idee des ersten Ansatzes lautete in ihren Grundzügen: Unternehmen sollen ihre Externalitäten auf der Kostenseite der Bilanz des Unternehmens abbilden, und sich somit über die wahren Kosten ihrer Aktivitäten (und ihrer einzelnen Produkte und Dienstleistungen) im Klaren werden, beziehungsweise diese strategisch integrieren. Das Stichwort hierzu lautete *full cost accounting* (FCA).[140] In den Anfängen waren hierfür die Bemühungen des sogenannte *social audit movement* maßgebend verantwortlich, welche Informationen über die erweiterten Folgen des unternehmerischen Verhaltens zu ermitteln suchte.[141] Breitere Aufmerksamkeit erlangte die Idee jedoch erstmals in den 1990er Jahren. Neben vielen anderen Unternehmen, Beratungsgesellschaften und öffentlichen Trägern publizierte beispielsweise die United States Environmental Protection Agency (1996) Fallstudien des öffentlichen Elektrizitätsversorgungsunternehmen Ontario Hydro. Ontario Hydro verkaufte Strom aus Kanada in die USA und wollte dabei einen Preis erheben, der die negativen gesundheitlichen Auswirkungen

---

[139] Zu den frühen, prominenten Vertreterinnen gehören nach Taibi et al. (2020) der Philosoph und heute emeritierter Professor der University of St. Andrews Rob Gray (Gray 1992), gemeinsam mit seinem Kollegen Jan Bebbington (Bebbington & Gray 2001). Verschiedene Kapitaltheorien, -konzepte und Reportingansätze wurden in diesem Zusammenhang entwickelt. Prominent hierunter beispielsweise der RICARDIS Report der Europäischen Kommission (2006) zu Intellektuellem Kapital.

[140] Siehe hierzu: Bebbington et al. 2001: S. 5: „FCA is a means by which market prices can be "corrected" in order to create an economic system that is more likely to deliver "sustainable development"". Siehe nach Taibi et al. 2020 zu den Anfängen der Idee auch: Huizing & Dekker (1992) und Antheaume (2004).

[141] Vgl.: Unerman et al. 2018: S. 505. Siehe auch: Gray et al. 2014.

der Verbrennung fossiler Brennstoffe auf die kanadische Bevölkerung gegenüber den Energiegewinnen, die lediglich der US-amerikanischen Bevölkerung zugutekamen, berücksichtigte.[142]

4.2.2 Die Managerialisierung des Nachhaltigkeitsaccountings

In den mittleren 2000er Jahren verschwanden FCA und verwandte Konzepte jedoch weitestgehend als Forschungsfeld aus der Accounting-Literatur.[143] Als die Idee Mitte der 2000er Jahre in einem dritten Anlauf wieder zu Popularität gelangte, war der Nachhaltigkeitsdiskurs, im letzten Viertel des 20. Jahrhunderts noch weitestgehend ein Nischenthema, in der Breite der Gesellschaft angekommen. Nachhaltigkeitsaccounting hatte, wie Fraser (2012) beschreibt, hierdurch nun eine politische Dimension und Brisanz. Im Kontext der Nachhaltigkeitsdebatte rückten, neben der Politik, nun vermehrt auch Unternehmen und andere Wirtschaftsakteure in den Fokus der Öffentlichkeit. Ihnen wurde zunehmend die Rolle der Mitgestalter der Nachhaltigkeitstransformation zugeschrieben (↑Abschnitt 3.4.3). FCA eignete sich für die Unternehmen teilweise nicht mehr als Methode, da sie hierdurch Gefahr liefen „the gap between rhetoric and reality"[144] aufzuzeigen, also die Differenz zwischen den tatsächlichen ökologischen und sozialen (Folge-)Kosten ihrer Aktivitäten, die das FCA transparent zu machen und zu quantifizieren suchte und der populären gewordenen Rhetorik verantwortungsvoller Unternehmen. Dies veränderte die Zielsetzung (und in der Folge die Methodik) von FCA, welche vor den 1990er Jahren noch primär normativ motiviert war und die Offenlegung der tatsächlichen ökologischen Externalitäten von Unternehmen, über finanzielle und marktrelevante Gesichtspunkte hinaus, anstrebte.[145]

---

[142] Vgl.: Unerman et al. 2018: S. 505. Ideengeschichtlich geht FCA in den USA auf in den 1930er Jahre durchgeführte cost-benefit-analysis (CBA) im Kontext staatlicher Infrastruktur-Großprojekte. Hier wurden erste methodische Ansätze für die Rechtfertigung monetärer Investitionen durch nicht-marktrelevante Werte (Sozialen Nutzen) entwickelt. Siehe hierzu: Fourcade 2011: S. 1760

[143] Vgl.: Unerman et al. 2018: S. 505.

[144] Unerman et al. 2018.

[145] Vgl.: Russell et al. 2017: S. 9. Die Autoren nennen als Beispiele hierfür Mathews 1984, Gray et al. 1987, Milne 1991, Gray 1992 und später, als Fortsetzung des normativen ausgerichteten FCA Forschung, jedoch ab der frühen 1990er Jahre nur in Form eines Nischenphänomens, Milne 2007 und Herbohn 2005.

4.2 Nachhaltigkeitsaccounting

Die Methoden des Nachhaltigkeitsaccountings haben sich seither, auch unter diversen anderen Bezeichnungen (*true cost accounting, accounting for externalities, sustainability Accounting, natural capital accounting, environmental accounting, environmental management accounting, sustainability accounting, social accounting, ...*) ausdifferenziert. Dennoch haben sie bis heute wenig Wirksamkeit auf eine nachhaltige Entwicklung entfaltet, so die Quintessenz der Literatur der 2000er[146] wie auch der 2010er Jahre.[147] Sie werden von Unternehmen und anderen Wirtschaftsakteuren, getrieben durch das steigende Bewusstsein für die *finanziellen* Risiken für Unternehmen verschiedenster Branchen ob der Gefährdung ihrer *ökologischen* Produktionsgrundlagen, in umfassendem Maße betrieben, jedoch sind sie überwiegend nicht (oder nur selektiv) Teil des Accountings oder Reportings, zu dessen Veröffentlichung Unternehmen gesetzlich verpflichtet sind, sondern des internen strategischen (Risiko-)Managements.[148] Im Zuge dieser Verlagerung von FCA von der *externen* Rechnungslegung und Finanzberichterstattung in das *interne* strategische (Risiko-)Management, änderte sich auch dessen Sinn und Zweck. So traten zwei Befürchtungen ein, die neben anderen Huizing und Decker (1992) geäußert hatten. Sie befürchteten, dass die Methoden von FCA es Unternehmen erlauben könnten, ihre Externalitäten nur selektiv zu betrachten und damit ein unvollständiges (und, sofern öffentlich kommuniziert, positiv gefärbtes) Bild von ihren ökologischen Wirkungen zu zeichnen. Außerdem beschrieben sie ein Problem, das sich durch die Globalisierung und Ausdifferenzierung von Lieferketten seither noch verstärkt hat: Sie befürchteten, dass negative Wirkungen durch Outsourcing entlang der Lieferkette nach unten ausgelagert werden könnten. FCA müsse daher immer für ganze Systeme wirtschaftlich miteinander verbundener Unternehmen aufgestellt werden und nicht für Einzelunternehmen.

Während das öffentliche Elektrizitätsversorgungsunternehmen Ontario Hydro noch primär daran interessiert war, die tatsächlichen gesundheitsrelevanten Folgen ihrer Energiegewinnung zu quantifizieren, sind solche Effekte aus der Perspektive des Risikomanagements für Unternehmend nur insofern relevant, als dass sie sich auch *finanziell*, also auf die wirtschaftliche Performance des Unternehmens, auswirken oder auszuwirken drohen. Dies kommt nicht nur einer Aufweichung, sondern geradezu eine Umkehrung der Zielsetzung des Full Cost Accountings und des Konzepts der Externalitäten generell gleich, da diese ja eine Integration der externen Effekte *in* die Kostenrechnungen der Unternehmen vorsahen und nicht

---
[146] Siehe hierzu exemplarisch: Gray 2006; Bebbington & Gray 2007.
[147] Siehe hierzu exemplarisch: Dahm 2019.
[148] Vgl.: Burritt & Schaltegger 2010: S. 832 ff.

eine Unterordnung derselben *darunter*. Anders formuliert, dreht es sich bei FCA und verwandten Methodologien seither vor allem um „the needs of organisations" und die Unterstützung ihres „internal decision making"[149], lediglich mit der potenziellen Möglichkeit, dass diese Arbeit auch in die extern orientierte Diskussion über Verantwortlichkeiten der Unternehmen einfließt.[150] Externalitäten, die sich aus der Perspektive der Unternehmen in den betrachteten Zeiträumen nicht auf die finanzielle Performance auszuwirken drohen, also vermeintlich irrelevant für die Unternehmen sind, finden daher auch weniger Beachtung. Aus Externalitäten werden dann Risikofaktoren, meist im Rahmen des (Nachhaltigkeits-) Risikomanagements. Dem Nachhaltigkeitsaccounting liegt heute also die gleiche Problematik wie dem Reporting anheim. Es betrachtet Nachhaltigkeitswirkungen primär mit der Brille finanzieller Wesentlichkeit.

Bei der Betrachtung der methodischen Fallstricke des Full Cost Accountings und verwandter Methoden haben wir mit zwei Herausforderungen zu kämpfen: Da die Methoden des Nachhaltigkeitsaccounting, wie beschrieben, oft im Dienste des Risikomanagements stehen, gehen die beiden Disziplinen (und somit auch ihre methodischen Konflikte) oft ineinander über. Zudem verhält es sich so, dass, während Nachhaltigkeitsreporting in den letzten beiden Jahrzehnten (gemessen an der Menge der Publikationen) umfassend erforscht wurde, die Forschung zu Full Cost Accounting und dem Management von Externalitäten in Unternehmen nicht nur selten, sondern auch fragmentiert (mit wenig Verknüpfung der Ergebnisse in diesem Bereich der Literatur) und selektiv (hinsichtlich der inhaltlichen Fokusse) ist.[151] In den letzten Jahren hat sich hierin einiges getan, da weltweit wichtige Institutionen im Bereich der Entwicklung von Accountingstandards die Notwendigkeit eines international verbindlichen Standards für Nachhaltigkeitsaccounting erkannt und erste wichtige Schritte in diese Richtung unternommen haben. Auch haben sich die Methodiken des Nachhaltigkeitsaccountings, heute in der Regel unter dem Begriff *Naturkapitalaccounting*, auf der Ebene der Nationalstaaten, beispielsweise zum Monitoring von Waldbeständen, Flächenmanagement, Süßwasserspeichern, Grundwasserpegeln und Wildreservaten, sukzessive weiterentwickelt[152] und gelten heute, beispielsweise im Kontext

---

[149] Beide: Unerman et al. 2018: S. 507.
[150] Vgl.: Underman et al. 2018: S. 504.
[151] Vgl.: Unerman et al. 2018: S. 499; Russel et al. 2017: S. 1 ff. Nach Pajuelo Moreno (2013) beispielsweise, war die Literatur zu FCA zu Zeitpunkt der Publikation noch in einem „embryonic stage".
[152] Siehe hierzu exemplarisch: Vysna et al. 2021: Accounting for ecosystems and their services in the European Union.

4.2 Nachhaltigkeitsaccounting

der EU-Biodiversitätsstrategie, als Kernelemente der Erreichung der Nachhaltigkeitsziele.[153] Die statistische Division der Vereinten Nationen (United Nations Statistics Division, UNSD) hat hierzu gemeinsam mit der EU, der OECD, dem Internationalen Währungsfonds, der Weltbank und der FAO ein umfassendes und bereits weltweit angewandtes Rahmenwerk entwickelt, das System of Environmental-Economic Accounting (SEEA).[154] Auf das Potenzial dieser Entwicklungen wird die Arbeit im letzten Kapitel genauer eingehen und hierbei vor allem untersuchen, inwiefern sich diese Methoden auf Unternehmen anwenden lassen, beziehungsweise welche methodischen Ansätze hierfür kursieren.

4.2.3 Von Managern und Kritikern

Die Fortschritte des Feldes haben sich, wie bereits geschildert, von den Motivationen der frühen Nachhaltigkeitsaccounting-Bewegung entkoppelt. Dominierend sind nun die finanziellen Beweggründe,[155] die Betrachtung ökologischer Wirkungen von Unternehmen hinsichtlich ihres Risikos auf deren finanzielle Performance. Einige Vertreter der früheren Ansätze des Nachhaltigkeitsaccountings kritisieren (teilweise sehr scharf) diese Entwicklung, die Unterordnung der ökologischen Auswirkungen von Unternehmen unter die Unternehmensperformance und die theoretischen, methodischen und praktischen Auswirkung derselben bis heute und halten an ihrer ursprüngliche Idee, dass Nachhaltigkeitsaccounting vor allem der Natur und den Menschen dienen sollte, indem es die wahren Kosten unternehmerischer Aktivitäten offenlegt und die Grundlage für Internalisierung derselben schafft, fest. Rob Gray, Jan Bebbington und Markus Milne beispielsweise haben hierzu auf *ResearchGate* eigens ein Projekt mit dem bezeichnenden Titel *Sustainability and Accounts of Sustanababble*[156]. Diesen Autoren zufolge sind die Methoden des Nachhaltigkeitsaccountings überwiegend ungeeignet zum

---

[153] Vgl.: Europäische Kommission 2020: S. 21.
[154] Siehe: UN et al. 2014: zentrales Rahmenwerk. Vollständige Methodologie unter: seea.un.org.
[155] Beweggründe resultieren auch aus Öffentlichkeitsdruck von diversen (internen wie externen) Stakeholdergruppen, Gründen der Reputation und sonstigen Nutzenkalkülen. Vgl.: Burritt & Schaltegger 2010, S. 831.
[156] researchgate.net/project/Sustainability-and-Accounts-of-Sustainababble. Ihre Frustration über die Entwicklungen des Feldes und dessen Forschung zeigt sich teilweise schon in den Titeln. Die Publikationen seit 2018 heißen: *Towards an Ecological Accounting: Tensions and possibilities in social and environmental accounting* (Gray 2018b), *Natural Capital Accounting: Revisiting the elephant in the boardroom* (Jollands et al. 2019), *Species Extinction and Closing the Loop of Argument: Imagining accounting and finance as the potential cause*

Management von Nachhaltigkeit, begünstigen daher Greenwashing, leere Rhetoriken und Verschleierung und hemmen so die notwendige Transformation zu einer nachhaltigen (oder zumindest weniger unnachhaltigen) Wirtschaft.[157]

Burritt und Schaltegger (2010, S. 829) beschreiben diesen Zweig der Nachhaltigkeitsaccounting-Literatur als *critical theory perspective*. Innerhalb der kritischen Perspektive unterscheiden sich die Positionen der Autorinnen und Autoren vor allem dahingehend, ob sie, wie beispielsweise Maunders und Burritt (1991), Nachhaltigkeitsaccounting grundlegend überhaupt als gangbaren Weg sehen, um Unternehmen in der Internalisierung ihrer Externalitäten zu leiten oder ob sie dieser Möglichkeit, wie Gray und Milne (2002), grundlegend kritisch gegenüberstehen. Letztere sehen ihre akademische Aufgabe demnach mehr in einer Art ‚Greenwashing Awareness' (und im weiteren Sinne in der Kritik der Machtverhältnisse, die Greenwashing begünstigen und incentivieren) als in einer Verbesserung des Accountings.[158]

Nun unterscheiden Burritt und Schaltegger den kritischen Zweig aber von einem zweiten, dem *management oriented path*. Dahinter verbirgt sich eben jener oben ausführlich beschriebene Trend, der spätestens seit den mittleren 2000er Jahren die Literatur (und Praxis) dominierte, Nachhaltigkeitsaccounting in den Dienst des Risiko- und strategischen Managements zu stellen:

„The second, management orientated path to sustainability accounting, gives recognition to the importance of management decision making and views corporate sustainability accounting as a set of tools that provide help for managers dealing with different decisions."

Sie schlussfolgern:

„[...] the managerial path, views sustainability accounting as the provider of solutions to problems and directs attention to tools which can support decisions [...]. The critical path is not wrong. [...] But the path does not lead to problem solving in the pragmatic way espoused by a managerial path."

---

of human extinction 1 (Gray & Milne 2019) und *Species extinction and closing the loop of argument: Exploring the Business of Extinction* (Gray & Milne 2018b).

[157] Siehe exemplarisch: Aras & Crowther 2009.

[158] Siehe exemplarisch: Gray & Bebbington 2002: Environmental accounting, managerialism and sustainability: is the planet safe in the hands of business and accounting?

4.2 Nachhaltigkeitsaccounting

Die Autoren haben Recht und Unrecht zugleich. Sie liegen dahingehend richtig, dass der kritische Zweig der Nachhaltigkeitsaccounting-Literatur in den letzten Jahrzehnten dahingehend versagt hat, sich pragmatisch zu fokussieren, auf die Weiterentwicklung der Methoden und Praxen des Nachhaltigkeitsaccounting auszuwirken und ihre Position Starker Nachhaltigkeit darin zu verankern. Dahm (2019, 121 f.) attestiert ein ähnliches Versagen in weiten Teilen der Nachhaltigkeitsbewegung. Er sieht hierin einen Grund für die heutige methodische Unzulänglichkeit des Nachhaltigkeitsstandards, die Reproduktion ihrer methodischen und begrifflichen Konflikte und Unschärfen und folglich das Ausbleiben einer substanziellen Verbesserung. Wie sehr man dieses Ausbleiben der kritischen Nachhaltigkeitsmanagement-Literatur und der Nachhaltigkeitsbewegung zu Lasten legen muss und ob diese die beschriebene Vereinnahmung des Feldes durch (finanz-)wirtschaftliche Interessen hätte verhindern können, sei dahingestellt.

Gleichzeitig gelingt es Burritt und Schaltegger aber auch nicht, den managementorientierten Zweig ebenso wie ihre eigenen Schlussfolgerungen durch die Brille der kritischen Perspektive zu betrachten. Aus dieser Perspektive würde klar, weshalb es, unzulänglich ist, Nachhhaltigkeitsaccounting als Lösungsanbieter (*provider of solutions*[159]) für Managemententscheidungen zu betrachten. Sie stellen fest: „[...] tools depend on the number and type of managers needing information [...]"[160], problematisieren aber nicht die damit einhergehende ‚Dienstlichmachung' von Nachhaltigkeit für finanzielle Interessen und die Herabstufung von Nachhaltigkeitsaccouting zu *performance indicators*[161].

So sehr der kritische Zweig der Nachhaltigkeitsmanagement-Literatur und die Nachhaltigkeitsbewegung darin versagt haben, Starke Nachhaltigkeit in den Methoden des Nachhaltigkeitsmanagements zu verankern, so wenig scheint im managementorientierten Zweig das Verständnis dieser Notwendigkeit und das Bestreben hierzu überhaupt vorhanden zu sein. Da die Kritiker nur geringen Einfluss auf die Entwicklung des Feldes hatten und bis heute haben, die Manager jedoch wenig Bestreben zeigten, in jenen Bereichen etwas substanziell zu verändern, ist die Weiterentwicklung gehemmt. Es hat den Anschein, dass sich das Nachhaltigkeitsmanagement seit zwei bis drei Jahrzehnten mehr oder weniger in diesem Zustand der Stagnation (teilweise Regression) befindet.[162] Soll aus dieser Stagnation ein Ausweg gefunden werden, müssen ‚Kritiker' und ‚Manager',

---

[159] Burritt & Schaltegger 2010: S. 842.
[160] Ebd.: S. 833.
[161] Ebd.: S. 835, 842.
[162] Eine Regression unterstellen beispielsweise Miles (2019), indem sie sich auf Harrison & van der Laan Smith (2015) bezieht.

beziehungsweise die verschiedenen wissenschaftlichen Disziplinen und Theorien, auf die sie sich stützen, ihre Diskurse um Nachhaltigkeitsmanagement zusammenführen. Beide Seiten haben sich jedoch in der Vergangenheit oft im besten Fall ignoriert, im schlimmsten Fall denunziert.[163] Insbesondere die Umsetzung der von den Kritikerinnen vielfach beschworenen Notwendigkeit der Erweiterung der Accounting- und Managementliteratur um die Erkenntnisse über die planetaren Belastungsgrenzen im Sinne Starker Nachhaltigkeit, die Erarbeitung entsprechender Methoden für die unternehmerische Praxis sowie die Erarbeitung konkreter Vorschläge für entsprechende ordnungspolitische Regulationen hat daher bisher kaum stattgefunden. Dies äußert sich beispielsweise in der Aussage von Unermann et al. (2018, S. 497):

„A dispersed academic accounting literature on externalities has hitherto developed separately from concerns about what information is appropriate to report on corporate performance."

Die Arbeit wird hier, getreu ihres pragmatischen Ansatzes, einige Lösungsansätze, lösungsorientierte Perspektiven und Ideen aufzeigen, so die Hoffnung des Autors. Diese werden sich unter anderem auf die von Unermann et al. diagnostizierte Inkongruenz beziehen. Im Weiteren soll der Fokus zunehmend auf solche Lösungsansätze gelenkt werden.

4.3 Nachhaltigkeitsrisikomanagement

4.3.1 Risikokategorien

Die beiden vorherigen Kapitel haben gezeigt: Sowohl im Feld des (integrierten) Nachhaltigkeitsreportings, wie auch im Nachhaltigkeitsaccounting geht der Trend in Richtung der Risikoanalyse und -bewertung, des Nachhaltigkeitsrisikomanagement.[164] Aus der Perspektive Starker Nachhaltigkeit geht hiermit stets die Gefahr einher, dass Risiken nur hinsichtlich möglicher Materialisierung für Unternehmen (finanzielle Wesentlichkeit) betrachtet werden, umgekehrt, die Wirkungen der

---

[163] Vgl. Spence et al. 2010.
[164] Schulte und Hallstedt (2018, S. 2) definieren Nachhaltigkeitsrisiko (*sustainability risk*) als „risks that are due to environmental or social justice issues." (Vgl. auch: Palousis et al. 2008), Risikomanagement (*risk management*) als „managing the future, which is characterized by uncertainty." und Risiko (*risk*) in Anlehnung an den ISO 31000 Standard (ISO 2009) als „the effect of uncertainty on objectives".

4.3 Nachhaltigkeitsrisikomanagement

Unternehmen auf ihre Mitwelt (doppelte Wesentlichkeit) unzureichende Beachtung finden und somit durch die Methoden auch nicht die Grundlage für die Internalisierung von Externalitäten geschaffen werden kann. Wir wollen diese Problematik im Folgenden kurz beleuchten.

Drei Kategorien lassen sich hinsichtlich unternehmerischer Nachhaltigkeitsrisiken unterscheiden:

(1) Risiken, die sich für ein Unternehmen materialisieren können. (finanzielle Wesentlichkeit; das Management dieser Risiken liegt in der unmittelbaren Sorgfaltspflicht des Managements gegenüber den Anteilseignerinnen),
(2) Risiken, die durch die Aktivität eines Unternehmens auf dessen Um- und Mitwelt entfallen. (doppelte Wesentlichkeit; diese Risiken sind potenzielle Externalitäten) und
(3) Risiken, die sich für das Unternehmen mittelbar oder mit der Zeit zu materialisieren drohen. (dynamische Wesentlichkeit).[165]

Kategorie (1) und (3) lassen sich, dies ergibt sich beispielsweise aus dem Verständnis des CDSB (↑Abschnitt 4.1.6) für finanzielle Wesentlichkeit, nochmals unterteilen in

(A) ‚generelle' Risiken, denen alle Unternehmen oder ein Teil aller Unternehmen (beispielsweise eines Sektors) ausgesetzt sind und
(B) ‚spezifische' Risiken, die primär auf das einzelne Unternehmen entfallen (da sie mit den spezifischen Aktivitäten des Unternehmens zusammenhängen).

Nachhaltigkeitsrisikomanagement können wir somit im unternehmerischen Kontext definieren als *Unternehmerisches Management von Risiken, die im Zusammenhang mit ökologisch und sozial nachhaltiger Entwicklung stehen, und ungewisse Auswirkungen auf die Ziele des Unternehmens haben.*

Schulte & Hallstedt (2018, S. 9 & 10) differenzieren Nachhaltigkeitsrisiken in Anlehnung an Palousis, et al. (2008) als „physical, regulatory, litigation, competitiveness, reputational, and supply chain risks." mit den entsprechenden Gefahren „(i) damage to reputation and brand; (ii) regulatory change; (iii) failure to innovate and meet stakeholder needs; (iv) third-party liability; (v) failure to attract and retain top talent; and (vi), all of which lead to reduced competitiveness." Siehe auch: Schulte et al. 2010, S. 16: „sustainability risks are threats and opportunities that are due to an organization's contribution or counteraction to society's transition towards strategic sustainable development."

[165] Da die Risiken der Kategorie (3) nicht vollumfänglich kalkulieren lassen (soweit uns sofern dies möglich ist, werden sie entweder zu Risiken der Kategorie (1), oder lösen sich auf), kann zu ihrem besseren Verständnis die Knightsche Unsicherheit dienen. Diese unterscheidet in ein messbares Risiko und eine eigentliche *Unsicherheit*, die sich kaum modellieren oder vorhersagen lässt. (Vgl.: Knight 1921).

Den Begriff der *dyamischen Wesentlichkeit* (dynamic materiality) prägte im Zusammenhang mit der Risikokategorie (3) erstmalig das World Economic Forum (WEF):

> „What is financially immaterial to a company or industry today can become material tomorrow, a process called ‚dynamic materiality'."[166]

Die Gründe hierfür können unterschiedlichster Natur sein. Zukünftige ordnungspolitische Regulationen, unvorhergesehene Umweltveränderungen oder -katastrophen, Öffentlichkeitsskandale, Aktivismus und ethische Bedenken wichtiger Stakeholder sind nur einige der denkbaren Gründe, weshalb Nachhaltigkeitsrisiken und deren finanzielle Wesentlichkeit von Unternehmen zunächst als gering oder nicht vorhanden erachtet, also der Kategorie (2) zugeschrieben, sich mittelbar oder nach einiger Zeit aber doch noch für das Unternehmen materialisieren, also Teil von Kategorie (1) werden können.[167]

Nun ist es so, dass, während ein einzelnes Unternehmen gute Gründe haben kann, Risiken der Kategorie (2) keine große Beachtung zu schenken oder aufgrund limitierter Mittel oder Informationen nicht die Möglichkeit hat, alle Risiken in Betracht zu ziehen und Risiken der Kategorie (3) zu identifizieren, beides auf institutionelle Investoren und Finanzdienstleisterinnen, insbesondere auf sehr große, weniger stark zutrifft.

II. Einschub: Incentivierung und Fremdkapital

Die Nachhaltigkeitstransformation wird von einem grundlegenden ‚Incentivierungsproblem' begleitet, das von Autoren wie Burritt und Schaltegger (2010) bei der Beschreibung ihrer Hoffnungen in managementorientierte Ansätze für Nachhaltigkeitsaccounting teilweise übersehen wird: Wie Hardin (1968) darlegt, sind Individuen und Wirtschaftsakteure dazu incentiviert, aus Gemeingütern und knappen Ressourcen so viel Ertrag wie möglich zu erwirtschaften, oft ungeachtet der Gefahr ihrer Übernutzung. Das Phänomen wurde spieltheoretisch umgehend erforscht, auch hinsichtlich der Fragen des Klimawandels.[168] Da die (lokalen) Incentivierungen der einzelnen Individuen und Wirtschaftsakteurinnen

---

[166] WEF 2020: S. 5.

[167] WEF 2020 (S. 8–12) bietet einen analytischen Rahmen zur Beurteilung möglicher Nachhaltigkeitsrisiken der Kategorie (3). Als Gründe werden genannt: (1) „The growth in evidence and transparency", (2) „Escalating stakeholder activism", (3) „The growing responsiveness of key decision-makers" und (4) „Greater emphasis on ESG from investors".

[168] Siehe hierzu: Guo 2020. Die Übernutzung hat nicht nur nachteilige ökologische und in der Folge gesamtgesellschaftliche, soziale Effekte, sondern ist auch unökonomisch. Es

4.3 Nachhaltigkeitsrisikomanagement

im Anbetracht knapper Ressourcen und Allgemeingüter (der Gebrauch derselben zu Produktionszwecken) von den (globalen) Incentivierungen der Gesamtheit der Wirtschaftsakteurinnen und der Allgemeinheit (der dauerhafte Erhalt der Ressourcen und Allgemeingüter, ihrer Lebensgrundlagen), abweicht, bedarf es zur Lösung dieser ‚Tragik' akteursübergreifender Arrangements, Marktregulationen oder ordnungspolitischer Instrumente (↓ Kapitel III).[169] Wo solche nicht existieren, gibt es kaum Grund anzunehmen, dass beispielsweise Nachhaltigkeitsaccounting einzelner Unternehmen zu einer Verringerung der Nutzung der betrachteten Naturkapitalien führen würde. Man könnte mit Hardin (1968) und Ostrom (1990) sogar argumentieren, dass die Übernutzung mancher Naturgüter durch Nachhaltigkeitsaccounting sogar noch verschärft werden könnte, da durch das Bewusstsein der Knappheit oder Gefährdung der Güter eine Verstärkung der Nutzung (bei strategisch rechtzeitiger Umsteuerung und Reallokation der Produktionsmittel) für die Unternehmen ökonomisch sinnvoll sein könnte. Es ist also zunächst nicht immer ersichtlich, weshalb der Wettbewerbsvorteil durch Nachhaltigkeitsaccounting,[170] der von vielen Autoren beschworen wird,[171] überhaupt zu positiven ökologischen Effekten führen sollte, und zwar unabhängig davon, ob mit dem Wissen über die Knappheit eine positive Incentivierung für die Entwicklung von Technologien und Prozessinnovationen für effizientere Nutzungs- und Verwertungsarten (Stichwort: Ökoeffizenz) einhergeht. Denn es macht in vielen Fällen keinen entscheidenden Unterschied, ob ein Gemeingut effizient oder ineffizient ausgezehrt wird, es sei denn man postuliert, dass es unendlich substitutionselastisch ist (↑Abschnitt 3.3).

Nun ist es aber so, dass bei großen Kreditinstituten und Vermögensverwaltern (den Fremdkapitalgebern, von denen die meisten Unternehmen auf die ein oder andere Weise abhängig sind) die Incentivierungen teilweise anders gesteckt sind. Die finanziellen Werte großer Vermögensverwalter wie Blackrock oder Vanguard, ebenso wie die Unternehmenskredite großer Banken, sind so stark verzweigt, beziehungsweise liegen in so vielen verschiedenen Sektoren und Einzelunternehmen, dass zu erwarten ist, dass die Übernutzung eines Gemeinguts, beziehungsweise die

---

könnte, um nur ein Beispiel zu nennen, durch eine schonendere Bewirtschaftung der Meeresfischpopulationen die Fischereiproduktion, ohne den Bestand zu gefährden, um 16,5 Millionen Tonnen Fisch, beziehungsweise 32 Milliarden US Dollar, steigen. (Vgl.: UNEP & FAO 2021: S. 3)

[169] Siehe hierzu: Ostrom 1990. Diese können über Selbstverpflichtungen (sofern diese glaubhaft und überprüfbar sind) über Nutzungsrechte bis zu politischer Regulierung reichen. Auch die Privatisierung von Gemeingütern kann ihrem Schutz dienen, wobei dies potenziell neue Probleme mit sich bringt. Siehe hierzu: Knobloch 2015.

[170] Siehe exemplarisch: Ferreira et al. 2010.

[171] Siehe exemplarisch: Burritt 2002; Burrit & Schaltegger 2010.

Zerstörung einer Produktionsgrundlage auf die ein oder andere Weise finanziell auf sie zurückfällt. Das bedeutet, dass sie ein Interesse daran haben, diese Produktionsgrundlage entweder zu erhalten (und sich entsprechend für eine schonende Nutzung derselben durch die Unternehmen einzusetzen) oder aber ihr Kapital aus Branchen zurückzuziehen, deren Unternehmen negative Wirkungen auf ökologischen Produktionsgrundlagen haben oder von ihnen abhängen (was die betroffenen Unternehmen unter Umständen wiederum zu einer schonenden Nutzung oder strategischen Umsteuerung incentivieren würde).

Angesichts der enormen Komplexität und Interkonnektivität ökonomischer Wertschöpfungsprozesse und der resultierenden systemischen Risiken, fällt es schwer, sich vorzustellen, dass sich dieses Problem für die Vermögensverwalter durch Risikoadjustierung und Reallokation allein lösen ließe. Nachhaltigkeitsrisiko und finanzielles Risiko fallen hier systematisch zusammen und damit potenziell in großem Maße unter die Risikokategorie (3) und zwar – das ist der entscheidende Punkt – in größerem Maße als für einzelne Unternehmen. Somit ist auch der wünschenswerte Management-Fokus von Nachhaltigkeitsrisiken aus der Perspektive dieser Vermögensverwalter größer als aus der Perspektive einzelner Unternehmen. Für das Zentralbanksystem gilt dies, da es wirtschaftliche Stabilität anstrebt, in besonderem Maße. Risiko- und Szenarioanalysen zeigen zudem deutlich, dass die finanziellen Kosten *früher* Umsteuerung zu einer ökologisch schonenden Ökonomie in der Regel weitaus geringer sind als die zu erwartenden *zukünftigen* Kosten von Klimakrise und Umweltzerstörung. Hierzu gleich mehr. Die Auslegung von Wesentlichkeit des ISSB beispielsweise, das sich auf der einen Seite zwar einseitig nach den finanziellen Gesichtspunkten des einzelnen Unternehmens, auf der anderen aber nach den Bedarfen der Nutzerinnen der Berichtsinhalte (*existing and potential investors, lenders and other creditors*) richten soll, gerät vor diesem Hintergrund in Widersprüche.

Diese Darstellung ist insgesamt natürlich teilweise vereinfacht. Ebenso sollte die Wirksamkeit der hier dargestellten ‚Incentivierungsstruktur' per se nicht überschätzt werden. Tatsache ist jedoch, dass der managementorientierte Zweig des Nachhaltigkeitsmanagements und seine methodische Weiterentwicklung zunehmend von Kreditinstituten, Vermögensverwaltern und Investorinnen getrieben wird, die ihre Kapitalallokation entlang von (Nachhaltigkeits-)Risiken gestalten. Ein Beispiel: Auf der Grundlage umfassender Klimadaten und -szenarien führte die Europäische Zentralbank (EZB) zwischen 2018 und 2021 den bisher umfassendsten *economy-wide climate stress test*[172] durch. Dieser analysierte die unter verschiedenen Szenarien zu erwartenden finanzwirtschaftlichen Auswirkungen physischer

---

[172] EZB 2021.

4.3 Nachhaltigkeitsrisikomanagement

Risiken (*physical risks*; durch klimatische Veränderungen, extreme Klimabedingungen und Umweltkatastrophen) und Übergangsrisiken (*transition risks*; durch negativen Auswirkungen auf die Performance von Unternehmen durch klimapolitischen Regulationen und durch den Druck zur Minderung von CO_2e-Emissionen)[173] von 4 Millionen Unternehmen weltweit, die Auswirkungen dessen auf 1.600 Bankengruppen im Euroraum, den Wert und die Sicherheit ihre Vermögenswerte, ihre Kreditwürdigkeit und folglich ihre Solvenz, sowie die daraus zu erwartenden finanz- und gesamtwirtschaftlichen Dynamiken.[174] Neben vielem anderem zeigt der Stresstest, dass unter negativen Übergangsszenarien[175] Unternehmen im Mittelwert 22 % bis 39 % ihre Profitabilität einbüßen, und 2,5 % bis 5,5 % aller untersuchten Firmen zusammenbrechen würden, wobei die Anteile in den verschiedenen Sektoren zwischen 0 und 23 % variieren.[176] Wichtiger noch: Der Bericht der EZB legt nahe, dass unter der Annahme eines Szenarios des ‚geordneten Übergangs' insgesamt kaum negative Auswirkungen, also kaum finanzielle Einbußen für die betrachteten Banken zu erwarten wären:

„The results of the ECB's economy-wide climate stress test first show that there are clear benefits in acting early. *The short-term costs of the transition pale in comparison to the costs of unfettered climate change in the medium to long term.* [...] Additionally, the results show that if policies to transition towards a greener economy are not introduced, *physical risks become increasingly higher over time*: they will increase non-linearly, and due to the irreversible nature of climate change such an increase will continue over time. It is thus of foremost importance to transition early on and gradually, to mitigate the costs of both the green transition and the future impact of natural disasters."[177]

---

[173] In anderen Betrachtungen werden noch anderen Risikokategorien in die Analyse miteinbezogen, beispielsweise rechtliche Risiken (*litigation risks*; Sie können sich in Zukunft ergeben, wenn Parteien, die durch die Auswirkungen des Klimawandels Verluste oder Schäden erlitten haben, gegenüber denjenigen, die sie für verantwortlich halten, Schadensersatz geltend machen.) Siehe hierzu: Roy et al. 2022.

[174] Vgl.: EZB 2021: S. 4.

[175] *Disorderly transition* oder *hot house world.* Siehe hierzu: EZB 2021: S. 17.

[176] Vgl.: EZB 2021: S. 43, 45.

[177] EZB 2021: S. 5. Hervorhebungen durch den Autor. Eine etwaige Substitutionsmöglichkeit Natur- durch Human- und Sachkapitalien bezieht die EZB nicht in ihre Szenarioanalysen mit ein. Dies trifft, sofern dem Autor bekannt, auch auf vergleichbare zeitgenössische Analysen zu. Die Rolle von Technologien werden zwar behandelt, jedoch nicht als Substitut eine Intakten Umwelt, sondern als Mittel zu deren Erhalte und zur Transition (siehe exemplarisch: EZB 2021: S. 20 f., 43, 83). In dieser Hinsicht folgen die Analysen also implizit einem Starken Nachhaltigkeitsbegriff.

Die Möglichkeit, Kapital ‚rechtzeitig' aus gefährdeten Sektoren und geografischen Regionen zurückzuziehen (und damit die Auszehrung der Gemeingüter bis zum ‚richtigen' Moment fortzusetzen) erscheint unter diesem Gesichtspunkt unattraktiver, als die Unternehmen frühzeitig zur strategischen Umsteuerung zu drängen und in eine sichere Transition zu investieren. Dies gilt insbesondere, wenn man bedenkt, dass die in der Analyse der EZB betrachtete *Klima*krise ja nur einen kleinen Teilbereich der drohenden ökologischen Krisen darstellt, und zwar obendrein jenen, in dem ob des starken politischen und wissenschaftlichen Fokus der vergangenen Jahre auf Klima und Klimagase, die Klimaszenarien und ihre Auswirkungen mit Abstand am besten erforscht sind. Vergleichbare Studien im Kontext anderer planetarer Grenzen, wie beispielsweise im Kontext von Biodiversität,[178] sind deutlich weniger ausgereift (wenngleich auch sie die gleiche Botschaft senden[179]) und ermangeln an Präzision. Deshalb lassen sich aus ihnen derzeit noch kaum strategisch relevante Aussagen für einzelne Unternehmen und Banken ableiten, was wiederum die Quantifizierung von Risiken und die Darstellung ihre Verteilung erheblich erschwert. Da die Auswirkungen der Überschreitung der Belastungsgrenzen jedoch umfassend beschrieben sind, erscheint im Kontext anderer planetaren Grenzen als dem Klimawandel wiederum eine Strategie früher Umsteuerung und Transition gegenüber ‚rechtzeitiger' Risikoadjustierung und Reallokation umso attraktiver:

> „The extent and severity of the physical and transition risks linked to biodiversity loss are more difficult to assess than for climate change. Notably, biodiversity loss and other environmental degradation are driven by several factors while climate change is largely determined by greenhouse gas (GHG) emissions. Assessment of the impacts of biodiversity loss is also more complicated due to the complexity of ecosystems and of the processes involved as well as to the non-linearity and irreversibility of some of these developments. [...] However, these uncertainties should not obscure the scientific evidence that nature loss could present potentially significant risks with material economic and financial consequences. Neither this uncertainty nor the absence of perfect data should prevent central banks and supervisors from taking the necessary actions."[180]

---

[178] Siehe hierzu: Sustainable Finance Platform 2020.

[179] Siehe beispielsweise: The Sustainable Finance Platform 2020: S. 4: „To put the urgency in perspective, it was calculated that the long run economic damages of greenhouse gas emissions, based on 2008 figures, would be around USD 1.7 trillion per year. Those from biodiversity loss are estimated to range between USD 2–4.5 trillion per year. This comparison provides a clear message that both phenomena are equally urgent, also for financial institutions, and require immediate action [...]. These damages however, do not necessarily have to materialize."

[180] NGFS 2022: S. 3. Siehe auch: NGFS & INSPIRE 2022; De Nederlandsche Bank 2019.

Relevanz übersteigt hier Präzision, und Vorsicht lohnt sich daher gegenüber Nachsicht – aus ethischer, ebenso wie aus finanzwirtschaftlicher Perspektive. Kann hierin eine Lösung für die Tragik der Gemeingüter und die Auflösung der Konflikte zwischen lokalen und globalen Incentivierungen im Kontext der ökologischen Krisen liegen?

4.3.2 Nachhaltigkeitsrisikomanagement – Mikro- und Makroebene

Durch das wachsende Engagement des Finanzsektors im Bereich des Nachhaltigkeitsrisikomanagements findet eine Verschiebung hinsichtlich der Perspektive und des Rahmens für Nachhaltigkeitsmanagement statt. Nicht nur steigt der Druck auf Unternehmen, verlässliche Informationen zu ihrer Nachhaltigkeitsperformance bereitzustellen, sondern das Nachhaltigkeitsmanagement verlässt hierdurch auch zu einem gewissen Teil die Sphäre des einzelnen Unternehmens und verlagert sich auf die Makroebene. Das bedeutet auch, dass als Grundlage für Risikoabwägungen nicht mehr nur Best-in-Class Ratings einzelner Unternehmen herangezogen werden, sondern globale, systemische Analysen (wie der EZB *climate stress test*) Einzug in die Beurteilung von Unternehmen halten.

Was hier geschieht, kann teilweise als die Realisierung einer alten Idee betrachtet werden. Autoren wie Gray und Milne (2004) argumentieren, dass, da Nicht-Nachhaltigkeit das Ergebnis systemischen Versagens ist, die Transformation zu Nachhaltigkeit auch nur auf der systemischen Ebenen realisiert werden kann und demgegenüber alle Bemühungen auf der organisationalen Ebene, also Nachhaltigkeitsmanagement durch einzelne Organisationen (und damit die gängige Praxis der letzten Jahrzehnte), überwiegend zwecklos ist:

„[...] if sustainability is really our goal, then the place for the principal control over resources, their use and their distribution is not the company or other organisation but some other geographic or community level. [...] Consequently [...] a full account of sustainability may simply make no sense at an organisation level."[181]

---

[181] Gray & Milne 2004: S. 77. Diese Sichtweise wird unterstützt von der Tatsache, dass die ökologischen und sozialen Herausforderungen, denen durch Nachhaltigkeitsmanagement begegnet werden soll, oft systematischer und globaler Natur sind, und kaum von einzelnen Akteuren gelöst werden können. Siehe hierzu beispielsweise: Henriques 2018; 2020.

Während Grey und Milne noch diagnostizierten, dass 2004 weder der politische Wille noch die Mittel vorhanden waren,[182] diesen Perspektivwechsel in der Praxis zu leisten, hat sich dies seither verändert. Das wachsende Engagement des Finanzsektors, wie oben beschrieben, ebenso wie die Flankierung dieses Trends durch politische Akteure, sind die Ausprägungen jener Veränderung. Sie schlägt sich auch darin nieder, dass Nachhaltigkeitsmanagement in Unternehmen zunehmend im Bereich des Risikomanagements verortet wird. Sowohl der Trend des Integrated Reportings, als auch die zeitgenössischen Formen des Nachhaltigkeitsaccountings weisen, wie das Kapitel gezeigt hat, in diese Richtung. Es ist somit auch nicht verwunderlich, dass ein hohes ‚Risikopotenzial' von Unternehmen (ESG risk exposure) und ein schlechtes Management von ESG-Risiken (management of sustainability-related ESG factors) den Anschein haben, sich im Vergleich zu anderen Parametern am substanziellsten auf die finanzielle Performance von Unternehmen auszuwirken (↑Abschnitt 4.1.2).

Die Arbeit möchte im Weiteren aufzeigen, dass ein derzeit noch kaum realisiertes Potenzial des Nachhaltigkeitsmanagements die systematische Verbindung der Makroebene (der systemischen Ebene) mit der Mikroebene (der organisationalen Ebene) des Nachhaltigkeitsrisikomanagements ist.[183] Denn während das Bewusstsein für die Bedeutung von Nachhaltigkeitsrisiken im Finanzsektor hoch ist und die Methoden der Analyse und Bewertung dieser Risiken zunehmend besser werden, lassen sich aus diesen doch nur selten operationalisierbare Implikationen für einzelne Unternehmen ableiten. Unter anderem deshalb sind die Methoden unternehmerischen Risikomanagements auf der organisationalen Ebene noch unausgereift.

4.3.3 Nachhaltigkeitsrisikomanagement – Ansätze auf der Mikroebene

Es gibt derzeit noch kein konsolidiertes Feld des unternehmerischen Nachhaltigkeitsrisikomanagements oder der Methoden desselben auf organisationaler Ebene. Schulte und Hallstedt (2018, S. 1) stellen fest, dass ein Großteil der Unternehmen nicht mit dem Konzept der Nachhaltigkeitsrisiken und den Methoden ihres

---

[182] Vgl.: Ebd.

[183] Vgl. exemplarisch: Schulte et al. 2020: S. 1: „[…] from a company perspective, it remains challenging to connect the macro-level societal change with tangible risks for the business on the micro level."

4.3 Nachhaltigkeitsrisikomanagement

Managements vertraut sind und identifizieren als Grund hierfür eine methodische Lücke:

„It is, however, unclear through which mechanisms such sustainability risks currently affect companies and how they can be systematically identified and managed."

In der Wissenschaft gibt es viele verschiedene methodischen Ansätze (auf verschiedenen Managementebenen) für die Entwicklung von Rahmenwerken für Nachhaltigkeitsrisikomanagement und unterschiedliche Managementsparten, um sich der Thematik anzunähern.[184] Aus der Perspektive von Manab und Aziza (2019) ist Nachhaltigkeitsrisikomanagement eine Integration ökologischer und sozialer Faktoren in die Methoden des herkömmlichen unternehmerischen Risikomanagements (enterprise risk management, ERM), wobei von den Autoren die Bedeutung von Wissensmanagement hervorgehoben wird.[185] Aber auch der GRI und das <IR> Framework des IIRC verstehen sich, zumindest teilweise, als Methoden des Nachhaltigkeitsrisikomanagements.[186]

Nachhaltigkeitsrisikomanagement ist also im derzeitigen Entwicklungsstand eher ein ‚Catch-all-Ansatz', als ein Methodenstandard, beziehungsweise eine bestimmte Perspektive, aus der die Nachhaltigkeitstransformation in einem Unternehmen betrachtet werden kann: Aus der Perspektive der mit ihr zusammenhängenden Risiken (und Chancen) für die (langfristige) Performance des Unternehmens. Aus dieser Perspektive wird Nachhaltigkeit zu einem ‚Business Case', wobei ein gutes Management derselben dem Unternehmen Chancen für neue Geschäftsmodelle und Innovationen, höhere Reputation und damit Wettbewerbsvorteile eröffnet und ein unzureichendes Management zu Unsicherheit (durch die höhere Exponiertheit gegenüber Nachhaltigkeitsrisiken), Opportunitätskosten und wirtschaftlichen Einbußen führen kann. Je drängender die gesellschaftlichen Probleme im Zusammenhang mit der ökologischen und klimatischen Krise werden,

---

[184] Schulte & Knuts 2022: S. 738 f. Schulte und Hallstedt (2018) und Villamil et al. (2021) bieten beide beispielsweise einen Überblick über die Entwicklung des Feldes aus der Perspektive der Produktentwicklung und des Produktdesigns. Ausgangspunkt für Nachhaltigkeitsrisikomanagement war hier erstens die Integration ökologischer Faktoren durch Lindahl (1999) in die *Failure Mode and Effect Analysis* (United States Department of Defense 1949), ein risikobasiertes Instrument zur strukturierten Identifizierung, Bewertung und Bewältigung potenzieller Ausfälle eines Produkts oder Systems, und zweitens die Integration ökologischer Faktoren in die Methoden der Produktlebenszyklusbewertung (product life-cycle assessment, LCA) und des Produktlebenszyklusmanagements (product life-cycle management, PLM).
[185] Vgl.: Manab & Aziza 2019: 585 f.
[186] Vgl.: GRI 2021: S. 5, 9; IIRC 2021: 44 f.

desto größer werden die mit unternehmerischer Nachhaltigkeit verbundenen Risiken und Chancen und dementsprechend auch die finanziellen Incentivierungen von Unternehmen, zur Lösung dieser gesellschaftlichen Probleme beizutragen, so die Hoffnung des Nachhaltigkeitsrisikomanagements:

> „[...] society moving closer towards the walls of the funnel [a metaphor for socio-ecological crisis] also leads to an increasing urge for products and solutions that can turn the direction of development towards the opening of the funnel. As a result, new innovation possibilities and sustainability-related opportunities open up for companies that create stakeholder value with operations and solutions that serve as stepping stones towards compliance with the sustainability principles. Therefore, it is derived that increasing threats for society lead to increasing opportunities and decreasing threats for companies that contribute to strategic sustainable development."[187]

Im Licht des bisherigen Kapitels lässt sich die Kritik am Feld des Risikomanagements für Starke Nachhaltigkeit schnell formulieren: Was sich für das Unternehmen nicht potenziell negativ (Risiken) oder positiv (Chancen) auf die finanzielle Performance auswirken kann, findet keine Beachtung; Nachhaltigkeitsrisiko (bzw. -chance) ist nur, was sich für das Unternehmen finanziell zu materialisieren droht. Es verhält sich hier im Grunde also wie bei der finanziellen Wesentlichkeit.

Obwohl manche Aspekte des Nachhaltigkeitsrisikomanagements darauf verweisen, dass sich, ganz im Sinne dynamischer Wesentlichkeit, in einer von der wachsenden ökologischen Krise und den damit verbunden gesellschaftlichen Problemen geprägten Welt, zunehmend alle Nachhaltigkeitsrisiken (auf kurz oder lang, unmittelbar oder mittelbar) zu materialisieren drohen, ist weder das Wissen unter Managerinnen,[188] noch der Reifegrad der Methoden des Risikomanagements auf organisationaler Ebene ausgereift genug, um diesem Umstand systematisch in der Unternehmensstrategie zu berücksichtigen. Nachhaltigkeitsrisikomanagement unterscheidet sich somit, wie oben bereits geschildert, nicht substanziell vom herkömmlichen Risikomanagement. Heute hängen lediglich immer mehr Risiken von Unternehmen auch mit ökologischen Herausforderungen zusammen.[189] Diese zu managen, ist Teil guten Managements, reicht aber nicht für die Umsetzung Starker Nachhaltigkeit.

---

[187] Schulte & Hallstedt 2018: S. 11.
[188] Vgl.: Ebd.: S. 1.
[189] Vgl.: WEF 2019: S. 5.

4.4 Unzulänglichkeiten des gegenwärtigen Nachhaltigkeitsmanagements

Es ist empirisch nachgewiesen, dass Unternehmen sich eher sozialer Probleme annehmen, und eher in der Lage sind, ihre Bemühungen diesbezüglich aufrechtzuerhalten, wenn sie davon profitieren.[190] Mit zunehmendem gesellschaftlichem Bewusstsein für Themen der Nachhaltigkeit ist es üblich geworden, dass Manager einen positiven Zusammenhang zwischen dem Erfolg ihres Unternehmens und seinem Beitrag zur Gesellschaft postulieren und diesen ausführlich in ihren Berichten zu begründen suchen. Die Hoffnung des Nachhaltigkeitsmanagements und der Umweltpolitik ist, wie wir gesehen haben, dass diese Bemühungen mit der Zeit zu einer ‚Win-Win-Situation' führen, bei der ökologisch und sozial verantwortungsvolle Unternehmen durch die Offenlegung ihrer Aktivitäten über diverse Mechanismen (des Marketings, des Finanz- Kredit- und Versicherungswesens und der Reputation) einen Wettbewerbsvorteil gegenüber anderen Unternehmen erlangen. Mit dem Aufstieg des CSR-Leitbildes und des informationsbasierter Regulierungsansatz wurde diese Hoffnung institutionalisiert und setze sich gegenüber den Verfechtern ‚harter' Regulationen durch. Gleichzeitig würden Unternehmen ihre Ressourcen und Fähigkeiten für die Lösung gesellschaftlicher Probleme einsetzen, Nachhaltigkeit als Innovations- und Wachstumstreiber nutzen und so zu Gestaltern der sozio-ökologischen Transformation werden. Diese Hoffnung muss, im Lichte der in dieser Arbeit angeführten Studien, ebenso wie angesichts der galoppierenden Umweltzerstörung, als umfassend gescheitert betrachtet werden.

Im Folgenden soll zunächst, aufbauend auf der bisherigen Analyse quer zu den drei Untersuchten Feldern Nachhaltigkeitsreporting, -accounting und -risikomanagement, eine Bilanz über die bisher analysierten Konflikte im Nachhaltigkeitsmanagement gezogen und an einigen Stellen vertieft und veranschaulicht werden.

4.4.1 Stakeholdertheorie und CSR – Die Suche nach einer theoretischen Basis

Eine zentrale Problematik, die in den Grundannahmen der Arbeit umrissen wurde (↑Abschnitt 2.5.3) und seither an vielen Stellen angeklungen ist, stellt die mangelnde Einbeziehung viele Interessengruppen (Stakeholder) in die Prozesse der

---

[190] Vgl.: Aguilera et al. 2007.

Gestaltung der Methoden, die Festlegung der Inhalte und die Bewertung der Ergebnisse des Nachhaltigkeitsmanagements, insbesondere der Berichterstattung, dar. Die Standardsetzer des Nachhaltigkeitsmanagements werden nicht müde zu betonen, wie zentral die Rolle von Stakeholdern bei der Umsetzung ihrer Methoden ist (↑Abschnitt 4.1.3). Jedoch scheint dies bisher kaum Auswirkungen auf die Lösung der sozialen Probleme vieler dieser Stakeholder gehabt zu haben. Michael L. Barnett (2016, S. 4), Professor für Management and Global Business an der Rutgers Business School, Newark and New Brunswick, stellt in diesem Zusammenhang daher fest:

„The literature and along with it, firms, have confused CSR with critical stakeholder responsiveness. […] Conflating or replacing the concept of CSR with that of Stakeholdermanagement has led to a rather narrow interpretation of the firm's obligations to society, one that rarely reaches beyond the interests of those stakeholders who have direct power over the firm."[191]

Er beschreibt weiter, dass, obwohl sie gemeinhin als diametral entgegengesetzt dargestellt werden, sowohl die Shareholder- als auch die Stakeholdertheorie auf die Maximierung der Rentabilität des Unternehmens abzielen. Sie unterstellen hierbei lediglich unterschiedliche Wege, wie dies idealerweise zu erreichen sei. Er untermalt diese Feststellung (S. 5) indem er sagt:

„Yet, even Friedman [well-known for the famous quote cited at the opening of this paper, „the business of business is business"] would encourage rather than begrudge managers for seeking to capture any profit that CSR can bring the firm through gaining the favor of its stakeholders, misguided or not."

Die Managementliteratur zu CSR hat, ebenso wie die Vertreterinnen der Stakeholdertheorie, sofern dem Autor bekannt, bisher keine Lösung für das grundlegende Problem gefunden, dass es schlicht ökonomisch sinnvoller für Unternehmen sein kann, die Belange mancher Interessengruppen (und damit mancher sozialen Probleme) nicht zu beachten, sondern sich lediglich auf die Belange jener Interessengruppen festzulegen, die für das Unternehmen von strategischem Interesse

---

[191] Ebd.: S. 4 ff. Dies trifft zu, um ein Beispiel zu nennen, wenn das WEF (2020a) ein eigenes ESG-Reporting Rahmenwerk unter der Überschrift *Measuring Stakeholder Capitalism* vorschlägt, wobei seine Autorinnen hierin lediglich einige wenige Umweltschutz- und Berichterstattungsindikatoren anderer Standardsetzer, primär des GRI, in einem unverbindlichen Rahmen wiedergeben. Gray (2006, S. 65) schreibt: „[…] focus upon the tautologies of social responsibility is a particularly foolish and dangerous enterprise."

4.4 Unzulänglichkeiten des gegenwärtigen Nachhaltigkeitsmanagements

sind.[192] Es ist daher schlüssig, dass viele der Belange ohne die verbindliche Vorgabe, wie sie Eingang in das Nachhaltigkeitsmanagement finden sollen, hierin auch bisher keine Berücksichtigung gefunden haben. Die Methoden desselben konnten daher bisher auch nicht dazu beitragen, den sozialen und ökologischen Problemen hinter diesen Belangen zu begegnen. Miles (2019) stellt daher mit Bezug auf Mitchell et al. (2015, S. 9) fest: „Current financial reporting systems are considered deficient with regards to stakeholder inclusiveness".

Das angeführte Beispiel des CSR-Berichts von Nike illustriert deutlich, dass es für Nike, mit oder ohne Rana Plaza,[193] strategisch sinnvoller zu sein scheint, Werbeagenturen und Anwälte zu bezahlen, als sich ernsthaft für die Einhaltung von Arbeitnehmerinnenrechten und Menschenrechtsstandards an ihren Produktionsstandorten einzusetzen. Der GRI gibt zwar vor (dies jedoch bisher auch nur in der *Core*-Option zur Konformität), dass GRI-Berichte eine Liste der konsultierten Stakeholdergruppen beinhalten müssen,[194] legt aber für die Art und Weise der Einbindung dieser Stakeholder lediglich nahe:

> „Als Methoden zur Einbindung von Stakeholdern kommen Umfragen (z. B. Umfragen für Lieferanten, Kunden oder Mitarbeiter), Fokusgruppen, Gemeindegremien, Unternehmensbeiräte, schriftliche Mitteilungen und Kooperationen zwischen Unternehmensleitung und Gewerkschaften, Tarifverträge und andere Verfahren infrage."[195]

Auch werden unter *Wichtige Themen und hervorgebrachte Anliegen* (S. 32) keine Vorgaben bezüglich der Frage gemacht, welche Stakeholdergruppen und welche Anliegen derselben für Unternehmen verschiedener Branchen besondere Relevanz haben. Und so bleiben die Bekundungen der Global Reporting Initiative hinsichtlich der Einbindung von Stakeholdern unverbindlich.

Der GRI scheint diese Problematik erkannt zu haben und ihr durch die neuen Standards beikommen zu wollen, indem die Bestimmung wesentlicher

---

[192] Vgl.: Barnett 2016. Vgl.: auch: Adams & Whelan 2009; Parker 2005. Gray et al. kontrastierten 1997 bereits eine Instrumentalisierung von Stakeholder Theorien durch das Management, um die für das Unternehmen materiell und strategisch relevanten Stakeholder zu selektieren. Miles (2019, S. 13 f.) beschreibt aus der Perspektive des Accountings, dass normative Stakeholder Theorien diesen Umstand zwar kritisieren, aber kaum Einfluss auf die Praxis des Nachhaltigkeitsmanagements haben: „Normative stakeholder theory […] is considered to have little descriptive power within a sustainability reporting context […] [T]he separation of ethics from actions […] implies that instrumental (strategic) stakeholder theory can be applied separately from normative (ethical) stakeholder theory […]."
[193] Zu den Hintergründen siehe: bpb 2018.
[194] GRI 2016d: S. 29 (GRI 102: Allgemeine Angaben)
[195] Ebd.: S. 31.

Berichtsinhalte, auch in Abhängigkeit der Branche, enger mit der Einbindung von Stakeholdergruppen verknüpft werden soll:

„The GRI Sector Standards provide information for organizations about their likely material topics. The topics have been identified *on the basis of the sectors' most significant impacts, using multi-stakeholder expertise*, authoritative intergovernmental instruments, and other relevant evidence."[196]

Des weiteren:

„The organization should seek to understand the concerns of its stakeholders by consulting them directly in a way that takes into account language and other potential barriers (e.g., cultural differences, gender and power imbalances, divisions within the community). Identifying and removing potential barriers is necessary to ensure that stakeholder engagement is effective. [...] The degree of impact on stakeholders may inform the degree of engagement."[197]

Es ist zum jetzigen Zeitpunkt nicht abzusehen, ob sich dieser erhöhte normative Anspruch auch in eine substanziellere Berücksichtigung marginalisierter Stakeholdergruppen durch den GRI-Standard ummünzen wird. Die Tatsache, dass der GRI bereits in seiner frühen Strategie eine breite und vielfältige Beteiligung bei der Bestimmung wesentlicher Berichtsinhalte anstrebte,[198] schmälert die Hoffnung, dass die neuerliche Bekundung dieses Interesses im GRI 2021 etwas am bisherigen Scheitern dieser Bemühungen wird ändern können. Angesichts der Ausdifferenzierung und Konsolidierung des Marktes um CSR-Beratung und dergleichen, hat es vielmehr den Anschein, dass die Gründe, die Brown et al. (2008, S. 579) hinter diesem Scheitern des Multi-Stakeholder Ansatzes des GRI vermuteten, sich seither noch verschärft haben.

„GRI speaks to a range of societal groups, internationally, with widely varied and inconsistent needs and interests. It is perhaps unrealistic to expect a single reporting system to serve them sufficiently well to create a strong user base. Furthermore, the financial markets have so far shown little interest in social and environmental reporting as predictors of financial performance. Another explanation for the particular trajectory that evolution of GRI' institutional logic has taken lies, paradoxically, with one of GRI's most respected features: the inclusive, unlimited in size and composition, multistakeholder process. While this process encouraged and nourished a rich

---

[196] GRI 2021a: S. 15. Hervorhebung durch den Autor.
[197] Ebd.: S. 10.
[198] Vgl.: Brown et al. 573.

4.4 Unzulänglichkeiten des gegenwärtigen Nachhaltigkeitsmanagements

dialogue about sustainability performance, it has also led to an emergence of a dominant constituency with the greatest stakes and resources to invest in this dialogue: multinational companies and international management and accounting consultancies [...]. In doing so, it propelled GRI's evolution toward the ways of thinking and interests of this constituency."

Im Gegensatz zum GRI bemüht sich der IIRC in seinem <IR> Framework nicht um eine Sprache, die nahelegen würde, dass die Anliegen aller Interessengruppen Berücksichtigung finden sollen. Die Beziehung zu diesen Interessengruppen (*stakeholder relationships*) ist eines der sieben Leitprinzipien des <IR>, jedoch heißt es hier, dass diese Beziehungen primär dem besseren Verständnis unternehmerischer Wertschöpfung dienen sollen, und hierbei lediglich die „*key* stakeholder"[199] von Bedeutung sind. Es geht hier also primär um den Nutzen, den Stakeholder dem Unternehmen bringen können: „It does not mean that an integrated report should attempt to satisfy the information needs of all stakeholders."[200] Weitere Anleitungen zur Selektion von Schlüssel- und Nicht-Schlüssel-Stakeholdern oder zur Konsultation derselben werden nicht gegeben. Auch die Vorschläge des ISSB sehen, da sie sich ausdrücklich nur nach den Bedürfnissen der Nutzerinnen der Finanzberichterstattung richten, keine Berücksichtigung der Interessen anderer Stakeholder vor.[201]

Sofern durch Nachhaltigkeitsmanagement nicht gewährleistet wird, dass auch die Interessen von Stakeholdern, die zunächst nicht von unmittelbarer strategischer Relevanz für das Unternehmen sind, Einzug in das Nachhaltigkeitsmanagement halten, geht hiermit auch eine Beschränkung der Perspektive des Unternehmens auf Nachhaltigkeit einher. Es finden nur solche Belange Beachtung, die entweder von strategischer Relevanz für das Unternehmen sind oder von Stakeholdern vertreten werden, die ihrerseits strategisch relevant für das Unternehmen sind, wobei hierbei natürlich nicht ausgeschlossen ist, dass diese Stakeholder, insbesondere für die Branche des Unternehmens einflussreiche NGOs, wiederum Belange an das Unternehmen herantragen, in denen sich die Interessen anderer Stakeholder widerspiegeln, die anderenfalls vielleicht keine Beachtung gefunden hätten.[202] Dies geschieht aber nur in Einzelfällen und auch dann nur aus transaktionalen oder instrumentellen Gründen, die nicht über strategische Beweggründe hinausgehen.[203]

---

[199] IIRC 2021: S. 28. Hervorhebung durch den Autor.
[200] Ebd.
[201] Siehe: IFRS Foundation 2022: S. 20; IFRS Foundation 2022a: S. 30.
[202] Vgl.: Barnett 2016: S. 6 ff.
[203] Siehe auch: Barnett 2005.

Die strategisch relevanten Stakeholder umfassen in der Regel vor allem die Mitarbeiter des Unternehmens sowie jegliche Formen von Kapitalgeberinnen. Hinsichtlich dieser Gruppen ist ausführlich nachgewiesen, dass die Berücksichtigung ihrer Interessen sich für das Unternehmen lohnt.[204] Hinzu kommen natürlich die Kunden des Unternehmens, welche angesichts der steigenden Relevanz von Nachhaltigkeitsthemen ihre Konsumgewohnheiten teilweise auch an nachhaltigen Gesichtspunkten orientieren und auf diesem Wege, zumindest potenziell (ebenso wie auch Mitarbeiterinnen), viele anderenfalls strategisch nicht relevante Nachhaltigkeitsthemen an Unternehmen herantragen.[205]

Zur Realisierung der Hoffnungen der CSR-Bewegung und der Vertreterinnen des informationsbasierten Regulationsansatzes wäre die Auflösung der Konflikte in der Stakeholdertheorie im Kontext von Nachhaltigkeitsmanagement, insbesondere im Kontext der Berichterstattung, der einzig gangbare ‚sanfte' Weg gewesen, um die Integration gesellschaftlicher Interessen in das strategische Management und damit die Erweiterung des Begriffs der Wesentlichkeit über das finanzielle hinaus zu gewährleisten.[206] Die Auflösung dieser Konflikte hat bisher aber nicht stattgefunden. In der Folge geht der Trend, wie insbesondere die Entwicklungen im Umfeld der Value Reporting Foundation und der IFRS Foundation zeigen, derzeit in Richtung des Fokus auf rein finanzielle Wesentlichkeit und der systematischen Ausblendung, zum Teil als klar formulierte Zielsetzung, nicht finanziell wesentlicher Stakeholderinteressen und der Nachhaltigkeitsthemen, die diese repräsentieren.[207]

Insgesamt verhält es sich so, dass trotz des bisherigen Scheiterns einer umfassenden Integration von Stakeholdern, der GRI, insbesondere mit seinem neuen Standard GRI 2021, im Feld der Standards für Nachhaltigkeitsreporting und integriertes Nachhaltigkeitsreporting noch den höchsten Anspruch an die Integration von Stakeholdern stellt. Viele andere orientieren sich, ob der starken Orientierungsfunktion des GRI im Feld der Reporting-Standards, an ihm, wobei sie hierbei aber oft den Grad an Verbindlichkeit hinsichtlich der Integration von

---

[204] Hinsichtlich der Gruppe der Mitarbeiter vgl. exemplarisch: Turban & Greening 1997; Fombrun et al. 2000. Hinsichtlich der Gruppe der Kapitalgeberinnen vgl. exemplarisch: Cheng et al. 2014. Siehe auch: Battiston et al. 2021; Steffen & Schmidt 2021.

[205] Dies bleibt notwendigerweise jedoch auf jene Unternehmen beschränkt, welche von Kundinnen gekannt werden, weil sie beispielsweise ihre Produkte kaufen. Auch folgt die Wahrnehmung eines Unternehmens als ethisch bestimmten Regeln und Wahrnehmungsverzerrungen, die nicht zwangsläufig mit den tatsächlichen ökologischen und sozialen Wirkungen des Unternehmens korreliert sind. Siehe hierzu exemplarisch: Brunk & Blümelhuber 2011.

[206] Für ein Fallbeispiel siehe: Guix et al. 2017.

[207] Für ein Fallbeispiel siehe: Ringham & Miles 2018.

Stakeholdern aufweichen.[208] Da der GRI in den Empfehlungen der EFRAG (die ihrerseits doppelte Wesentlichkeit als Prinzip vorschlägt)[209] für den CSR-Richtlinien-Entwurf der EU eine zentrale Rolle spielen soll, wird dies von entscheidender Bedeutung für die Praxis der Berichterstattung sein, während die neue CSR-Richtlinie wiederum entscheidenden Einfluss auf die Auslegung des GRI in der Praxis haben wird. Welche Auswirkungen hieraus erwachsen werden, ist zum jetzigen Zeitpunkt allerdings noch nicht absehbar.[210]

4.4.2 A Business Case for *weak* Sustainability

Die Ermangelung tatsächlicher Integration von Stakeholdern und der Erweiterung des Begriffs der finanziellen Wesentlichkeit verunmöglicht in vielen Fällen auch, dass aus der Tatsache, dass Nachhaltigkeit in vielen Aspekten ein Innovations- und Wettbewerbstreiber geworden ist, auch gesellschaftlicher Nutzen erwächst.

> „If the gains to the firm from employee loyalty exceed the costs of the donations, then the firm profits from its efforts to improve its local community; that is, there is a business case."

Diese einfache Feststellung, die von Barnett (2016, S. 15) hier im Kontext von Mitarbeiterinnenloyalität getroffen wird, lässt sich zum gegenwärtigen Zeitpunkt auf viele andere Interessensgruppen und ihre Anliegen übertragen. Wo diese Anliegen mit den strategischen Interessen des Unternehmens zusammenfallen, liegt ein potenzieller Business Case vor, wo jedoch die Anliegen von Interessensgruppen die strategischen Interessen des Unternehmens materiell zu gefährden drohen, ein Risiko. In beiden Fällen können unter Umständen positive Effekte für die

---

[208] Der Deutsche Nachhaltigkeitskodex beispielsweise legt nahe, dass berichtende Unternehmen einen Dialog mit Stakeholdern führen, und die daraus gewonnenen Erkenntnisse in den Bericht einfließen lassen, stellt es den Unternehmen aber frei, dies zu tun, oder nicht. Als Leistungsindikator verweist der DNK auf den entsprechenden Indikator des GRI, 102-44 (siehe: RNE 2020: S. 43). Hinsichtlich der Bestimmung der Wesentlichkeit empfiehlt er, die *Stakeholderperspektive* (S. 64) miteinzubeziehen. Eingang in das Reporting-Framework des WEF (2020a, S. 8) findet unter *Stakeholder engagement* lediglich einer von fünf GRI-Indikatoren zur Einbindung von Stakeholdern.

[209] Vgl. EFRAG 2021: S. 8.

[210] Ebensowenig ist absehbar, ob und wie es die Zukunft des Stakeholdermanagements (und der Nachhaltigkeitsberichterstattung insgesamt) prägen wird, dass die Prinzipien der doppelten und dynamischen Wesentlichkeit Teil des zu Beginn des Jahres 2022 publizierten Frameworks der Task Force on Nature-related Financial Disclosures (TNFD) sind.

Um- und Mitwelt des Unternehmens und das Unternehmen selbst Hand in Hand gehen. Zum jetzigen Zeitpunkt ist hieraus jedoch kein systemischer Wandel zu erwarten. Weder die Perspektive des Business Case for Sustainability noch die des Managements von Nachhaltigkeitsrisiken und -chancen auf der organisationalen Ebene sind erfolgsbesprechend für die Umsetzung Starker Nachhaltigkeit. Zu viele Business Cases und zu viele Möglichkeiten eines Umgangs mit Nachhaltigkeitsrisiken, die keine Wirksamkeit zugunsten Starker Nachhaltigkeit entfalten, erweisen sich in der unternehmerischen Praxis als profitabler. Hierauf lässt beispielsweise eine Studie von Oil Change International (2022) schließen. Darin wurde untersucht, wie sich die Strategien der neun größten Öl- und Gaskonzerne der Welt im Kontext der Nachhaltigkeitstransformation verändert haben. Die Ergebnisse sind entmutigend. Keiner der Konzerne hat beispielsweise aufgehört, neue Förderprojekte zu genehmigen. Nur drei der Konzerne haben derzeit Ziele zur Reduktion ihrer Öl- und Gasproduktion. Keiner der Konzerne hat genügende Pläne und Finanzmittel zur Unterstützung des Wechsels ihrer Arbeitnehmer in andere Sektoren bereitstellen. Die Liste geht weiter.[211] Gleichzeitig investieren sie enorme Summen in Greenwashing.[212]

Diese Diagnose ist besonders ernüchternd, da kaum ein anderer Sektor unter vergleichsweise starkem Transformationsdruck durch die Öffentlichkeit, Politik, Investoren, NGOs und andere Stakeholder steht, wie der Öl- und Gassektor. Denn seit langem ist der Einfluss diese Industrie auf den Klimawandel allseits bekannt. Der Bericht legt in diesem Zusammenhang beispielsweise auch in Bezug auf die Ergebnisse des Tyndall Centre for Climate Change Research aus dem Jahr 2022 dar, dass sofortige und tiefgreifende Einschnitte in der Produktion aller fossilen Brennstoffe unumgänglich sind, um auch nur eine 50:50-Chance auf die Einhaltung des 1,5-Grad-Zieles zu wahren.[213] Daher sind für kaum einen anderen Sektor die Nachhaltigkeitsrisiken, insbesondere die Übergangsrisiken, vergleichsweise hoch;[214] Investitionen im Öl- und Gassektor gelten aus diesem Grund längst als ‚Stranded Assets', also Vermögenswerte, von denen ein starker Wertverfall erwartet wird.[215] Im Öl- und Gassektor wird dieser auf über eintausend Milliarden US-Dollar geschätzt.[216] Wenn also selbst im Öl- und Gassektor

---

[211] Vgl.: Oil Change International 2022: S. 3.
[212] Siehe hierzu: Kent 2022.
[213] Vgl. Ebd.: S. 1.
[214] Für ein ESG-Rating siehe: Sustainalytics 2022.
[215] Für eine Erläuterung von *Stranded Assets* siehe: Gabler Banklexikon 2018.
[216] Vgl.: Semieniuk at al. 2022: S. 1: „Rich country stakeholders therefore have a major stake in how the transition in oil and gas production is managed, as ongoing supporters of the

bisher keine Umsteuerung stattfand, wirft dies kein gutes Licht auf die Wirksamkeit der bisherigen Strategien der Nachhaltigkeitspolitik, beziehungsweise auf die daraus hervorgegangenen Ansätze und Methoden des Nachhaltigkeitsmanagements. Hier versagt offensichtlich jede Form des Stakeholdermanagements, des Managements von Nachhaltigkeitsrisiken, des Strategiewandels ob der Wettbewerbsvorteile von Nachhaltigkeit und dergleichen dabei, sich substanziell auf eine strategische Umorientierung der Öl- und Gasunternehmen auszuwirken. Wesentlich scheint für dieselben unverändert vor allem die Erschließung neuer Öl- und Gasvorkommen.

4.4.3 Nachhaltigkeitsmanagement im Kontext der ökologischen Wirklichkeit?

„[…] [A]cross all reports (both GRI and non-GRI), little mention was made of the environmental or ecological science of sustainability, such as planetary boundaries (Röckstrom et al., 2009; Steffen et al., 2015), natural limits, carrying capacity or other concepts from the ecology-oriented stages that reflect the environmental reality and urgency of sustainability [...] Rather than facing the grim reality of environmental destruction, the emphasis of reports in the current study was on the 'feel good' message [...]"

Landrum & Ohsowski 2017. Inhaltsanalyse von Nachhaltigkeitsberichten von Unternehmen

Wenn Nachhaltigkeitsberichte, wie wir bisher gesehen haben, die Nachhaltigkeitswirkungen von Unternehmen hauptsächlich mit der Brille finanzieller Wesentlichkeit betrachten, folgt daraus streng genommen noch nicht, dass die Berichtsinhalte nicht auch relevant für die ökologischen (und sozialen) Wirkungen des Unternehmens auf seine Mit- und Umwelt sind. Denn es könnte eine große Schnittmenge der finanziell wesentlichen Aspekte mit den ökologisch (und sozial) wesentlichen (im Sinne Doppelter Wesentlichkeit) bestehen. Ebenso könnte es sein, dass Unternehmen, unabhängig von ihrem Fokus auf finanzielle Aspekte, umfassend über ihre Wirkung auf ihre Mit- und Umwelt berichten, sodass hieraus zumindest in Ansätzen die Rolle des Unternehmens in seinem ökologischen (und sozialen) Kontext abgeleitet werden könnte. In dem Fall könnten sogar Best-in-Class Ratings, die, folgt man Daniel Dahm (2019),

---

fossil-fuel economy and potentially exposed owners of stranded assets." Aber: „The distribution of ownership of transition risk associated with stranded fossil-fuel assets remains poorly understood."

mehr den Zustand von Nicht-Nachhaltigkeit zementieren, als Nachhaltigkeit zu fördern (↑Abschnitt 3.4.1), näherungsweise Indikatoren dafür sein, ob ein Unternehmen im Sinne Starker Nachhaltigkeit eher positiv oder negativ in die Welt wirkt.

Das einleitende Zitat von Landrum und Ohsowski weist bereits darauf hin, dass dem nicht so ist. Konsistent damit ergab eine Studie von Bjørn et al. (2017), dass nur 31 vom ungefähr 9000 Unternehmen ökologische Grenzen als entscheidend für Nachhaltigkeitsaktivitäten in ihren Berichten behandelten. Milne und Gray (2012) stellen außerdem fest, dass die Perspektive und Motivation des Managements von Unternehmen im Kontext von Nachhaltigkeit, nicht die ökologische Wirklichkeit von Nachhaltigkeitsbelangen (sondern das Unternehmensinteresse) ist, und sich daher das Nachhaltigkeitsmanagement dieser Unternehmen auch wenig mit dieser ökologischen Wirklichkeit befasst. Zu einem ähnlichen Ergebnis kam das Carbon Disclosure Project (2009) durch Interviews mit Managern.[217] Auf der anderen Seite verlangen die Prinzipien Starker Nachhaltigkeit offenkundig, wie wir gesehen haben, danach, unternehmerische Aktivitäten an eben jener ökologischen Wirklichkeit, also den Belastungsgrenzen der planetaren Ökosysteme zu orientieren. Die Praxis des Nachhaltigkeitsreportings steht hierzu also im Widersprich.

Wie steht es beispielsweise im GRI-Standard um die Berücksichtigung der ökologischen Wirklichkeit? Hier heißt es in den Grundlagen unter *Nachhaltigkeitskontext*: „Im Bericht muss die Leistung der berichtenden Organisation im breiteren Nachhaltigkeitskontext dargestellt sein."[218] Dort heißt es:

> „Die grundlegende Frage, die in einem Nachhaltigkeitsbericht zu beantworten ist, lautet: Wie leistet eine Organisation einen Beitrag zur Verbesserung oder Verschlechterung der ökonomischen, ökologischen und sozialen Bedingungen auf lokaler, regionaler oder globaler Ebene bzw. wie plant die Organisation zukünftig einen Beitrag dazu zu leisten? Dies kann zum Beispiel bedeuten, dass die Organisation zusätzlich zu den Trends in der Ökoeffizienz auch ihre absolute Schadstoffbelastung im Verhältnis zur Kapazität des regionalen Ökosystems zur Aufnahme des Schadstoffs darstellen kann. Das Ziel besteht also darin, einen Zusammenhang zwischen der Leistung der Organisation und breiteren Nachhaltigkeitskonzepten herzustellen."

Weiter gibt der GRI aber keine genauen Anweisungen dazu, auf welche Art und Weise, mittels welcher Methodik oder auf Basis welcher naturwissenschaftlichen Grundlage diese Kontextualisierung zu erfolgen hat. Das Problembewusstsein

---

[217] Die Studie bemängelte auch die geringe wissenschaftliche Relevanz der Berichte. Siehe auch: McElroy 2017.
[218] GRI 2016: S. 9.

4.4 Unzulänglichkeiten des gegenwärtigen Nachhaltigkeitsmanagements

scheint also grundlegend vorhanden, übersetzt sich jedoch nicht in die Vorgaben des Standards und somit, wie die angeführten Studien belegen, auch nicht in die Praxis der Berichterstattung. Der GRI ist hierin im Vergleich zu den sonstigen in dieser Arbeit untersuchten Reportingstandards keine Ausnahme. Das SASB (2018, S. 13) schreibt beispielsweise:

> „Industry-level information provides the financial and regulatory context in which companies in that industry operate, as well as context on how the industry as a whole is affected by, or impacts, sustainability issues (e.g., large contributors to greenhouse gases, industries with high injury or fatality rates, average industry costs associated with energy consumption, etc.)."

In den jeweiligen branchenspezifischen Standards sind dann jedoch keine Grenzwerte angegeben. Die Unternehmen sollen lediglich Reduktionsziele angeben,[219] die jedoch nicht in den Kontext internationaler Abkommen und planetarer Belastungsgrenzen gesetzt werden.

Im neuen GRI 2021 ist der Nachhaltigkeitskontext vorgesehen und hinsichtlich Treibhausgasemissionen konkretisiert:

> „To apply the Sustainability context principle, the organization should: draw on objective information and authoritative measures on sustainable development to report information about its impacts (e.g., scientific research or consensus on the limits and demands placed on environmental resources); report information about its impacts in relation to sustainable development goals and conditions (e.g., reporting total greenhouse gas [GHG] emissions as well as reductions in GHG emissions in relation to the goals set out in the United Nations [UN] Framework Convention on Climate Change [FCCC] Paris Agreement."[220]

Zudem wird darauf hingewiesen, dass die neuen Sektorenstandards bei der Bestimmung des Kontextes helfen können. Zumindest hinsichtlich Treibhausgasemissionen ist der GRI 2021 also schon ein gutes Stück weiter.[221]

Was fehlt noch, das Prinzip des Nachhaltigkeitskontexts vollständig umzusetzen? In Deutschland legt das Bundes-Klimaschutzgesetz (KSG)[222] in Anlage 2 zu

---

[219] Siehe hierzu exemplarisch: SABS 2017a: S. 10.
[220] GRI 2021: S. 22.
[221] Auch über CO_2 hinaus sind hinsichtlich des Nachhaltigkeitskontextes einige Fortschritt zu verzeichnen. Sie hierzu: GRI 2021a: S. 12 f.
[222] gesetze-im-internet.de/ksg/BJNR251310019.html.

§ 4 zulässige Jahresemissionsmengen auf Grundlage des Pariser Klimaabkommens für die Sektoren Energiewirtschaft, Industrie, Gebäude, Verkehr, Landwirtschaft und Abfallwirtschaft und Sonstiges fest. Streng genommen müsste der GRI nun eine Methodik bereitstellen, nach der Unternehmen entsprechend dieser Vorgaben ihre individuelle CO_2e-Höchstmenge kalkulieren können, beispielsweise entsprechend ihres Jahresumsatzes in Relation zum Gesamtjahresumsatz ihres Sektors.

Man muss sich an dieser Stelle jedoch erneut vor Augen führen, dass diese Fortschritte hinsichtlich des Nachhaltigkeitskontext ausschließlich im Bereich der Treibhausgasemissionen zu verzeichnen ist, also nur im Kontext des Klimawandels, der lediglich einen Teilbereich der ökologischen Krisen darstellt. Tatsächlich kann man es so sehen, dass sich im Bereich des Klimawandels, angesichts der fortschreitenden Regulation und der entsprechend hohen Nachfrage von Unternehmen, ein eigenes Feld für Nachhaltigkeitsmanagement mit eigenen Standardsetzern, Serviceanbietern und Emissionsrechtehandel[223] entwickelt hat, der aber nicht repräsentativ für Nachhaltgkeitsmanagement insgesamt betrachtet werden darf.[224] Denn, wie bereits beschrieben, liegen Indikatoren und Kontrollvariablen zur Beschreibung der planetaren Belastungsgrenzen zwar durch die Forschung beispielsweise des Stockholm Resilience Centres näherungsweise vor, wurden aber bisher nicht verbindlich durch internationale Abkommen institutionalisiert und schon gar nicht für unternehmerisches Nachhaltigkeitsmanagement

---

[223] Zu der Funktionsweise und den assoziierten Problemen des Emissionshandels siehe: Bebbington & Larrinaga-González 2008.

[224] Der Standard für die Erfassung der CO_2e-Emissionen von Unternehmen, der sich hierbei herausgetan hat, ist das *Greenhouse Gas Protocoll* (GHG Protocol) des World Business Council for Sustainable Development (WBCSD) und des World Ressource Institute (WRI) (2004) (Siehe auch: ghgprotocol.org). Die wichtigsten Siegel für die Kompensation von CO_2 sind das *Gold Standard Siegel* (GS) der Gold Standard Foundation, der *Verified Carbon Standard* (VCS), der Social Carbon Standard, und das Siegel der Climate, Community and Biodiversity Alliance (CCBA). Vgl.: Dahm 2019: S. 134.

Leider hat dieses System, beziehungsweise die darauf basierende unternehmerische Praxis des CO_2-Management aus ökologischer Perspektive, wie die fehlschlagende Einhaltung des 1,5-Grad-Zieles (↑Abschnitt 2.5.4) schon vermuten lässt, noch Mängel. Die Gründe hierfür sind primär folgende: Erstens haben Unternehmen bei der Quantifizierung ihrer CO_2e, da sich die Daten nicht gut reproduzieren lassen (Vgl.: Busch et al. 2020), viel Spielraum zur Beschönigung (Siehe für eine Übersicht der Gründe: Perspective Daily 2022). Zweitens lösen die Projekte für CO_2-Kompensation oft ihre Versprechen hinsichtlich ihrer ökologischen Wirksamkeit nicht ein, und Unternehmen lassen ihre Projekte zur Kompensation von CO_2 nicht immer unabhängig prüfen (Siehe hierzu: Khadka 2022). Und drittens sind in der Vergangenheit durch die Bekämpfung des Klimawandel oft ökologische Folgeschäden in anderen Bereichen entstanden. Siehe hierzu in Bezug auf Biodiversität: Pörtner et al. 2021.

4.4 Unzulänglichkeiten des gegenwärtigen Nachhaltigkeitsmanagements

operationalisiert, wie dies durch die CO_2e-Reduktionsziele und das entstandene Feld des CO_2-Managements näherungsweise geschehen ist (↑Abschnitt 2.6). Somit entwickelte sich hier zumindest in Teilen ein Standard für die Internalisierung externer Effekte.[225] Ein Standard für die systematische Internalisierung externer Effekte entlang *aller* planetaren Grenzen zeichnet sich jedoch noch nicht ab. Sofern durch unternehmerisches Nachhaltigkeitsmanagement substanzielle Fortschritte in der Minderung der ökologischen Krisen erzielt werden sollen, ist dies eine unbedingte Notwendigkeit (↓ Kapitel 5). Ein Hemmnis hierbei ist, neben der methodischen Unzulänglichkeit der bisherigen Standards, dass in der Öffentlichkeit und im politischen Diskurs manchmal der Eindruck vorzuherrschen scheint, dass *CO_2-neutral* und *nachhaltig* miteinander gleichzusetzen wären, wodurch das öffentliche und politische Problembewusstsein für die Notwendigkeit der Ausweitung einer solchen Systematisierung auf die anderen planetaren Grenzen kaum gegeben ist.

Insgesamt verbleibt das Feld der Nachhaltigkeitsberichterstattung bisher weitestgehend auf der Ebene inkrementeller Verbesserungen. CO_2e-Emissionen, Energieeffizienz, Wasserverbrauch, Müllproduktion und dergleichen werden in Verhältnis zu einem bestimmten Basisjahr gesetzt (oftmals ein Jahr, indem die Werte besonders hoch waren, sodass die Reduktionen entsprechend hoch erscheinen). Dies folgt getreu der Philosophie der Corporate Social Responsibility, dass schon kleine Beiträge aller Unternehmen mit der Zeit zu größeren Veränderungen führen würden. *Good housekeeping practices* (↑Abschnitt 4.1.6) lautet das Stichwort, wobei der Anteil an Unternehmen, die vollumfänglich über ihre guten Haushaltspraktiken berichteten, vor einigen Jahren noch im niedrigen einstelligen Bereich und selbst hinsichtlich CO_2e nur bei 39 % lag.[226] Eine nüchterne Sichtweise auf Nachhaltigkeitsberichterstattung muss demnach zu dem Ergebnis kommen, dass diese Praxis bisher nicht substanziell über die Ansätze des frühen Umweltmanagements und der ökologischen Modernisierung, beziehungsweise (hinsichtlich der ökologischen Dimension der Nachhaltigkeit) über die Methoden des Umweltmanagements (↑Abschnitt 3.1) hinausgegangen ist.

Im Feld des Nachhaltigkeitsaccountings und des -risikomanagements haben sich, zumindest bisher, keine Standards entwickelt, die im Bereich der externen Offenlegung von Nachhaltigkeitswirkungen mit der Praxis der Berichterstattung konkurrieren. Folgendes gilt es in diesem Zusammenhang noch festzuhalten. Wie in Abschnitt 4.2.1 beschrieben, stellte eine der beiden Strömungen der frühen Bewegungen des Nachhaltigkeitsaccountings nicht die Internalisierung von

---

[225] Vgl: Barker & Eccles 2018: S. 14.
[226] Vgl.: Corporate Knights Capital zitiert bei UNEP 2015.

Externalitäten in den Fokus der Betrachtungen von Nachhaltigkeit, sondern die Erhaltung der verschiedenen durch ein Unternehmen verarbeiteten Kapitalen und deren Integrität. Teilweise wählt, wie wir gesehen haben, auch das <IR> Framework durch die Postulierung verschiedener Kapitalien diesen Weg. Das Prinzip des Nachhaltigkeitskontexts könnte, in solchen ‚multikapital-basierten' Ansätzen, im Sinne Starker Nachhaltigkeit auch darüber umgesetzt werden, dass die Integrität und der Erhalt aller durch ein Unternehmen ge- und verbrauchten Kapitalien gemessen würde. Dies ist allerdings im <IR> Framework ebenso wie in allen anderen gängigen und dem Autor bekannten Methodenstandards, nicht vorgesehen:

„It is not [...] an objective of <IR> to measure all the capitals or movements in them. Many uses of and effects on the capitals are best (and in some cases can only be) reported on in the form of narrative rather than through metrics."[227]

Im Einschub zu Externalitäten ist bereits angeklungen, dass ein Methodenstandard für Nachhaltigkeitsmanagement, der die Grundlage für die Internalisierung von Externalitäten leistet, ordnungspolitisch und rechtlich flankiert werden muss. Denn die derzeitigen Entwicklungen im Nachhaltigkeitsmanagement lassen nicht darauf schließen, dass dessen unternehmerische Praxis den ordnungspolitischen und rechtlichen Regulationen vorauseilt, weder in den letzten Jahrzehnten, noch gegenwärtig. Beispielsweise liegt die Initiative für den derzeit mit Abstand vielversprechendste methodische Vorschlag, den ESRS, bei der EU (↑Abschnitt 4.1.10; ↓ Kapitel 5).

Insgesamt ist davon auszugehen, dass Regulation die Basis dafür legen muss, dass die notwendigen Anpassungen des Nachhaltigkeitsmanagements von den Standardsetzern geleistet werden (können). Unternehmen sind anderenfalls, da sie hierdurch ihre Konkurrenzfähigkeit am Markt erhöhen können,[228] insbesondere wegen günstigerer Preise, dazu incentiviert, die Auslagerung von Kosten zu verschleiern. Der nachfolgende Einschub wird daher eine Perspektive auf die rechtlichen Grundlagen des Nachhaltigkeitsmanagements werfen.

III. Einschub: Rechtliches

Die Apfelbäuerin aus unserem Beispiel, welche die Externalitäten ihres Betriebs internalisiert, also beispielsweise Investition in den Erhalt der natürlichen Umwelt tätigt, die durch ihren Einsatz von Pflanzenschutzmitteln beschädigt wurde, hat

---

[227] IIRC 2013: S. 4
[228] Vgl.: Dahm 2019: S. 176.

4.4 Unzulänglichkeiten des gegenwärtigen Nachhaltigkeitsmanagements

höhere Produktionskosten als ein Konkurrent, der dies nicht leistet. Hiermit geht eine systematische Bevorteilung von Externalisierung am Markt einher,[229] was wiederum zu einer einer systematischen Schwächung und Auszehrung der Gemeingüter führt. Diese äußert sich auch in einer Verminderung der Resilienz von Ökosystemen und damit einer Verschärfung systemischer Risiken.[230] Der steigende Druck von Investorinnen und Kapitalgebern im Zuge des Nachhaltigkeitsrisikomanagements wird in vielen Fällen, wie wir am Beispiel des Öl- und Gassektors gesehen haben, nicht leisten können, Unternehmen zur umfassenden Internalisierung ihrer Externalitäten zu bewegen. Es wird zudem regulatorische Anpassungen bedürfen, um Unternehmen hierzu zu verpflichten.[231] Im Folgenden sollen die gegenwärtigen Perspektiven auf die Möglichkeiten einer solchen ‚Pflicht zur Internalisierung' dargestellt werden. Dahm (2013a, S 5) schlägt, indem er sich Scherhorn (2010 & 2011) anschließt, Folgendes vor:

„eine Nachhaltigkeitspflicht des Eigentums gegenüber den Gemeinschaftsgütern, z. B. als zusätzlicher Absatz 2 in § 903 BGB: *„Der Eigentümer kann allgemeine (natürliche und soziale) Lebensgrundlagen als Gemeinressourcen für seine Zwecke nutzen. Er muss aber 1. regenerierbare Gemeinressourcen (Ökosysteme, Artenvielfalt, Bodenfruchtbarkeit, Klima) schonend behandeln und dafür sorgen, dass sie sich regenerieren können, 2. abgenutzte nichtregenerierbare Gemeinressourcen (Rohstoffe) durch erneuerbare ersetzen oder durch Wiedergewinnung erneuern, 3. soziale und kulturelle Gemeinressourcen (Arbeit, Gesundheit, Bildung) vor Ausbeutung, Gefährdung, Marginalisierung schützen.*"[232]

In diesem Zusammenhang drängt sich der Gedanke auf, eine solche Verpflichtung des Eigentümers zur nachhaltigen Bewirtschaftung der Gemeingüter am Art 14 (2) GG anzusiedeln. Hier heißt es: „Eigentum verpflichtet. Sein Gebrauch soll zugleich dem Wohle der Allgemeinheit dienen."[233] Eine Ergänzung müsste zunächst eine bedingte Ausweitung des Eigentumsbegriffs auf die Gemeingüter leisten. Da diese im Besitz Aller sind, herrscht ihnen gegenüber einer geteilte Sorgfaltspflicht. Wer also die Gemeingüter für privatwirtschaftliche oder sonstige Zwecke verwendet, müsste, wie in Dahms Vorschlag, für deren Regenerierung, Schonung, Schutz und

---

[229] Vgl.: Dahm 2013a: S. 2 f.
[230] Vgl.: Ebd.
[231] Vgl.: Dahm 2019: 175 f.
[232] § 903 BGB *Befugnisse des Eigentümers* lautet: „Der Eigentümer einer Sache kann, soweit nicht das Gesetz oder Rechte Dritter entgegenstehen, mit der Sache nach Belieben verfahren und andere von jeder Einwirkung ausschließen. [...]" gesetze-im-internet.de/bgb/__903.html.
[233] https://www.gesetze-im-internet.de/gg/art_14.html.

unter Umständen deren Ersatz Sorge (und die Kosten) tragen. Hierüber würde die Integrität der Gemeingüter und damit das zukünftige Wohl der Allgemeinheit, deren Produktions- und Lebensgrundlagen diese Allgemeingüter sind, gestärkt.

Die Vorschläge von Dahm und Scherhorn sind nicht ausgefallen oder in ihrer Zielsetzung neu. Sie sind in Teilen, zumindest ideell, in den Grundprinzipien des deutschen Umweltrechts angelegt. Das Verursacherprinzip des deutschen Umweltrechts, welches 1972 auch von der OECD als ökonomisches Grundprinzip (*polluter-pays principle*) vorgeschlagen wurde,[234] sollte bereits die Internalisierung von Externalitäten ökonomischer Aktivitäten unterstützen. Die OECD (1992) schreibt:

„In the economic theory, internalisation means that a cost which otherwise would be borne by an economic agent other than the polluter (i.e. the cost of an "externality" caused by the polluter, any cost which such person would avoid if there was no pollution) is charged to the polluter who as a result "internalizes" such cost with all the other costs he already bears."[235]

Der Vorschlag Dahms dient also eher der Umsetzung und Ausweitung bereits in alten Normen enthaltener Grundsatzprinzipien. Sie sind bereits im deutschen (und europäischen) Umweltschutz konzeptionell verankert, jedoch entlang dem Leitbild des Umweltschutzes und nicht der Starker Nachhaltigkeit (↑Abschnitt 3.1).

Für Aufsehen hat in diesem Zusammenhang der Beschluss des Ersten Senats des Bundesverfassungsgerichts vom 21. März 2021 (1 BvR 2656/18) gesorgt.[236] Beanstandet wurde hierin, dass das Bundes-Klimaschutzgesetz (KSG) hinsichtlich des Zeitraums nach 2031 keine konkret Minderungsziele und Maßnahmen für die Einhaltung des 1,5-Grad-Zieles und der Verpflichtung nach dem Übereinkommen von Paris angebe und hierdurch in Kauf nehme, dass dies dann nur noch – zu Lasten der jüngeren Generationen – mit schärferen Maßnahmen und Einbußen möglich sei. Das Bundesverfassungsgericht entschied, dass hieraus eine Gefährdung der Freiheitsrechte dieser Generationen entstünde und somit ein verfassungswidriger Verstoß gegen Art. 20a GG vorliege.[237]

---

[234] Siehe hierzu: OECD 1992. Das Verursacherprinzip wird auch in Strategiepapieren der EU aufgegriffen, beispielsweise in der EU-Biodiversitätsstrategie bis 2030. Vgl.: Europäische Kommission 2020: S. 21.

[235] Siehe auch: Gabler Wirtschaftslexikon 2018b.

[236] Bundesverfassungsgericht 2021: Beschluss vom 24. März 2021 – 1 BvR 2656/18.

[237] Grundgesetz für die Bundesrepublik Deutschland, Artikel 20a: „Der Staat schützt auch in Verantwortung für die künftigen Generationen die natürlichen Lebensgrundlagen und die Tiere im Rahmen der verfassungsmäßigen Ordnung durch die Gesetzgebung und nach

4.4 Unzulänglichkeiten des gegenwärtigen Nachhaltigkeitsmanagements

Das Urteil kann als Verbot der Externalisierung von Umweltwirkungen auf die Lebensgrundlagen künftiger Generationen verstanden werden. Implizit wurde die Bundesregierung hierdurch auch in die Verantwortung für das Klima im Sinne eines *globalen* Allgemeinguts genommen, was weit über die Sorgfaltspflicht für die *nationale* Umwelt hinausgeht und diese potenziell auf die Menschen aller Regionen der Welt ausweitet.[238] Schließlich ist die Einhaltung des 1,5-Grad-Zieles und damit die Sicherung der Integrität des Allgemeinguts, beziehungsweise der Lebensgrundlage *intaktes Klima/ intakte Atmosphäre*[239] größtenteils nur auf globaler Ebene möglich, durch die Kooperation aller nationalen Regierungen, nicht nur der Bundesregierung.

Ebenso weist das Urteil des Bundesverfassungsgerichts, um auf Dahms Vorschlag zurückzukommen, Züge einer ‚Pflicht des Schutzes der Gemeingüter' durch die staatliche Rechtsprechung auf. Diese Sorgfaltspflicht auch auf Unternehmen zu übertragen, erscheint im Lichte der Verfassungswidrigkeit des KSG geradezu als Notwendigkeit. Schließlich werden die durch das KSG festgeschriebenen CO_2e-Emissionsziele primär durch die Unternehmen der jeweiligen Sektoren umgesetzt. Entsprechend entwickelte sich das Feld für CO_2e-Management um das GHG Protocol auch auf unternehmerischer Ebene. Dahms Vorschlag würde die Sorgfaltspflicht der Unternehmen nun auf alle Gemeingüter und Lebensgrundlagen, und somit alle planetaren Belastungsgrenzen ausweiten. In der Folge würden starke Marktanreize geschaffen, ähnliche Standards, Gütesiegel und Märkte wie für CO_2e-Management auch entlang der anderen planetaren Grenzen zu entwickeln.

Aus dieser Perspektive scheint es dann auch nur konsequent, die Verschleierung der Externalisierung auf Gemeingüter und natürliche Lebensgrundlagen zu verbieten. Dahm (2013, S. 5) führt aus:

„Die Nachhaltigkeitspflicht des Eigentums sollte durch das Verbot ergänzt werden, Externalisierung als Marktleistung auszugeben. In § 4 des Gesetzes gegen unlauteren Wettbewerb (UWG) könnte ein entsprechender Absatz 12 eingefügt werden: (Unlauter handelt insbesondere, wer) *„12. den Eindruck erweckt, ein niedriger Preis oder eine besondere Qualität oder Ausstattung eines Produkts sei auf die Marktleistung des Anbieters zurückzuführen, obwohl der Vorteil auf der Unterlassung von Aufwendungen zur Erhaltung natürlicher Lebensgrundlagen nach § 903 Abs. 2 BGB beruht.*"

Maßgabe von Gesetz und Recht durch die vollziehende Gewalt und die Rechtsprechung." gesetze-im-internet.de/gg/art_20a.html.

[238] Ebenso geht hieraus implizit auch eine Absage an die Idee Schwacher Nachhaltigkeit, dass zukünftige Generationen monetär für die Minderung der Integrität von Naturkapitalien kompensiert werden, oder diese Minderung durch Sachkapital ausgleichen können, einher.

[239] Siehe hierzu: Edenhofer et al. 2014.

Er bezieht sich hierbei auf Texte von Gerhard Scherhorn (2005, 2010, 2011), in welchen jener eine *gemeingütersensitives Wettbewerbsrecht* vorschlägt. Er schreibt (2011, S. 470):

> „Ein stillschweigend durch Schädigung von Gemeingütern erreichter Preis- oder Qualitätsvorsprung ist in diesem Sinn nicht weniger vorgespiegelt als etwa eine Täuschung durch irreführende Werbung. Die Wettbewerbsordnung diskreditiert sich selbst, wenn sie weiterhin zulässt, dass Substanzverzehr an Gemeingütern wie eine erwünschte Marktleistung behandelt wird. Gilt das Verschweigen der Externalisierung als unlauter, so können externalisierende Unternehmen – auch Importeure – verklagt werden, weil sie den Nachfragern suggerieren, dass der durch Abwälzung von Kosten erlangte Vorsprung auf besserer Marktleistung beruht."

Scherhorn ergänzt, dass eine entsprechende Regelung auf multilateraler Ebene durch eine Ergänzung der EU-Richtlinie 2005/29 über unlautere Geschäftspraktiken[240] im Binnenmarktverkehr realisiert werden kann. Zuwiderhandelnde Unternehmen könnten auf dieser Grundlage sowohl auf dem deutschen als auch auf dem europäischen Markt von Wettbewerbern und Anderen verklagt werden.[241]

Eine wirksam umgesetzte, justiziable ‚Pflicht zur Internalisierung' hätte weitreichende Auswirkungen. Sie würde die Regeln des Wettbewerbs verändern, da sich künftig der ‚wahre' Preis nach Internalisierung oder Kompensation der einst externen Kosten in allen am Markt angebotenen Produkten und Dienstleistungen widerspiegeln würde. Folglich hätten fortan jene Unternehmen einen Wettbewerbsvorteil, aus deren Aktivitäten besonders wenige externe Kosten für Um- und Mitwelt entstehen (wir erinnern uns an das Beispiel der Bäuerin (↑ Kapitel I)), beziehungsweise jene deren Internalisierung und Kompensation besonders kostengünstig leisten. Dies wiederum hätte unter Umständen zur Folge, dass der Business Case for Sustainability stärker in den Prinzipien Starker Nachhaltigkeit gründen würde. Denn der Markt würde entlang aller Branchen und entlang aller Sphären der Gemeingüter (und damit entlang aller planetaren Grenzen) Lösungen für eine effiziente Internalisierung und den Ausgleich von Externalitäten fordern. Die besten Anbieter würden

---

[240] eur-lex.europa.eu/DE/legal-content/summary/unfair-commercial-practices.html.

[241] Vgl.: Dahm 2013: S. 5; Scherhorn 2011: S. 22. Scherhorn ergänzt (Ebd.): „Flankierend sollten Vereinbarungen zwischen Unternehmen, die einander eine Internalisierung von Kosten zusichern, die sie bisher abgewälzt haben, vom Kartellverbot des Gesetzes gegen Wettbewerbsbeschränkungen – und analog dazu vom Artikel 81 (3) des EU-Vertrags – ausgenommen werden. Das GWB soll Gewinnsteigerungen durch Ausschaltung von Preisunter- und Qualitätsüberbietung verhindern. Es nimmt aber Verabredungen zur Verbesserung der Produktion bzw. des Angebots vom Kartellverbot aus. Eine Ausnahme muss deshalb auch für Verabredungen gelten, externalisierte Kosten künftig selbst zu tragen."

4.4 Unzulänglichkeiten des gegenwärtigen Nachhaltigkeitsmanagements

sich heraustun, und finanzielle Wesentlichkeit und Stake Nachhaltigkeit würden, da durch die Pflicht zur Internalisierung die Funktionsprinzipen des Wettbewerbs stärker in der Wahrung der Integrität aller Gemeingüter verankern wären, stärker zusammenfallen.

Aus den Vorschlägen von Dahm und Scherhorn folgt eine Notwendigkeit für einen Methodenstandard des Nachhaltigkeitsmanagements, über den die Externalitäten von Unternehmen sowie die Nachweise über deren Internalisierung quantifiziert und folglich offengelegt werden können. Über die Möglichkeiten und Bedingungen eines solchen Standards wird es im Folgekapitel gehen. Vorweg gegriffen sei an dieser Stelle, dass ein solcher Standard, ähnlich wie die Pflicht zur Internalisierung, den Business Case for Sustainability stärker in Starker Nachhaltigkeit verankert, da er das Potenzial hat, das Stakeholdermanagement von Unternehmen im Kontext von CSR in Richtung Starker Nachhaltigkeit zu verändern. Denn um die tatsächlichen Externalitäten zu quantifizieren, müssen die Unternehmen theoretisch mit allen Stakeholdern entlang ihrer Lieferketten zusammenarbeiten (↓Abschnitt 5.1).

Eine ganz grundlegende Fragestellung, die sich im rechtlichen Kontext ergibt, ist die der Monetarisierung. Sofern nicht alle Marktteilnehmer ihre Externalitäten eins zu eins (selbst) internalisieren sollen, was mit Ineffizienzen einhergehen würde, sondern die Pflichten zur Internalisierung auch durch Kompensation und Ausgleich (und durch Andere) geleistet werden können, stellen sich unweigerlich Fragen der Bewertung und Monetarisierung von Externalitäten und damit von ‚Natur'.[242] Hierauf eine endgültige Antwort zu finden, soll nicht Teil dieser Arbeit sein. Es wird vor allem darum gehen, eine Balance zu finden zwischen tendenziell anthropozentrischen und womöglich reduktionistischen Bewertungsverfahren, bei denen Natur ausschließlich entsprechend ihres ‚Nutzens' für bestimmte Gruppen von Menschen bewertet wird[243] und eins zu eins Renaturierung und Wiederherstellung des Naturzustands, was womöglich mit erheblichen Ineffizienzen und Nettowohlfahrtsverlusten (im ökonomischen Sinne) einhergehen würde. Die Erfahrungen mit den Methoden und Märkten für CO_2e-Kompensation (Zertifikatshandel)[244] und

---

[242] Diese Herausforderung wurde insbesondere von der Professorin an der UC Berkeley Marion Fourcade (2011) behandelt, welche die Quantifizierung des Umweltschadens und der entsprechenden Ausgleichszahlungen an die Betroffenen im Kontext dreier Ölunglücke (Exxon Valdez in der Prinz-William-Sund (Alaska) im Jahr 1989, der Öltanker Amoco Cadiz vor der Küste der Bretagne im Jahr 1978 und, ebenfalls vor der Küste der Bretagne, im Jahr 1999, der Öltanker Erika) analysierte.

[243] Siehe exemplarisch: Fourcade 2011: S. 1766: „the valuation of lost „passive uses""".

[244] Siehe hierzu: Kind et al. 2020.

Flächenausgleich (Biotopwertverfahren und Ausgleich über Ökopunkte und Flächenpools)[245] bieten in diesem Zusammenhang möglicherweise Orientierung für zukünftige Regulationen.

Damit solche wie die hier diskutierten rechtlichen/ordnungspolitischen Änderungen praktisch umgesetzt werden können, bedarf es einer Anpassung des Gesellschaftsrechts, genauer gesagt, der sogenannten *Business Judgment Rule*[246]. Denn während die unternehmerische Umsetzung Starker Nachhaltigkeit unter Einbindung aller Stakeholder notwendig und wünschenswert wäre, kollidiert sie, zumindest potenziell, mit manchen Normen des Aktien- und Gesellschaftsrechts.[247] Jenes besagt, dass Managerinnen dem Vermögen der Gesellschaft, ihren Gesellschaftern und Aktionärinnen verpflichtet sind und unter Umständen persönlich haftbar gemacht werden können, sofern sie den deren finanziellen Interessen zuwiderhandeln. Nun haben wir gesehen, dass viele Aspekte der Nachhaltigkeit sich ganz im Sinne finanzieller Wesentlichkeit in den Rahmen dieser Sorgfaltspflicht fallen (↑Abschnitt 4.3.1). Für Aspekte jenseits finanzieller Wesentlichkeit ist die Sorgfaltspflicht der Business Judgement Rule, da sie sich rein an den finanziellen Interessen der Gesellschaft und ihren Anteilseignerinnen orientiert, jedoch höchstgradig uneindeutig, und stellt daher ein Risiko für Manager dar. Wenn diese beispielsweise im Sinne des ESRS in ökologische Aufbauleistungen investieren, hieraus aber kein Nutzen für das Unternehmen und seine Anteilseignerinnen zu erwarten ist, gerät das Management unter Umständen in Erklärungsnot und in die Gefahr persönlicher Haftung, und ist daher tendenziell incentiviert, kurzfristige Gewinnmaximierung langfristiger Risikominimierung, insbesondere wenn diese über das Finanzielle hinausgeht, vorzuziehen. Eine tatsächliche Umsetzung der Stakeholdertheorie und des Prinzips der Doppelten Wesentlichkeit verlangt daher nach einer neuen juristischen Doktrin im Kontext der Business Judgement Rule und der Verantwortung des Unternehmensmanagements.

4.4.4 Datengrundlagen des Nachhaltigkeitsmanagements

Unabhängig von den diversen Gründen, weshalb es problematisch ist, dass die Systeme des Nachhaltigkeitsmanagements sich zuallererst nach finanziellen

---

[245] Siehe hierzu: Jeuther et al. 2018.
[246] Siehe für eine Erläuterung des Begriffs: Gabler Wirtschaftslexikon 2019.
[247] Siehe exemplarisch: 93 AktG, *Sorgfaltspflicht und Verantwortlichkeit der Vorstandsmitglieder.* gesetze-im-internet.de/aktg/__93.html.

4.4 Unzulänglichkeiten des gegenwärtigen Nachhaltigkeitsmanagements

Gesichtspunkten und den Ansprüchen von Fremdkapitalgebern richten, schneiden diese Systeme, wie bereits geschildert (↑Abschnitt 3.4.2), auch hinsichtlich der Erfüllung dieses Zweckes nicht gut ab. Dies spiegelt sich unter anderem darin wider, dass Investorinnen mit den verfügbaren Informationen über die Nachhaltigkeitswirkungen von Unternehmen in hohem Maße unzufrieden sind und ESG-Informationen oft in ihren Investitionsentscheidungen gar nicht berücksichtigen.[248] In einer Studie des Chartered Financial Analyst (CFA) Instituts bemängelten beispielsweise 45 % der befragten Portfoliomanagerinnen und Analysten die fragwürdige Qualität und mangelnde Zuverlässigkeit der Daten (*questionable data quality/lack of assurance*) und 43 % gaben an, ESG-Informationen nicht zu verwenden, da sie diese als nicht wesentlich erachten, beziehungsweise in ihnen keinen Mehrwert sehen (*these issues are not material – no added value*).[249] Angesichts der Tatsache, dass der positive Zusammenhang zwischen ESG-Management und finanzieller Unternehmensperformance nicht signifikant ist (↑Abschnitt 4.1.2), überraschen diese Ergebnisse nicht.

Woran liegt der Grund für diese ernüchternde Bilanz? Ist es nicht gerade das Ziel der Bewegung der integrierten Berichterstattung gewesen, finanzielle mit nicht-finanziellen Informationen zu verbinden und somit ihre Relevanz für Investitionsentscheidungen zu erhöhen? Eine der Gründe, weshalb ESG-Informationen nach wie vor als überwiegend irrelevant für Investitionsentscheidungen befunden werden, liegt im Scheitern ebenjener Integration. Erinnern wir uns, um diesen Umstand zu verdeutlichen, an ein Zitat von Barker und Eccles aus Abschnitt 3.4.2:

> "The relationship between data and tools is very different in the financial and nonfinancial reporting worlds. In the former, data originally comes from listed companies who have to report it *using a set of accounting standards*. Data vendors such as Bloomberg and Thomson Reuters *all report the same data*. […] In the nonfinancial reporting world, since there are no standards and reporting requirements, the data vendor must first source and aggregate the data using its own proprietary methodology. […]"[250]

Worüber hinsichtlich finanzieller Informationen berichtet wird, ergibt sich, wie in Abschnitt 4.1.6 bereits beschrieben, in weiten Teilen eins zu eins aus dem

---

[248] Vgl.: Barker & Eccles 2018: S. 13.

[249] Vgl.: CFA Institute 2017: S. 18 (erstere Angabe), 6 (letztere Angabe). Insgesamt ist in der Studie des CFA Instituts der leichte Trend zu erkennen, dass die Befragungen 2017 im Vergleich zu 2015 schlechter ausgefallen sind. Bei letzterer Angabe beispielsweise lag die Zustimmung zwei Jahre zuvor noch bei nur 35 %.

[250] Barker und Eccles 2018: S. 38. Hervorhebungen durch den Autor.

Accounting. Finanzielles Reporting ist demnach in weiten Teilen nicht mehr als die Aufbereitung und Veröffentlichung bereits bestehender Informationen. Bei allen bestehenden Standards, ebenso wie den absehbaren Erweiterungen derselben, verhält es sich diametral anders: Die Informationen ergeben sich aus der Praxis des Reportings selbst, die zu standardisieren und zu integrieren offenkundig als hochgradig relevant befunden wird, bisher aber kaum erfolgt ist. Der Grund hierfür liegt, wie Barker und Eccles (2018, S. 6 f.) beschreiben, in der Ermangelung einer einheitlichen Datengrundlage für diese Praxis:

> „There is nothing that is meaningfully close to a 'theory' of nonfinancial information, analogous to the conceptual articulation of double-entry bookkeeping in US Generally Accepted Accounting Principles (GAAP) and International Financial Reporting Standards (IFRS). Nonfinancial information tends therefore in practice to take the form of a 'stakeholder demand' approach to information rather than a theory-based one. As a result, it typically comprises a somewhat eclectic mix of data and narrative on corporate strategy, business model, risk management, environmental, social, and governance (ESG) performance and targets, and so on."

Weiter ergänzen sie (S. 10):

> „In order to have substance, a standard must be discriminating and prescriptive. In other words, it must be possible to demonstrate whether or not a standard has been met. A set of principles, or a general framework, is insufficient in this regard. To illustrate the difference, a standard for carbon reporting, if developed, would have much the same 'look and feel' as a financial accounting standard: it would set out which carbon emissions should be recognized [...]; it would also set how they should be measured, presented and disclosed; and it would require consistent, auditable compliance across all reporting entities."[251]

MrElroy (2019) bringt es auf den Punkt, wenn er schreibt:

> „Indeed, how else are reporters supposed to know how to measure things, so that performance can be correctly reported, if not by reference to accounting standards? First, we measure; then, we report. Thus, by implication, reporting standards should logically follow accounting standards, not precede them. [...] And that, unfortunately, is exactly what has been happening for the past nineteen years, now going on twenty. We blithely skipped over the critical and indispensable step of figuring out how best to perform sustainability accounting, and instead jumped headlong into reporting as if measurement was a settled matter — it was not! The result? Nineteen-plus years of

---

[251] Barker & Eccles hatten sich dafür eingesetzt, die Entwicklung eines einheitlichen nichtfinanzielles Reporting Standards im IASB anzusiedeln und haben der Gründung eines eigenen ISSB (siehe Abschnitt 4.1.6) vermutlich kritisch gegenübergestanden.

4.4 Unzulänglichkeiten des gegenwärtigen Nachhaltigkeitsmanagements

corporate sustainability reporting that tells us nothing about the sustainability of organizations, thanks mainly to the fact that no one took the time to first determine how best to measure it."

Keiner der gegenwärtigen Methodenstandards baut auf einer Form des Nachhaltigkeitsaccountings auf. Ebensowenig besteht ein anerkannter Standard für Nachhaltigkeitsaccountings, der nicht ausschließlich intern im Dienste eines finanziell motivierten Risikomanagements angewandt wird (↑Abschnitt 4.2.1). Vorhaben, einen solchen zu entwickeln und in bestehende Standards zu integrieren, bestehen, wenn auch, wie wir im letzten Teil der Arbeit betrachten werden, in Fachkreisen und von aktuellen Forschungsprojekten der EU und der UN anvisiert, unter den gegenwärtigen Standardsetzer, sofern dem Autor bekannt, nicht. Es ist daher auch nicht davon auszugehen, dass sich durch die Methoden dieser Standardsetzer etwas Fundamentales an der mangelnden Qualität und Zuverlässigkeit ihrer Datenbasis ändern wird.

Die Problematik dieser unzureichenden Datengrundlage tritt besonders deutlich im Kontext der EU-Taxonomie (Verordnung (EU) 2020/852 Taxonomie-Verordnung)[252] zutage. Denn die in ihr (insbesondere für Kapitalgeber) festgelegten „Kriterien zur Bestimmung, ob eine Wirtschaftstätigkeit als ökologisch nachhaltig einzustufen ist"[253], sollen maßgeblich über „Transparenz in nichtfinanziellen Erklärungen [Nachhaltigkeitsberichten] bei Unternehmen"[254] realisiert werden. Auch wenn die Taxonomie Umweltziele und Kriterien zu deren Erfüllung festlegt, bleibt sie (und ihre Anwender) am Ende doch von den Methodenstandards der Nachhaltigkeitsberichterstattung abhängig. Hier bezieht sich in der CSR-Richtlinien-Entwurf auf die bestehenden Methodenstandards,[255] während abzuwarten bleibt, ob der vielversprechende ESRS-Entwurf der EFRAG (↑Abschnitt 4.1.10) die Praxis des Reporting tatsächlich substanziell verändern wird. Ob eine Wirtschaftstätigkeit beispielsweise einen wesentlichen Beitrag *zum Schutz und zur Wiederherstellung der Biodiversität und der Ökosysteme*[256] leistet, könnte lediglich auf deren Grundlage beurteilt werden, aber durch keinen der bisherigen Standards. Die Zielsetzungen und Narrative der EU-Taxonomie klaffen somit mit der unternehmerischen Wirklichkeit dessen, was derzeit gemessen und gesteuert wird, auseinander. Ob die Ziele der EU-Taxonomie, die Kriterien

---

[252] Europäisches Parlament & Rat 2020. Die EU entwickelt die Taxonomie in dem Bestreben, die Definition von Nachhaltigkeit und deren Messung zu harmonisieren.
[253] Europäisches Parlament & Rat 2020: Artikel 1 Absatz 1.
[254] Ebd.: Artikel 8.
[255] Vgl.: Europäische Kommission 2021: S. 5.
[256] Europäische Kommission 2021: Artikel 15.

für ökologische Nachhaltigkeit mit der Messung derselben zu harmonisieren und so zu mehr Transparenz hinsichtlich der Klassifizierung nachhaltiger Geldanlagen beizutragen, tatsächlich auch durch sie gefördert werden, ist also noch nicht gesichert.[257]

Die Bedingungen der Überwindung der dargestellten Konflikte und methodischen Unzulänglichkeiten der gegenwärtigen Standards und Systeme des Nachhaltigkeitsmanagaments, beziehungsweise die Möglichkeiten zur Entwicklung eines Standards, der diese Konflikte und Unzulänglichkeit nicht aufweist, sollen Gegenstand des nachfolgenden und letzten Kapitels dieser Arbeit sein. Im Folgekapitel werden hierzu zunächst die Bedingungen zusammengefasst und entlang dieser dann die Möglichkeiten beschrieben.

---

[257] Dumrose et al. 2022 konnten erste positive Hinweise zeigen. Ihre Untersuchung beschränkte sich jedoch ausschließlich auf die Dimension Klimawandel.

Von Schwacher Nachhaltigkeit zum Methodenstandard einer regenerativen Ökonomie

5

Vor dem Hintergrund der bisherigen Arbeit, insbesondere Abschnitt 4.4, lässt sich, zumindest oberflächlich, leicht beschreiben, welche Kriterien ein Standard für Nachhaltigkeitsmanagement erfüllen muss, der in dem Sinne ‚stark' und zukunftsfähig ist, dass er eine normative Basis für den Erhalt der ökologischen Grundlagen menschlichen Lebens auf dem Planeten Erde bietet und somit Unternehmen (und folglich Kapitalgeberinnen) einen Rahmen, um ihre (Investitions-)Aktivitäten entsprechend dieser normativen Benchmark zu messen und zu steuern.

Ein solcher Standard muss:

(1) eine naturwissenschaftliche Basis der Belastungsgrenzen und Kapazitäten der Biosphäre des Planeten Erde zugrunde legen, beziehungsweise der Integrität der menschlichen Lebensgrundlagen, beispielsweise durch die planetary boundaries. An diesen Belastungsgrenzen muss sich die Wirtschaft messen, beispielsweise auf der Ebene des einzelnen Unternehmens und seiner Aktivitäten. *Der Standard muss dann den Beitrag unternehmerischer Aktivitäten zum Aufbau oder zum Abbau dieser Kapazitäten quantifizieren und so die Basis für eine vollumfängliche Internalisierung legen.* (Antwort auf Abschnitt 4.4.3)

(2) *Er muss hierzu eine für alle Wirtschaftsakteure verbindliche Methodik zur Erstellung der entsprechenden Datengrundlage, vergleichbar zum finanziellen Accounting, bereitstellen und die Regeln seiner Anwendung definieren.* Jede Form des Reportings muss, um dem Anspruch der Transparenz und Vergleichbarkeit gerecht zu werden, auf dieser Datengrundlage aufbauen. Hierbei muss der Standard mit den unweigerlich zutage tretenden Unschärfen und Ungenauigkeiten umgehen können. (Antwort auf Abschnitt 4.4.4)

Aus praktischen Gesichtspunkten muss der Standard, damit (1) und (2) gelingen können, angesichts der bisher gängigen Praxis des Nachhaltigkeitsmanagements und der herrschenden wirtschaftlichen Ordnung, voraussichtlich

(3) operationalisierbar für die wirtschaftliche Umsteuerung, sowohl unternehmensintern wie auch -extern sein. Das bedeutet, *er muss nützlich für (a) das strategische Management, beziehungsweise das Risikomanagement von Unternehmen sein, ebenso wie für (b) die Risikoadjustierung von Kapitalgeberinnen.* Im Sinne von (a) muss er also bei der Identifikation und Beschreibung der mit der Nachhaltigkeitstransformation assoziierten Geschäftsrisiken und -chancen unterstützen. Im Sinne von (b) muss er die Grundlage zur Quantifizierung der mit der Nachhaltigkeitstransformation assoziierten physischen, Übergangs- und sonstigen Risiken bieten. Um (a) zu leisten muss der Standard auf die Ebenen der einzelnen Geschäftsfelder und -aktivitäten, beziehungsweise Produkte und Dienstleistungen des Unternehmens anwendbar sein. (Antwort auf Abschnitt 4.4.2)

(4) Zudem muss er voraussichtlich *einen Rahmen für ein tatsächliches Stakeholdermanagement, also die systematische und verbindliche Inklusion aller von den Aktivitäten des Unternehmens wesentlich betroffenen Interessengruppen festschreiben,* sodass die Interessen der strategisch relevanten und wirtschaftlich starken Stakeholder sich nicht gegenüber den Interessen der im bisherigen System marginalisierten Stakeholder durchsetzen. (Antwort auf Abschnitt 4.4.1)

Mit der Resolution 73/284 der Generalversammlung der Vereinten Nationen[1] wurde am 6. März 2019 die UN-Dekade für die Wiederherstellung von Ökosystemen (*UN Decade on Ecosystem Restoration*) 2021–2030 beschlossen. Sie wurde am Weltumwelttag 2021, dem 5. Juni, von FAO und UNEP gestartet. Ziel der UN-Dekade ist die Gestaltung des Wandels zu einer nachhaltigen Ökonomie im Sinne Starker Nachhaltigkeit und die Umkehr des Trends der Zerstörung der natürlichen Lebensgrundlagen der Erde und somit die Sicherung des Überlebens der von den Ökosystemen der Erde, ihren natürlichen Ressourcen und Ökosystemdienstleistungen abhängigen Menschen und Lebewesen.[2]

Der Druck (aus ökonomischer ebenso wie aus humanitärer Perspektive) ist enorm.

---

[1] UN 2019.

[2] Vgl.: UNEP & FAO 2021: S. 1.

5 Von Schwacher Nachhaltigkeit zum Methodenstandard ...

„Die Welt hat von 1997 bis 2011 Ökosystemdienstleistungen im Wert von schätzungsweise 3,5–18,5 Billionen EUR pro Jahr durch Änderungen der Bodenbedeckung und schätzungsweise 5,5–10,5 Billionen EUR pro Jahr durch Landverödung verloren."[3]

Im Vergleich zur vorindustriellen Zeit entspricht dies insgesamt einer Degradation des Bestands an Naturkapital von 40 %.[4] Und die externen Folgekosten (Externalitäten) einer nicht nachhaltigen Wirtschaft belaufen sich auf circa 10 % des globalen Bruttoinlandsprodukts.[5] Gleichzeitig gehen Schätzungen der weltweiten Gesamtkosten von Subventionen, die der Natur schaden, von etwa 4 bis 6 Billionen US-Dollar jährlich aus.[6] Entsprechende Schätzungen der investorischen Aufwände in den Erhalt, die Stärkung und den Wiederaufbau der globalen Ökosysteme, um diesen Trend bis 2030 zu stoppen und bis 2050 umzukehren, belaufen sich im Gegensatz hierzu ‚gerade einmal' auf 300–350 Milliarden US-Dollar pro Jahr bis 2030,[7] beziehungsweise 4,1 Billionen US-Dollar bis 2050.[8] „Das Gesamt-Nutzen-Kosten-Verhältnis eines wirksamen globalen Programms zur Erhaltung der verbleibenden unberührten Natur weltweit wird auf mindestens 100 zu 1 geschätzt."[9]

Spannend ist in diesem Zusammenhang, dass, wie in Abschnitt 4.1.10 geschildert, nun auch die EFRAG sich in ihrem Vorschlag zum zukünftigen Methodenstandards für das europäische Nachhaltigkeitsreporting (ESRS) auf die Ziele der CBD und der UN-Dekade bezieht, indem sie fordert, dass jedes Unternehmen darüber Bericht erstatten muss, wie es diese Ziele einhält:

> „The undertaking shall disclose its plans to ensure that its business model and strategy are compatible with the transition to achieve *no net loss by 2030, net gain from 2030 and full recovery by 2050.* The principle to be followed under this Disclosure Requirement is to provide an understanding of the transition plan of the undertaking and its compatibility with the preservation and restoration of biodiversity and ecosystems in line with the Post-2020 Global Biodiversity Framework and the EU Biodiversity

---

[3] Europäische Kommission 2020: S. 3.
[4] Vgl.: UNEP & FAO 2021: S. 1.
[5] Vgl.: UN 2019: S. 5.
[6] Vgl.: Desgupta 2021: S. 2.
[7] Vgl.: UNEP et al. 2021.
[8] Die Ziele orientieren sich an den Zielen und Jahresdaten des ersten Entwurfs des Post-2020 Global Biodiversity Framework der UNEP CBD (Convention on Biological Diversity) (2021), an dem sich beispielsweise auch die EU-Biodiversitätsstrategie orientiert. Vgl.: Europäische Kommission 2020: S. 5.
[9] Europäische Kommission 2020: S. 1 f. Mit Verweis auf Balmford et al. 2002.

Strategy for 2030. The undertaking shall disclose its plans for its own operations and throughout its upstream and downstream value chain."[10]

Auch wenn dieser Vorschlag der EFRAG, wie wir gesehen haben, nicht repräsentativ im internationalen Feld der Standards für Nachhaltigkeitsreporting beziehungsweise Nachhaltigkeitsmanagement insgesamt ist und abzuwarten bleibt, ob die Europäische Kommission ihn in seiner derzeitigen Form im Zuge der neuen CSR-Directive übernehmen wird, ist er doch von besonderer Bedeutung. Denn nicht nur würde durch ihn erstmals in der Geschichte des Nachhaltigkeitsmanagements ein Standard eingeführt, der für alle großen Unternehmen (samt der Verpflichtung zu externer Prüfung[11]) gesetzlich festgeschrieben wäre, sondern dieser Standard würde unternehmerische Aktivitäten und die Berichterstattung über dieselben auch an *quantitativen* ökologischen Parametern – *no net loss by 2030, net gain from 2030 and full recovery by 2050* – orientieren. *Kein Nettoverlust* ist vor dem Hintergrund der naturwissenschaftlichen Forschung, in der das Post-2020 Global Biodiversity Framework gründet, ein quantitativ genau beschreibbarer, und somit potenziell normativ verbindlicher Maßstab. Die daraus abgeleitete Forderung der EFRAG – *provide an understanding of the transition plan of the undertaking and its compatibility with the preservation and restoration of biodiversity and ecosystems* – wird von Unternehmen streng genommen nur eingehalten werden können, sofern diese, mindestens näherungsweise, ein Accounting über ihre Externalitäten im Kontext der verschiedenen Ökosysteme, natürlichen Ressourcen und Ökosystemdienstleistungen aufstellen und ihre Wirkungen vor dem Hintergrund der Belastungsgrenzen derselben kontextualisieren. Und zwar nicht nur für die unmittelbaren Aktivitäten des Unternehmens, sondern entlang der gesamten vor- und nachgelagerten Lieferketten – „The undertaking shall disclose its plans for its own operations and throughout its upstream and downstream value chain."[12]

Es bedarf demnach nach einem Wandel zu einer *regenerativen Ökonomie*[13], die, anstelle der fortschreitenden Auslagerung von Kosten in die natürlichen

---

[10] EFRAG 2022b: S. 6. Hervorhebung durch den Autor.

[11] Vgl.: KPMG 2022.

[12] Die EFRAG lässt Unternehmen noch eine Ausweichmöglichkeit, allerdings versucht sie, etwaigen Verschleierungen vorzubeugen: „If the undertaking cannot disclose the above required information, because it has not adopted a transition plan in line with the targets of no net loss by 2030, net gain from 2030 and full recovery by 2050, it shall disclose this to be the case, it shall then also provide reasons for not having adopted such a plan and may report a timeframe in which it aims to have such a plan in place." (EFRAG 2022b: S. 6).

[13] Der Begriff geht auf den Geografen Daniel Dahm zurück. Vgl.: Dahm 2021.

Lebensgrundlagen und Gemeingüter, diese Kosten internalisiert und so mindestens zu einem Erhalt (*no net loss*) und bald zur Stärkung und zum Wiederaufbau derselben (*net gain*) beiträgt. Alle wirtschaftlichen Leistungen müssen sich dann an ihrem Beitrag hierzu messen lassen. Und es bedarf nach einem Methodenstandard, der die Erreichung dieses Ziels zu messen und zu steuern im Stande ist – ein Methodenstandard der regenerativen Ökonomie. Ecosystem Restoration ist dessen methodisches Mittel und Zweck zugleich. Ein solcher Methodenstandard, ein Accounting über die positiven und negativen Wirkungen auf die natürlichen Lebensgrundlagen, existiert derzeit nur in Ansätzen. Die Anforderungen des ESRS können also von Unternehmen derzeit in der Regel nicht verbindlich umgesetzt und gesteuert werden.[14] Die Umrisse eines solchen Standards zu zeichnen, ist Gegenstand dieses Kapitels. Seine vier Unterkapitel orientieren sich an den vier Eingangs dieses Kapitels herausgearbeitet Bedingungen. Die vorgestellten Ansätze bilden hierbei allerdings nur einen Teil der verfügbaren Literatur ab. Der Autor hat sich bei der Auswahl an den Publikationen von FAO und UNEP im Kontext der UN-Dekade und der Forschung zu Naturkapitalaccounting und den von ihnen genannten Partnerorganisationen, Initiativen und Forschungsprojekten orientiert. Eine vollständige Analyse aller relevanten Ansätze war im Rahmen dieser Arbeit nicht möglich, stellt aber aus ihrer Perspektive ein Forschungsvorhaben von zentraler Bedeutung dar.

IV. Einschub: Wozu dient Accounting?

Economic valuation [...] does not stand outside of society: it incorporates in its very making evaluative frames and judgments that can all be traced back to specific politico-institutional configurations and conflicts; [...] In other words, the cultural category of nature is also dependent on the methods – legal, economic, and ecological – that were mobilized to account for it.

Fourcade 2011

Hines (1988) advocated that the social influence of accounting is so strong that accountants 'create reality' (of what is accepted as valuable in business) by constructing the reality of what is recognized, measured and accounted for.

Miles 2019

---

[14] Darüber hinaus gibt es eine Vielzahl von Unternehmen, gehäuft insbesondere in einzelnen Sektoren, beispielsweise dem Agrar- und dem Öl- und Gassektor, die mit dem Anspruch der Nettopositivität unlösbar konfliktieren.

Zunächst wollen wir nochmal einen Schritt zurücktreten und uns die grundlegende Frage stellen, wozu Accounting eigentlich dient. Der englische Begriff *Accounting* stammt ab vom Verb *to account (for)*, das wiederum *erfassen, nachweisen* und *verantwortlich sein für* bedeutet. Im Deutschen wird Accounting auch mit *Rechenschaftsbericht* übersetzt, das von der englischen Übersetzung von *Rechenschaft ablegen (für)* stammt. Es ist nun, historisch betrachtet, stets dieses ‚verantwortlich sein' beziehungsweise ‚Rechenschaft ablegen' gewesen, das Veränderungen im Accounting bedingt hat, also die Frage danach, wofür und auf welche Weise Unternehmerinnen (früher vor allem Händler) ihren Gläubigern und Anspruchsgruppen (Stakeholder) gegenüber verantwortlich, beziehungsweise rechenschaftsschuldig waren. Das Gelingen sowie das Misslingen dieser treuhänderischen Verhältnisse und der Accountingmethoden, die sie institutionalisierten, war maßgebend für das Florieren kapitalistischer Gesellschaften:

> „From Renaissance Italy, the Spanish Empire, and Louis XIV's France to the Dutch Republic, the British Empire, and the early United States, effective accounting and political accountability have made the difference between a society's rise and fall. Over and over again, good accounting practices have produced the levels of trust necessary to found stable governments and vital capitalist societies, and poor accounting and its attendant lack of accountability have led to financial chaos, economic crimes, civil unrest, and worse."[15]

In den USA beispielsweise entstanden einheitliche Accounting-Standards, entsprechende Anforderungen an die Finanzberichterstattung und damit verbundene Rechnungsprüfungen erst mit der Gründung der Securities and Exchange Commission (SEC) in Folge der Weltwirtschaftskrise nach dem Börsencrash von 1929. Die SEC erlegte den Unternehmen hierdurch erweiterte treuhänderische Pflichten gegenüber ihren Shareholdern, die ihnen ihr Geld anvertrauten, auf.[16] Nicht viel anders verhält es sich heute, da die grundlegende Motivation für Nachhaltigkeitsaccounting die Feststellung ist, dass Unternehmen durch die Nutzung der ökologischen (und sozialen) Produktionsgrundlagen auch Treuhänder derselben sind und es somit in ihrer Verantwortung liegt, diese Produktionsgrundlagen, die Gemeingüter und Lebensgrundlagen aller (↑ Kapitel II), auch treuhänderisch zu verwalten und hierüber Rechenschaft abzulegen. Zentral bei der Umsetzung dieser Aufgabe sind die Gestalter dieser Accounting-Standards, die Wissenschaftler und Praktikerinnen (insbesondere Wirtschaftsprüferinnen) des Accountings selbst:

---

[15] Soll 2014, S. 13.
[16] Vgl.: Barker & Eccles 2018: S. 17 f. Siehe auch:

„They [accountants], more than anyone, define and construct the ‚social reality' that is business – and thus help construct the attitudes thereto. By so doing, accountants help diminish and marginalise social responsibility and ethical issues and they become a major influence in the dominance of the economic over the social and environmental in the business world. They achieve this despite the accountants' explicit duty, via Royal Charter, to uphold a ‚public interest' that is rarely examined, let alone defined. It would be a most bizarre definition of ‚public interest' that excluded social responsibility, ethics and the environment!"[17]

Es bedarf hierzu nicht nur der Erweiterungen der bestehenden Accounting-Standards um ökologische Gesichtspunkte, sondern zudem auch einer gesamtgesellschaftlichen Aushandlung derselben, mindestens aber eines Verständnisses über den Zweck und die methodischen Grundlagen des (erweiterten) Accountings. Denn wo solche Aushandlungsprozesse über Accountingpraktiken nicht konstruktiv geführt werden und entsprechend kein geteiltes Verständnis über Art und Umfang der Treuhänderschaft von Unternehmen und Finanzmarktakteuren entsteht, erodiert das Vertrauen in Unternehmen, ebenso wie in die Politik und gesellschaftlicher Wandel wird gehemmt.[18] Es ist aus dieser Perspektive offenkundig problematisch, wenn gegenwärtig die Ziele und Methoden von Nachhaltigkeitsaccounting lediglich darauf ausgerichtet sind, *finanziell* relevante Informationen für *interne* Managemententscheidungen und Kapitalgeberinnen zu liefern (↑ Abschnitt 4.2.2), während sie methodisch nicht geeignet sind, die Verantwortlichkeit von Unternehmen gegenüber der Gesellschaft zu modellieren.

Das heutige Unverständnis des Großteils politischer und zivilgesellschaftlicher Akteure bezüglich der Frage, was nachhaltige von nicht-nachhaltigen Unternehmen unterscheidet und wie dieser Unterschied bestimmt werden kann, ist Zeichen eines allgemeinen Scheiterns der Verständigung zwischen Unternehmen, Finanzmarktakteuren, Wirtschaftsprüferinnen, Politik und Zivilgesellschaft über die Notwendigkeit einer (gegenüber den bestehenden Accountingprinzipien) erweiterten Treuhänderschaft von Unternehmen für die natürlichen Lebensgrundlagen unserer geteilten Welt. Dass gerade der Methodenvorschlag für Nachhaltigkeitsreporting des ISSB der IFRS Foundation, welche die wohl wichtigste Organisation bei der Entwicklung der globalen Accounting-Standards darstellt, besonders schwach ist, muss als Symptom dieses Scheiterns aufgefasst werden.

Die Literatur- und Wirtschaftswissenschaftler Gleeson-White (2015, S. 9) schreibt:

---

[17] Bebbington & Gray 2007: 2 f.
[18] Vgl.: Soll 2014, S. 10ff & 333 ff.

„[…] accountants might be the one last hope for life on earth: because the have the potential to hold nations and corporations accountable for their impact on nature. In effect, accountants have the power to reconceive nature (and society) not as an *externality* but as an *internality*, as an acknowledged component of economies and business."[19]

Verschiedene Autorinnen identifizieren hierbei jedoch Hürden innerhalb der Wissenschaft und der Praxis des Accountings. Baard & Dumay (2018, S. 2002) beschreiben aus der Perspektive der Interventionsforschung (interventionist research)[20], dass im Accounting eine *research-practice gap* besteht, welche die Übertragung wissenschaftlicher Erkenntnisse in die Praxis des Accounting (und umgekehrt) oft verhindert. Miles (2019, S. 5) schreibt:

„[…] the historic influences from economics and finance-based positivism has led to accounting research being largely uncritical of the role of accounting in i) accepting the demands of the financial markets; ii) questioning the need to engage in reform via addressing major policy questions, and; iii) reporting for a broader range of stakeholders."

Im Kontext von Nachhaltigkeitsaccounting und der Ausweitung der Treuhänderschaft von Unternehmen auf Naturkapitalien ist die Überwindung dieser unkritischen Haltung und der Forschung-Praxis-Lücke von zentraler Wichtigkeit.

---

[19] Hervorhebungen durch den Autor. Gleeson-White zieht aus ihrer Diagnose im weiteren Verlauf nicht die richtigen Schlüsse, da sie anstelle einer Erweiterung des Accountings „Integrated Reporting" als den „Holy Grail" der Integration ökologischer und sozialer Aspekte in den Verantwortungsbereich von Unternehmen beschreibt. Siehe hierzu: 5. The Holy Grail: Integrated Reporting and the Six Capitals. (Zur Unzulänglichkeit von Reporting zur Erfüllung dieser Funktion siehe: Taibi et al. 2020; Zur Unzulänglichkeit des von Gleeson-White konkret vorgestellten <IR> (Integrated Reporting) Rahmenwerks des IIRC (International Integrated Reporting Council) siehe: Unerman et al. 2018; Humphrey et al.; 2017 Zappettini & Unerman 2016. In der überarbeiteten und erweiterten Neuauflage ihres Buchs (Gleeson-White 2020) legt sie daher den Fokus stärker auf Multikapital und Ökosystem-Accounting.

[20] Siehe hierzu: Baard & Dumay 2021.

5.1 Ökologischer Kontext als naturwissenschaftliche Basis

Wie bereits beschrieben, verlangt der Vorschlag der EFRAG nach einem vollständigen Accounting über die Externalitäten aller unternehmerischen Aktivitäten in ihrem ökologischen Kontext, ganz im Sinne einer regenerativen Ökonomie. Die EFRAG bezieht sich hierbei auf das Konzept der ökologischen Belastungslimits mit Referenz zu den planetaren Grenzen des Stockholm Resilience Center (↑ Abschnitt 2.5.4; Abschnitt 2.6). Sie schreibt:

> „The objective of this [draft] Standard is to specify disclosure requirements which will enable users of sustainability statements to understand: (a) how the undertaking affects biodiversity and ecosystems, in terms of material positive and negative actual or potential impacts; any actions taken, and the result of such actions, to prevent, mitigate or remediate actual or potential adverse impacts and to protect and restore biodiversity and ecosystems; (c) to what extent the undertaking contributes [...] the respect of global environmental limits (e.g., the biosphere integrity and land-system change planetary boundaries)."[21]

Welche methodischen Ansätze gibt es, Unternehmen bei der Erfüllung dieser Anforderungen zu unterstützen? Und welche methodischen Fragen stellen sich bei der Implementierung eines entsprechenden Standards?

Bjørn et al. (2018) publizierten ein Rahmenwert für die Entwicklung von *absolute environmental sustainability assessment* (AESA)-Methoden (Abbildung 5.1) im Sinne Starker Nachhaltig-keit.[22] Die Verfasser schreiben:

> „AESA is designed to answer the question, "Is the environmental pressure of this activity sufficiently low for it to be considered environmentally sustainable, and if not, how much lower should the pressure be?" The answer is based on comparing

---

[21] EFRAG 2022b: S. 4. Das Zitat ist mit einer Fußnote mit Link folgendem Link versehen: stockholmresilience.org/research/planetary-boundaries/the-nine-planetary-boundaries.html.

[22] „When used in sustainability assessments, an environment's carrying capacity serves to guide the protection of the natural capital that is judged to be "critical" for human well-being, *meaning that it cannot be substituted by man-made capital* (Daly 1995; Ekins et al. 2003). This criticality assumption is a defining characteristic of the *"strong" sustainability* school and stands in contrast to the fundamental assumption of the "weak" sustainability school that natural and man-made capital are substitutable in their generation of the material foundation for human well-being (Neumayer 2013)." [Hervorhebungen durch den Autor] Bjørn et al. 2018.

an activity's estimated environmental pressure to the environment's carrying capacity […]"[23]

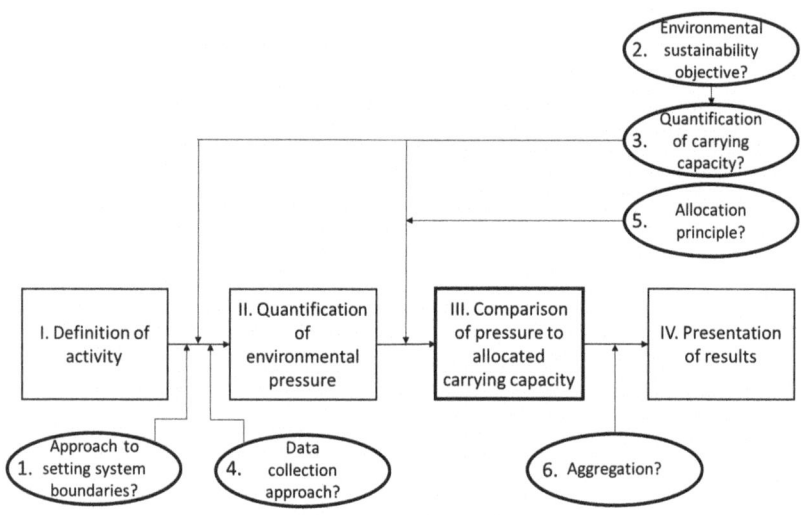

Abbildung 5.1 AESA Framework nach Bjørn et al. 2018[24]

Das Paper resoniert mit der Analyse des Autors in dem Sinne, dass es einen Großteil der notwendigen Schritte sowie die auf ihrem Weg zu klärenden Fragen beinhaltet, die es für einen zukunftsfähigen Methodenstandard einer regenerativen Ökonomie braucht. Wir werden daher im Weiteren an den einzelnen Schritten des Frameworks entlanggehen, um die zu Beginn des Kapitels aufgestellten vier Notwendigkeiten, ebenso wie die mit ihnen im Zusammenhang stehenden Bedingungen und methodischen Fallstricke eines solchen Methodenstandards zu beleuchten.

Um in der Logik der Arbeit zu bleiben, beginnen wir mit der zweiten Frage des Frameworks. Diese betrifft die Zielsetzung (und Auslegung) ökologischer

---

[23] Brørn et al. 2018: S. 1 f. Das Framework entstammt dem methodischen Kontext der Lebenszyklusanalyse, ist aber hierauf beschränkt.

[24] Die methodische Bewertungsschritte sind in eckigen, die zentralen Fragen hierbei in runden Kästen dargestellt.

5.1 Ökologischer Kontext als naturwissenschaftliche Basis 161

Nachhaltigkeit (*2. Environmental sustainability objective?*), also die Frage, welchem Ziel das Nachhaltigkeitsmanagement folgt und an welcher Benchmark es die Erreichung dieses Ziels orientiert. (↑ Kapitel 5(2)) Hieraus folgt dann auch die Antwort auf Frage 3, die Quantifizierung der Belastungsgrenzen (*3. Quantification of Carrying Capacity?*).

Diese methodische Fragestellung wurde durch die Arbeit bereits erschöpfend behandelt: Nachhaltigkeitsmanagement im Sinne Starker Nachhaltigkeit muss sich an dem Ziel der Erhaltung der natürlichen Lebensgrundlagen des Menschen orientieren und demnach unternehmerisches Handeln an ihrem Beitrag zum Erhalt und zum Aufbau, beziehungsweise umgekehrt zur Degradation derselben messen. Und es muss, um diesem Ziel gerecht zu werden, die Zielerreichung an der ökologischen Wirklichkeit messen. Die naturwissenschaftlich anerkannteste Grundlage hierfür bietet die Forschung um die planetary boundaries des Stockholm Resilience Center.[25] Konzeptionell eine Ebene überhalb der planetaren Grenzen kann die (Über)Belastung der Biokapazität des Planeten als Ganzes betrachtet werden. Besonders anschaulich leistet dies das global Footprint Network mit dem Global Overshoot, beziehungsweise dem *Global Ecological Deficit* (↑ Abbildung 2.1).

Bjørn et al. zeigen auf, dass die planetaren Grenzen, welche die Frage nach der Integrität der Biosphäre und der Einhaltung der planetaren Belastungsgrenzen stellen, in der Literatur teilweise von AESA-Methoden abgegrenzt werden, die auf dem Prinzip der Naturkapitalien und Ökosystemdienstleistungen aufbauen. Im Folgenden werden wir zunächst, wie auch Bjørn et al., ersteren Ansatz betrachten und im Anschluss auf die Möglichkeiten letzteren Ansatzes eingehen.

Zunächst bedarf es noch einer Vorbemerkung. Sowohl das Konzept der Naturkapitalien als auch das der planetaren Belastungsgrenzen sind dahingehend anthropozentrisch, da sie die Integrität der Natur unter der Linse der *menschlichen* Lebensgrundlagen betrachten. Im Kontext der UN-Dekade für Restoration von Ökosystemen wird dieser Konflikt erneut aufgeworfen und heiß debattiert. Er bedarf daher einiger Bemerkungen. Ist beispielsweise der Erhalt einer Tierspezies, die keine (bekannte) wesentliche Bedeutung für den Erhalt der menschlichen Lebensgrundlagen hat, schützenswert? Wie soll sie gegenüber anderen Belangen der Nachhaltigkeit, die unmittelbare Bedeutung für menschliches Wohlergehen haben, priorisiert werden? Wie verhält es sich mit Naturlandschaften? Sollten sie naturbelassen bleiben, auch wenn sie beispielsweise durch leichte Eingriffe Lebensgrundlagen für Menschen, deren Überleben bedroht ist, bieten können?

---

[25] Siehe hierzu: Rockström et al. 2009; Steffen et al. 2015. Für jede planetaren Grenze gibt es in der Fachliteratur durchaus unterschiedliche Berechnungsmethoden und Indikatoren, deren Ergebnisse teilweise deutlich voneinander abweichen, wie Bjørn et al. (2018, S. 10ff) am Beispiel der Belastungsgrenze der globalen Phosphor- und Stickstoffkreisläufe aufzeigen.

Solche Fragen lassen sich nicht einfach beantworten. Ihre Beurteilung muss sich offenkundig am Einzelfall orientieren und spielt sich vernünftigerweise auf einem Spektrum ab. Durch die fortschreitende Zerstörung der natürlichen Umwelt, die damit einhergehende Gefährdung der menschlichen Lebensgrundlagen, insbesondere der Menschen des globalen Südens und der zunehmenden Bedeutung von Ökosystemen zur Abschwächung des Klimawandels und die Anpassung an dessen Folgen,[26] hat sich das Spektrum der Auslegungen solcher Fragen in Wissenschaft und Praxis teilweise in Richtung anthropozentrischer, pragmatischer Auslegungen verschoben. Zu diesem Ergebnis kommt beispielsweise Jones (2017) bei einer Untersuchung der verschiedenen theoretischen Begründungen von Ecosystem Restoration. Er schreibt (S. B):

> „[…] the pragmatic rationale is motivated by the restoration of natural capital, i.e. products and services that contribute to human economic wellbeing, and amelioration of climate change. This rationale has the scientific advantage of offering concrete variables and quantifiable responses to treatments. […] [G]iven current societal emphases on ecosystem goods and services and amelioration of climate change, it is likely that the pragmatic rationale will stimulate the greatest amount of theory development in the near future."

Ebenso hat in der Wissenschaft die Betrachtung funktional gleichwertiger Ökosysteme (*functional analogues*), die sich an den Funktionalitäten von Ökosystemen für den Menschen orientieren und die Betrachtung neuer, erst durch menschliche Eingriffe entstandener Ökosysteme (*novel ecosystems*) an Popularität gewonnen.[27]

FAO et al. schreiben:

> „To be considered ecosystem restoration, however, the activity must result in net gain for biodiversity, ecosystem health and integrity, *and human well-being, including*

---

[26] Siehe hierzu: Leavitt et al. 2021.

[27] Vgl.: Ebd.: S. Bf. Auch in Zerbes (2019, S. 26) Definition von Ökosystemrenaturierung spiegelt sich dieser Trend wieder: „Die Ökosystemrenaturierung unterstützt mit naturschutzfachlich und ethisch vertretbaren Maßnahmen und mit einer Aktivierung bzw. Reaktivierung natürlicher Prozesse die Entwicklung eines mehr oder weniger stark anthropogen überformten bzw. degradierten Ökosystems in Richtung auf einen Zustand, welcher bestimmte Ökosystemleistungen mit den entsprechenden Ökosystemfunktionen vor dem Hintergrund ökologischer, sozioökonomischer, kultureller und naturschutzfachlicher Rahmenbedingungen bereitstellt. Die Ökosystemrenaturierung folgt prioritär den Zielen des Arten-, Biotop-, Umwelt-, Ressourcen- und/oder Kulturlandschaftsschutzes und dem Prinzip einer Starken Nachhaltigkeit."

5.1 Ökologischer Kontext als naturwissenschaftliche Basis

sustainable production of goods and services. Ecosystem restoration can be implemented in all types of degraded ecosystems, landscapes and seascapes, including urban, production, cultural, semi-natural and natural systems."[28]

Gleichzeitig schätzt die Europäische Kommission gerade den Erhalt der verbliebenen *naturbelassenen* Umwelt als enorm wichtig ein.[29] Auch ist es relevant, sich an dieser Stelle in Erinnerung zu rufen, dass das Scheitern der Nachhaltigkeitstransformation teilweise auf die Überpriorisierung von ökonomischer Entwicklung über Nachhaltigkeit (↑ Abschnitt 3.2), die Unterschätzung der Interkonnektivität der Integrität der natürlichen Umwelt und der Lebensgrundlagen des Menschen (↑ Abschnitt 3.1) und die Überschätzung der Substituitonsfähigkeit von Natur- und Sachkapitalien (↑ Abschnitt 3.3) zurückzuführen ist – Fehler, die allesamt auch in einer anthropozentrischen Sichtweise auf Natur gründeten.

Um auf die Bedeutung dessen für AESA zurückzukommen: Es geht also hinsichtlich der Frage der Zielsetzungen des Nachhaltigkeitsmanagements darum, beide Perspektiven – den Erhalt und Wiederaufbau der natürlichen Umwelt ebenso wie die Stärkung der menschlichen Lebens- und Produktionsgrundlagen – miteinander zu integrieren und so der Abhängigkeit des Menschen von seiner natürlichen Umwelt Rechnung zu tragen. Charmant am Leitbild Ecosystem Restoration ist insbesondere, dass es diese Integration konzeptionell zu leisten vermag.[30]

Kommen wir nun zurück zu der Frage, ob für den Zweck des Nachaltigkeitsmanagements eine Methodik auf Basis der planetaren Belastungsgrenzen oder aber der ökologischen Kapitalien und Dienstleistungen besser geeignet ist. Letztere hat gegenüber dem Konzept planetarer Belastungsgrenzen den Vorteil, dass es sich leichter für die Praxis, in Form konkreter Handlungsnormen, operationalisieren lässt. Die Frage *Welche Produktionsgrundlagen (Naturkapitalien, die sich ähnlich wie Finanzkapital bilanzieren lassen) fließen in meine unternehmerischen Aktivitäten ein und wie kann ich diese erhalten?* ist für das Management eines Unternehmens in der Regel anschlussfähiger als die Frage *Wie wirkt sich meine*

---

[28] FAO et al. 2021: S. 7. Hervorhebung durch den Autor.
[29] Europäische Kommission 2020: S. 1 f. Mit Verweis auf Balmford et al. 2002.
[30] Dahm & Rossner (2015, S. 42) schreiben in diesem Zusammenhang: „Der Mensch ist integraler Bestandteil der ökologischen Lebenssysteme und seine Nutzungsansprüche an seinen Lebensraum, das tradierte Mensch-Natur-Verhältnis und die sich verändernden Wohlstandsvorstellungen und Konsumgewohnheiten sind von den Naturräumen nur in der Theorie abtrennbar. [...] Renaturierung, Aufbau und Stärkung von Naturräumen und komplexen Ökosystemen lassen sich nur Hand-in- Hand mit den menschlichen Kultur- und Gesellschaftsformen und der ökonomischen Handlungspraxis realisieren."

unternehmerische Aktivität auf die Integrität der Biosphäre (oder ihrer einzelnen Bereiche) aus?[31]

„The planetary boundaries framework specifies a desirable state for nine critical biophysical aspects of the Earth system, but it is not explicit about the path to reach this state."[32]

Die meisten methodischen Ansätze gehen mit der Frage folgendermaßen um: Die planetaren Grenzen geben den notwendigen Rahmen vor, innerhalb dessen sich menschliches Handeln auf dem Planeten bewegen muss. Das Konzept der Naturkapitalien muss mit diesem gleichzeitig (a) möglichst kohärent[33] und (b) für Unternehmen operationalisierbar zu sein. Es bedarf einer Methodik, die Unternehmen dabei anleitet, Rechenschaft über die Integrität der Kapitalien innerhalb des Bereichs ihrer Sorgfaltspflicht abzulegen, und es muss gegeben sein, dass ein Unternehmen, solange es dieser Sorgfaltspflicht gerecht wird, seinen Teil zur Einhaltung (‚Nicht-Überschreitung') der planetaren Belastungsgrenzen beiträgt.

Der erste Bewertungsschritt (*I. Definition of activity*) von Bjørn et al. betrifft die Wahl der Betrachtungsebene der untersuchten Aktivitäten und damit die Frage, welche Aktivitäten in den Verantwortungsbereich, beziehungsweise unter die Rechenschaftspflicht der Entität[34] fallen (*1. Approach to setting system boundaries?*). Bjørn et al. (S. 3) unterscheiden hierbei in zwei Ansätzen, den territorialen Ansatz (*territorial approach*) und den bedarfsbasiertern Ansatz (*consumption-based approach*). Bei Ersterem richten sich die Systemgrenzen nach territorialen Gesichtspunkten – Wo findet die Aktivität statt? –, bei letzterem nach den Prozessen, die in eine Aktivität einfließen.[35] Im Kontext unternehmerischer

---

[31] Diese Annahme relativiert sich, sobald neben die Outside-In-Perspektive der ersten Frage die Inside-Out-Perspektive hinzutritt: *Wie wirken sich meine Unternehmerischen Aktivitäten auf den Erhalt, beziehungsweise Abbau von Naturkapitalien und Services, auch jene, die nicht Teil meiner Produktionsgrundlagen sind, aus?*

[32] Butz et al. 2018.

[33] Siehe dazu, wie diese Kohärenz herzustellen ist: Vanham et al. 2019.

[34] In unserem Falle in diese Entität eine Organisation. Die Frage würde sich aber ebenso auf anderen Betrachtungsebenen, beispielsweise Sektoren oder ganzen Nationalökonomien, stellen.

[35] Wichtig ist hierbei nicht, dass eine Methodik sich an den ein- oder anderen Ansatz hält, sondern, dass sie ein System zu Grunde legt, bei dem die Systemgrenzen und die verschiedenen Kategorien eindeutig definiert sind, sodass möglichst keine Verschleierung stattfinden kann.

Beispielsweise im *Greenhouse Gas Protokoll* (siehe: World Business Council for Sustainable Development (WBCSD) & WRI 2004), dem Standard für CO_2e-Management,

5.1 Ökologischer Kontext als naturwissenschaftliche Basis

Nachhaltigkeit stellt sich diese Frage nicht, beziehungsweise wird sie in allen Standards und bei allen dem Autor bekannten Ansätzen ähnlich behandelt: Es wird – was angesichts der Globalisierung von Lieferketten, den ungleichen Machtverhältnissen, die damit einhergehen sowie den Möglichkeiten von Outsourcing absolut notwendig ist – ein bedarfsorientierter Ansatz gewählt:

> „Even if an organization does not cause or contribute to a negative impact, its operations, products, or services may be 'directly linked to' a negative impact by its business relationships. For example, if the organization uses cobalt in its products that is mined using child labor, the negative impact (i.e., child labor) is directly linked to the organization's products through the tiers of business relationships in its supply chain (i.e., through the smelter and minerals trader, to the mining enterprise that uses child labor), even though the organization has not caused or contributed to the negative impact itself. 'Direct linkage' is not defined by the link between the organization and the other entity, and is therefore not limited to direct contractual relationships, such as 'direct sourcing'."[36]

Entscheidend ist, dass die Systemgrenzen in komplexen Systemen in der Regel kaum eindeutig festlegt werden können, beziehungsweise geht es vielmehr darum, die Verantwortung für die Aktivitäten und ihre Wirkungen festzulegen. Es besteht derzeit weder Konsens unter den internationalen Standardsetzern, wie mit dieser Frage idealerweise zu verfahren ist,[37] noch ist das Thema in der Wissenschaft ausreichend erforscht,[38] obgleich diese Frage von herausragender Bedeutung ist. Wer ist beispielsweise beim obigen Zitat verantwortlich, wenn ein Verstoß gegen das Verbot von Kinderarbeit begangen wird? Ein Aspekt der Antwort auf diese Frage ist juristischer Natur:

---

werden hier in drei ‚Scopes' eingeteilt, wobei Scope 1-Emissionen direkt auf den Flächen des Unternehmens oder durch die Verbrennung unternehmenseigener Maschinen (die aber nicht zwingend auf den Flächen des Unternehmens befindlich sein müssen) anfallen (beispielsweise von Produktionsmaschinen oder der Unternehmensflotte verbrannter Treibstoff). Gleiches gilt, territorial betrachtet, für Scope-2 Emissionen, wobei das Unterscheidungsmerkmal ist, dass die Emissionen hier bereits durch andere Akteure entstanden sind, und das Unternehmen lediglich die daraus entstandenen Energieströme nutzt (beispielsweise Fernwärme und eingekaufter Strom). Scope 3 betrifft im weitesten Sinne die sonstigen Emissionen in den vor- und nachgelagerten Lieferketten (durch Lieferanten, Kunden und Dienstleister).

[36] GRI 2021a: S. 11. Im Vorschlag der EFRAG (2022, S. 13) wurde diese Auslegung der Systemgrenzen des GRI im nahezu gleichen Wortlaut übernommen.

[37] Vgl.: Bjørn et al. 2018.

[38] Vgl. Ringham & Miles 2018. Bei ihnen ist eine konzeptionelle Analyse der Definitionen und Auslegungen von Systemgrenzen (und folglich der Rechenschaftspflichten) im Kontext von CSR sowie eine empirische Analyse der verschiedenen Grenzziehung in der Praxis zu finden.

"The undertaking shall, on a regular basis, reassess the definition of its reporting boundaries, to make sure it remains appropriate. When a change has occurred in the undertakings' boundaries, such as a change in its legal or operational structure or its products and services, business relationships and supply chain, the definition of the reporting boundaries shall be adjusted accordingly."[39]

Das Zitat verweist aber auch darauf, dass sich die Systemgrenzen rein juristisch nicht eindeutig festlegen lassen. Unternehmen am Ende der Lieferkette können sonst ihre Machtposition nutzen, um Unternehmen weiter unten in der Lieferkette günstige Konditionen abzuringen, hierdurch die Verantwortung für soziale und ökologische Wirkungen auf diese abwälzen und die Systemgrenzen hierdurch quasi so ziehen, dass ihre eigenen unternehmerischen Wirkungen in einem positiveren Licht erscheinen.[40] Sie würden so aber ihrer Verantwortung gegenüber diesen Unternehmen und den sozialen und ökologischen Kontexten, in denen sie sich befinden, nicht gerecht. Und genau die Übernahme dieser Verantwortung wird gleichzeitig durch den Begriff der *Impact Materiality* von der EFRAG gefordert:

"In general, the starting point is assumed to be the assessment of impact materiality [...] A sustainability matter is material from an impact perspective *if it is connected to actual or potential significant impacts by the undertaking on people or the environment over the short-, medium- or long-term.* This includes impacts directly caused or contributed to by the undertaking in its own operations, products or services and impacts which are otherwise directly linked to the undertaking's upstream and downstream value chain, and *not limited to contractual relationships.*"[41]

Die Systemgrenze des Unternehmens wird hierdurch potenziell auf jede Aktivität erweitert, die in irgendeiner Weise – *actual or potential* – wesentliche Auswirkungen hat – *on people or the environment over the short-, medium- or long-term.* Gegenwärtige Versuche, dies in die Praxis zu übersetzen, wie beispielsweise

---

[39] EFRAG 2022, S. 17.
[40] Vgl.: Ringham & Miles 2018: S. 2: "Given that much CSR reporting is voluntary, managers are able to determine the boundary for their individual reports, for specific reporting issues, and for the scope of assurance, if undertaken. This enables managers to manipulate the information provided by emphasizing certain impacts and excluding others from the report and/or the assurance statement. This significantly reduces the transparency and reliability of information, the ability to benchmark performance and the ultimate usefulness of the reporting."
[41] Hervorhebung durch den Autor.

5.1 Ökologischer Kontext als naturwissenschaftliche Basis

durch das Lieferkettensorgfaltspflichtengesetz,[42] scheitern an den Möglichkeiten der Überprüfbarkeit und den bestehenden Machtstrukturen. Abschnitt 4.1.5 hat dies ansatzweise am Beispiel der Firma Nike gezeigt, die ihre Zulieferer einen halbherzigen Verhaltenskodex unterzeichnen lässt, aber nicht nachweisen kann, dass sie überhaupt die Einhaltung dieses Kodex systematisch überprüft. Zulieferer am Anfang der Lieferketten sind in der Regel incentiviert, solche Praktiken zu Gunsten von Aufträgen mitzutragen, beziehungsweise stehen mit anderen Dienstleistern und Zulieferern in Konkurrenz hinsichtlich der Verschleierung von Externalitäten, um attraktiv und kostengünstig für ihre Auftraggeber zu sein.

Es bedarf also eines Standardverfahrens auf Grundlage des bedarfsbasierten Ansatzes, das festlegt, wie die Verantwortungen für unternehmerische Aktivitäten und ihre ökologischen und sozialen Wirkungen über die verschiedenen Hierarchien in Lieferketten aufgeteilt werden. Eine Möglichkeit könnte sein – wobei dem Autor hierzu keine Untersuchung bekannt ist –, dass die Verantwortung anteilig geregelt wird, beispielsweise entsprechend des (kaufkraftbereinigten) Anteils der verschiedenen Unternehmen in der Lieferkette am Erlös durch den Verkauf eines Produkts oder einer Dienstleistung. Gleichzeitig könnte geregelt sein, dass Unternehmen, um die Ausnutzung von Machtpositionen zu verhindern, stets Sorge dafür tragen müssen, dass die Entitäten in der Lieferkette unmittelbar unter ihnen ihrer Verantwortung gerecht werden. Der ESRS birgt das Potenzial, solche Formen der kooperativen Sorgfalt für Umweltwirkungen zu fördern. Denn wenn Unternehmen ihre Wirkungen entlang ihrer Lieferketten abbilden müssen, sind sie auf die Zusammenarbeit mit den Unternehmen in den Lieferketten angewiesen.[43]

Dies entspricht in Teilen dem Verursacherprinzip (↑ Kapitel III), da bei einem solchen Konzept die Verantwortung vor allem bei jenen Akteuren liegt, die den größten ökonomischen Nutzen haben. Es ist allerdings davon auszugehen, dass sich, auf Grund der enormen Komplexität entsprechender Informationsgrundlagen

---

[42] Siehe hierzu: Initiative Lieferkettengesetz 2020.
[43] Eine ‚Pflicht zur Internalisierung', wie wir sie in Kapitel III diskutiert haben, würde zudem die finanziellen Anreize hierzu schaffen. Wer sonst könnte Aufschluss über die Menschenrechtsstandards an Nikes Produktionsstandorten geben, wenn nicht die dortigen Unternehmensvertreterinnen? Diese hätten somit einen unmittelbaren Einfluss auf das Nachhaltigkeitsmanagement – nicht auf Grundlage unverbindlicher ‚Code of Conducts' oder dergleichen, sondern durch ein finanzielles Interesse der Unternehmen. Denn diese würden durch unzulängliche Kenntnis der Bedingungen in ihren Lieferketten Gefahr laufen, nicht richtig zu internalisieren und somit von Wettbewerbern, investigativen Journalisten und NGOs dafür belangt zu werden. Und zwar nicht nur auf Basis vager Sorgfaltspflichten, die zivilrechtlichen Haftungsregelungen nur bei Fahrlässigkeit vorsieht, wie sie derzeit beispielsweise im Lieferkettensorgfaltspflichtengesetz (LkSG) der Fall ist.

und diverser Folgefragen, diese Idee nur schwer in der Praxis umsetzen lässt. Der Vorschlag der EFRAG verlangt aber danach, diese Detailfrage zu beantworten. Sofern die Betrachtungsebene, beziehungsweise die Systemgrenzen unternehmerischer Aktivitäten definiert (I.), und die wissenschaftlichen Grundlagen und Methoden zur Festlegung der Nachhaltigkeitsziele (2.) und der Belastungsgrenzen (3.) getroffen (oder ordnungspolitisch vorgegeben) sind, geht es um die Anwendung derselben auf das betrachtete Unternehmen. Dies bezeichnen Bjørn et al. als Quantifizierung der ökologischen Belastungen (*II. Quantification of environmental pressure*), beziehungsweise die Anwendung derselben auf ihre Grenzen (*III. Comparison of pressure to allocated carrying capacity*). Da es aus Perspektive Starker Nachhaltigkeit nicht sinnvoll ist, ökologische Belastungsgrenzen nicht im Kontext ihrer ökologischen Wirklichkeit zu betrachten (↑ Abschnitt 4.4.3.), können wir Punkt II und III des Frameworks zusammenlegen. Auch die vierte Frage des Frameworks, die Auswahl des Ansatzes der Datenerhebung (*4. Data collection approach?*), ergibt sich unmittelbar aus dieser Notwendigkeit.

Am Ende des II. Punktes muss in jedem Fall eine Quantifizierung der Wirkungen auf die einzelnen Belastungsgrenzen stehen. Daniel Dahm (2019) stellt diese näherungsweise mit der Sustainability Zeroline gesamtökonomisch (nicht auf der Ebene einzelner Unternehmen) dar (Abbildung 5.2). Rechts in der Abbildung sind die Wirkungssphären sozialer und kultureller Nachhaltigkeitsbelange (*Wirkungsbereiche der Anthroposphäre*), links die Wirkungssphären ökologischer Nachhaltigkeitsbelange (*Wirkungsbereiche der Biogeossphäre*) dargestellt.[44]

Welche methodischen Ansätze bestehen also für die Quantifizierung der einzelnen Belastungsgrenzen auf der Ebene von Unternehmen? Insgesamt lassen sich die verschiedenen Ansätze in unternehmerisches Naturkapitalaccounting (beziehungsweise Multikapitalaccounting (*multi-capital assessment*[45]), welches neben Naturkapital, auch Sozial-, Human- und sonstige Kapitalien umfasst) auf der einen Seite, und Produktlebenszyklus-basierte (*lify-cycle based*) AESA auf der anderen Seite unterteilen. Letztere ist vor allem in angloamerikanischen Raum verbreitete, während Naturkapitalaccounting in der, und durch die Europäische Union entwickelt und erprobt wird.

---

[44] Die Darstellung ist relativ, stellt also die Überschreitung der Belastungsgrenzen der einzelnen Sphären nicht absolut, sondern relativ zueinander, als Verhältnis der positiven Aufbauzu den negativen Abbauleistungen dar. Ganz links ist die relative, gesamte Biokapazität nach dem Global Footprint Network (Ewing et al. 2010) dargestellt.

[45] Siehe hierzu: Capitals Coalition 2021.

5.2 Naturkapitalaccounting als Datengrundlage

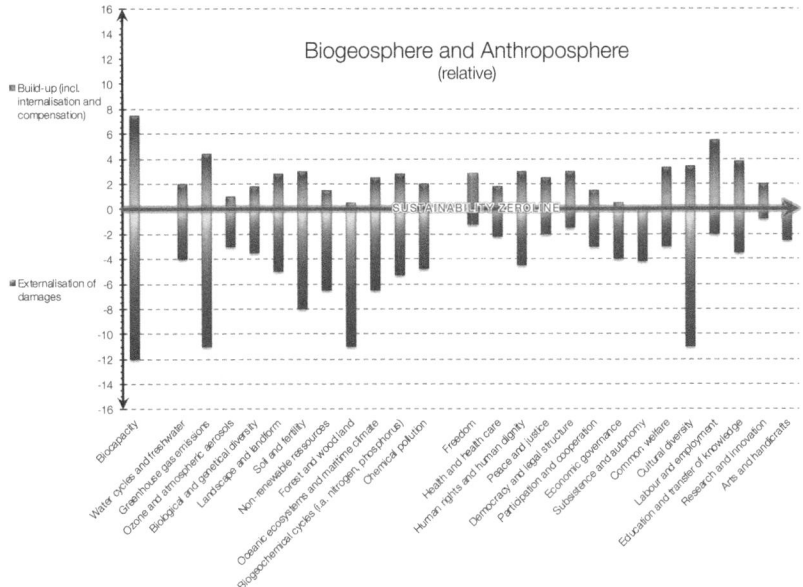

Abbildung 5.2 Die Sustainability Zeroline nach Dahm 2019

5.2 Naturkapitalaccounting als Datengrundlage

Das vom *EU-LIFE-Programm*[46] geförderte *Project TRANSPARENT* (2021) beschäftigte sich mit dem Verständnis der methodischen Landschaft, der führenden Anwendungen sowie den Herausforderungen und Chancen (insbesondere hinsichtlich der Standardisierung) im Feld des unternehmerischen Naturkapitalaccountings (*Corporate Natural Capital Accounting*). Entscheidend ist es, den Bereich des *unternehmerischen* Naturkapitalaccountings vom Rest des Feldes abzugrenzen. Denn für die Betrachtungsebene der Nationalstaaten (und Regionen), beziehungsweise Nationalökonomien, gibt es umfassende Methodenstandards, die sich jedoch nicht einfach auf Unternehmen oder einzelne Sektoren anwenden lassen und daher an dieser Stelle nur von zweitrangiger Bedeutung sind. Allerdings bieten sie, da sie – insbesondere in der Europäischen Union[47]

---

[46] cinea.ec.europa.eu/programmes/life_en.
[47] Siehe hierzu: Bagstad et al. 2021.

– methodisch gegenwärtig weitaus ausgereifter, in der Standardisierung fortgeschritten und umfassend erprobt sind, Aufschlüsse über unternehmerisches Naturkapital- und Ökosystemaccounting, sowohl hinsichtlich der methodischen Herausforderungen als auch ihrer Anwendung in der Praxis.[48]

Die von *TRANSPARENT* identifizierten Methoden umfassen: *BS 8632:2021* der British Standards Institution (BSI) (2021), die ISO-Standards 14007:2020 und 14008:2019 (ISO 2020; 2019) sowie das Natural Capital Protocol (NCP) der Natural Capital Coalition (2016). Letzteres baut unter anderem auf dem *Guide to Corporate Ecosystem Valuation* (WBCSD et al. 2011)[49] sowie der *Corporate Ecosystem Service Review* (WRI et al. 2012) auf. Betrachtet man die drei genannten Methoden, stellt man fest, dass auf zwei der drei die Kritik aus Abschnitt 4.2 zutrifft, nämlich, dass Nachhaltigkeitsaccounting seit den 2000er Jahren in vielen Fällen in den Dienst finanzieller Interessen gestellt und als Management-Tool ausgelegt wurde. Die ersten beiden Methodenansätze, die der BSI und der ISO, sind aus der Perspektive Starker Nachhaltigkeit ungenügend. Der BSI ist dies aufgrund

---

[48] Die Europäische Kommission (2019b, S. 11) schreibt hierzu beispielsweise: „In the corporate sector, natural capital accounting can provide a concrete framework for business performance reporting, helping to measure impacts and dependencies on natural resources, in both physical and monetary terms. There is an opportunity to build synergies between public level accounting and corporate accounting."

Die wichtigsten Ansätze und Methoden für Naturkapital- und Ökosystemaccounting auf der Ebene der Nationalstaaten beinhalten: *Accounting for ecosystems and their services in the European Union* (INCA) (Vysna et al. 2021) von Eurostat, dem Joint Research Centre (JRC), dem Directorate General for Environment (DG ENV), Directorate General for Research and Innovation (DG RTD) und der European Environment Agency (EEA), den JRC Science for Policy Report *Mapping and Assessment of Ecosystems and their Services: An EU ecosystem assessment* (Maes et al. 2020), die diversen Studien der TEEB-Forschungs-Initiative (*The Economics of Ecosystems and Biodiversity,* teebweb.org/publications/teeb) und vor allem das *System of Environmental Economic Accounts* (SEEA) (UN et al. 2014) der Statistischen Division der UN (United Nations Statistics Division, UNSD), das die international vereinbarten Konzepte, Definitionen, Klassifikationen, Buchhaltungsvorschriften und -tabellen für die Erstellung international vergleichbarer Statistiken und Kostenrechnungen enthält. Das SEEA-Rahmenwerk folgt einer ähnlichen Buchhaltungsstruktur wie das System der Volkswirtschaftlichen Gesamtrechnungen (System of National Accounts, SNA) und ist umfassend in der Praxis erprobt. Siehe für eine Übersicht erforschen Anwendugsfälle des SEEA Bagstad et al. 2021: S. 5. Auch die *National Footprint and Biocapacity Accounts* des Global Footprint Networks zusammen mit der Ecological Footprint Initiative der York University und der Footprint Data Foundation fällt in die Kategorie nationalökonomischer Betrachtungen von Naturkapital. (Global Footprint Network et al. 2011. Siehe auch: Borucke et al. 2013; Tukker et al. 2014; Lin et al. 2018).

[49] Dieser bezieht sich wiederum auf die TEEB-Leitstudie *The Economics of Ecosystems and Biodiversity* (TEEB 2010). Siehe aktueller auch: Dasgupta 2021.

5.2 Naturkapitalaccounting als Datengrundlage

seiner Zielsetzung, der Ansatz der ISO ob seiner Beliebigkeit hinsichtlich der betrachteten ökologischen Wirkungen und der Evaluation derselben. Der Standard der BSI folgt alleinig dem Ziel, die *finanziellen* Auswirkungen von Änderungen der Integrität von Naturkapitalien auf das Unternehmen besser beschreiben zu können. Dies wird schon auf der Website der BSI deutlich:

> „Every organization prepares financial accounts, but hardly any produce natural capital accounts showing the importance of natural capital for their *financial sustainability*. […]"[50]

Zwar schreibt die BSI, dass es neben den Abhängigkeiten des Unternehmens von Naturkapitalien (*dependencies*), auch um den Einfluss derselben auf Naturkapital (*impact*) ginge.[51] Jedoch scheint der Fokus stark auf finanziellen Belangen zu liegen. Dies wird auch daran deutlich, dass die genannten unternehmensexternen Stakeholdergruppen, die laut BSI ein Interesse daran haben könnten, dass Unternehmen die Methode anwenden, ausschließlich finanzwirtschaftliche Stakeholder sind, also Investoren und Versicherungen.[52]

Der ISO-Standard gibt zwar eine Schritt-für-Schritt-Matrix vor, nach der Unternehmen bei der Beurteilung ihrer ökologischen Wirkungen vorgehen können, bleibt darüber hinaus aber vollkommen unverbindlich hinsichtlich der methodischen Detailfragen. Er gibt keinen Aufschluss darüber, welche Umweltwirkungen zu einer vollständigen Betrachtung gehören und wie diese (monetär) zu bewertet sind, sondern richtet sich hierbei alleinig nach den Interessen und Informationsbedürfnissen des Managements. Vor allem aber stellen beide Ansätze keine methodische Verbindung zu planetaren Belastungsgrenzen oder der Integrität beanspruchter Naturkapitalien und Ökosystemdienstleistungen her,[53] erfüllen also nicht den Anspruch der Beurteilung von Unternehmenswirkungen im Zusammenhang mit deren ökologischen Kontext (↑ Kapitel (1)).

Das NCP der Capitals Coalition ist der gegenwärtig am weitesten ausgereifte Ansatz unternehmerischen Naturkapitalaccountings. Die Capitals Coalition wurde im Jahr 2020 gegründet, durch die Fusion der Natural Capital Coalition und der Social & Human Capital Coalition (ihr äquivalentes Standardwerk zum NCP ist

---

[50] bsigroup.com/en-GB/standards/bs-86322021/. Hervorhebung durch den Autor.
[51] Vgl.: knowledge.bsigroup.com/products/natural-capital-accounting-for-organizations-specification/standard.
[52] Vgl.: Ebd. Dem Autor war es leider nicht möglich, die Methode der BSI über die auf der Website genannten Informationen hinaus zu analysieren, da die entsprechenden Dokumente weder in einer Bibliothek noch online (nur gegen 268 Britische Pfund) verfügbar waren.
[53] Siehe hierzu: Steen & Knecht 2020.

das Social & Human Capital Protocol[54]). Die Teilnehmer der Capitals Coalition umfassen über 350 Unternehmen und Organisationen, darunter der Großteil der international relevanten Organisationen im Bereich der Messung und Bewertung von Naturkapitalien und Ökosystemen, neben anderen das WRI, die UNEP, die FAO, die Weltbank, die IUCN und den WBCSD. Ziel der Capitals Coalition ist ein internationaler Standard, nicht nur für Natur- und Sozialkapitalaccounting, sondern für eine einheitliche Bewertung aller Kapitalien in Form eines Multikapitalaccountings, beziehungsweise *intergrated capital assessment*[55] (ähnlich wie dies, zumindest in der Theorie, auch vom <IR> Framework anvisiert wurde (↑ Abschnitt 4.1.8)).

Die Capitals Coalition gibt eine umfassende Methodik vor, wie verschiedene Naturkapitalien differenziert und die negativen sowie positiven Wirkungen von Unternehmen auf sie quantifiziert werden können. Sie legt also das Primat auf Impact Materiality, unterstützt ausgehend hiervon aber auch bei der Identifikation der Abhängigkeiten des Unternehmens von Naturkapitalien und wie diese strategisch zu bewerten sind. Überall, wo methodische Fragen offenbleiben oder verschiedene Vorgehensweise möglich sind, gibt die Capitals Coalition diese an und verweist auf weiterführende Literatur und Ansätze. Im Kontext der Frage der Bewertung von Wirkungen werden drei qualitative, drei quantitative und neun monetäre Bewertungsmethoden und die entsprechenden wissenschaftlichen Anschlüsse genannt. Das Unternehmen kann zwischen diesen in Abhängigkeit von der Datenverfügbarkeit auswählen.[56]

Allerdings wird auch innerhalb des NCP keine verbindliche Vorgabe hinsichtlich der Frage, welche Kapitalien zu welchem Umfang unter die Sorgfaltspflicht des Unternehmens fallen, gemacht.[57] Auch das NCP läuft daher Gefahr, von Unternehmen rein finanziell ausgelegt zu werden. Dies zu ‚verhindern', ist allerdings auch keine Aufgabe, die von einem Methodenstandard, der für Unternehmen entwickelt wurde, alleinig geleistet werden kann, sondern ist auch eine regulatorische (↑ Abschnitt 4.4.3; Kapitel III) und gesamtgesellschaftliche Frage (↑ Kapitel IV). Das NCP weist nichtsdestotrotz stets auf die Verbundenheit finanzieller Wesentlichkeit (Abhängigkeiten von Naturkapital) und impact materiality (Wirkungen auf Naturkapital) hin, fordert die anwendenden Organisationen

---

[54] Social & Human Capital 2019.
[55] Vgl.: Capitals Coalition 2021: S. 9 ff.
[56] Vgl.: NCC 2016: S. 82 ff.
[57] Die Capitals Coalition (2021, S. 15) schreibt: „You should take into account all potentially relevant capitals, based on your organisation's business model [...] This evaluation of relevance should be achieved through undertaking some form of materiality assessment that considers the significance of an issue to your organisation and its stakeholders."

5.2 Naturkapitalaccounting als Datengrundlage

auf, beides gleichermaßen zu berücksichtigen[58] und gibt hierzu umfassende Anleitung.
Zu den bestehenden produktlebenszyklus-basierten Ansätzen im Bereich AESA geben Bjørn et al. (2020, S. 5ff) Auskunft. Die Ansätze beschäftigen sich überwiegend mit einzelnen spezifischen Branchen und nehmen dabei in der Regel nur jene ökologischen Belastungsgrenzen in den Fokus, die für diese Branchen von besonderer Bedeutung sind. Einige der untersuchten Ansätze nehmen ihren methodischen Ausgangspunkt, entsprechend der obigen Unterscheidung, aus der Perspektive der Kapitalien, andere aus der der Belastungsgrenzen. Letztere beziehen sich auf die planetaren Grenzen. Butz et al. (2018) ist die einzige der untersuchten Publikationen, deren Studie entlang *aller* neun Belastungsgrenzen verläuft. Sie schreiben zu ihrem Ansatz (S. 1031):

> „We translate the planetary boundaries into limits for resource use and emissions per unit of economic value creation, using indicators from the Carnegie Mellon University EIO-LCA database. The resulting precautionary 'economic intensities' can be compared with the current levels of companies' environmental impact. [...] Our approach enables both sub-industries and individual companies to be screened against the planetary boundaries."

Das Ergebnis bezeichnen sie als Grenzen wirtschaftlicher Intensität (*economic intensity boundaries,* EIB). Sie beruhen auf der Übersetzung der planetaren Grenzen in Grenzwerte für den Ressourcenverbrauch und die Emissionen pro Einheit wirtschaftlicher Wertschöpfung, indem sie die verbrauchten Ressourcen und emittierten Stoffe der einzelnen Schritte der Wertschöpfung analysieren.[59] Die Methodik ist aus der Perspektive dieser Arbeit überaus konstruktiv. Denn durch sie wird theoretisch möglich, für alle Unternehmen, die ein bestimmtes Produkt herstellen oder eine bestimmte Dienstleistung erbringen, eine Obergrenze für den zulässigen maximalen Emissionen- und Ressourceneinsatz pro Stück oder Einheit anzugeben, über den hinaus sie Ausgleichs- und Kompensationsmaßnahmen erbringen (oder ihren wirtschaftlichen Output reduziere) müssen. Die gleiche Methode kommt in Ansätzen bereits im Bundes-Klimaschutzgesetz

---

[58] Vgl. exemplarisch: NCC 2016: S. 33f: „In the Protocol, you may focus your assessment on the value to business (i.e., business value) or on the value to society (i.e., societal value). A complete assessment will include both value perspectives, as they are integrally linked. [...] Your assessment may cover your impacts or your dependencies, or both. [...] A complete assessment considers both impacts and dependencies to gain a full understanding of your company's risk and opportunity related to natural capital. It is important to note that impacts and dependencies are inter-related."
[59] Vgl.: Butz et al. 2018: S. 1032 f.

(KSG) zum Einsatz, wo auf Grundlage des Pariser Klimaabkommens die zulässigen CO_2e-Emissionen für die einzelnen Wirtschaftssektoren berechnet wurden (↑ Abschnitt 4.4.3). Butz und Kollegen denken diesen Ansatz konsequent zu Ende, indem sie ihn auf alle planetaren Grenzen übertragen und die Grenzwerte der Sektoren nicht nur auf die einzelnen Unternehmen derselben, sondern sogar deren einzelne Wirtschaftsgüter übertragen.

Allerdings stößt die Methodik an folgender Stelle an ihre Grenzen. Die Autorinnen kalkulieren alle EIB *global*. Dies funktioniert zwar für einige planetaren Grenzen, beispielsweise für Klimawandel (climate change) oder Ozeanversauerung (ocean acidification), jedoch haben neuere Forschungen für manche planetaren Grenzen *lokale* Belastungsgrenzen kalkuliert und ehemalige globale verworfen. Dies gilt beispielsweise für die 2022 kalkulierte Belastungsgrenze *Green Water* (↑ Abb. 2).[60] Offenkundig kann Süßwasserverbrauch generell nicht global modelliert werden, da in manchen Regionen der Erde ausreichend Wasser zur Verfügung steht und die Süßwasserkreisläufe nicht gefährdet sich, während in anderen Wasserknappheit herrscht. Je nachdem, woher Unternehmen ihr Wasser beziehen, beziehungsweise in welchen Regionen sie operieren, müssen also individuelle ‚Sub-Belastungsgrenzen' (*sub-boundaries*) und lokale Schwellenwerte (*local thresholds*) angelegt werden, um die EIB zu berechnen.[61] Diese Problematik gilt zu unterschiedlichen Graden bei fast allen der planetaren Grenzen. Globale Grenzwerte können die ökologische Wirklichkeit nur unvollständig abbilden, in einigen Kontexten näherungsweise genauer, in anderen nur sehr unzureichend. Es ist innerhalb der Methodik der EIB unabdinglich, für jedes Unternehmen, in Abhängigkeit von regionalen Unterschieden, unterschiedliche Studien zu Belastungsgrenzen zurate zu ziehen, um diese individuell näherungsweise zu kalkulieren. Bei Schaltegger (2017, S. 6) ist eine Systematisierung bestehender methodischer Ansätze innerhalb der Accounting-Literatur zu finden, die sich auf einzelne planetare Grenzen beziehen und die Kalkulation individueller Belastungsgrenzen unterstützen können. Hier besteht ein großer Forschungsbedarf, die vorhandenen Accounting-Ansätze nach ihrer Qualität zu selektieren, mit der Fülle an bestehenden Datenbanken zu Naturkapitalbeständen insbesondere aus dem Umfeld der Forschung zu Naturkapitalaccounting des öffentlichen Sektors, zu integrieren und auf die Wertschöpfungsprozesse und Lieferketten einzelner Unternehmen anzuwenden.

Diverse Autoren halten EIB und vergleichbare methodische Ansätze für den falschen Weg. Denn wie wir bereits gesehen haben, halten manchen Autoren

---

[60] Vgl.: Wang-Erlandsson et al. 2022.
[61] Vgl. hinsichtlich der Belastungsgrenzen für Wasser: Bunsen et al. 2021.

5.2 Naturkapitalaccounting als Datengrundlage

Nachhaltigkeitsmanagement auf der Ebene einzelner Unternehmen per se für nicht zielführend (↑ Abschnitt 4.3.2). Grey (2010, S. 48) schreibt hierzu:

> „any simple assessment of the relationship between a single organisation and planetary sustainability is virtually impossible. The relationships and interrelationships are simply too complex."

Nun ist es so, dass die Forschung zu den planetaren Grenzen sowie der Modellierung von Klima- und ökologischen Krisen, wie wir am Beispiel des EZB *climate stress test* gesehen haben, im letzten Jahrzehnt deutliche Fortschritte gemacht haben, es also Grund zur Hoffnung gibt, dass Wechselbeziehungen zwischen unternehmerischem Handeln und ökologischen Auswirkungen entgegen Grays Annahme doch näherungsweise gut genug modelliert werden können, um als Grundlage für einen Methodenstandard einer regenerativen Ökonomie dienen zu können. Außerdem scheinen die gegenwärtigen Bemühungen in der Managementforschung (ebenso wie in der politischen Regulation) tendenziell in diese Richtung zu zeigen. Grundsätzlich stellt sich aber die Frage, ob dies der tatsächlich der geeignete Weg ist. Würde man beispielsweise das Ziel der ‚Netto-Neutralität' (*no net loss*) oder ‚Netto-Positivität' (*net gain*) (↑ Kapitel 5) an den Anfang der Überlegungen stellen, wie dies durch die UN-Dekade angestrebt wird und es durch den ESRS in Anlehnung an die Biodiversitätsstrategie der CBD (2021) ohnehin ab 2030 für Unternehmen verpflichtend werden soll, erübrigt sich die Notwendigkeit, EIB exakt zu kalkulieren. Denn kumuliert *keine* negativen Wirkungen mehr zu externalisieren (beziehungsweise positive Wirkungen), wird aus dieser Perspektive zum Ziel und nicht nur, innerhalb bestimmter Belastungsintensitäten zu bleiben. Das bedeutet, dass es theoretisch genügen kann, die negativen Wirkungen jedes Unternehmens *für sich genommen* zu erfassen, also weder auf ökologische Belastungsgrenzen anzurechnen noch zwischen verschiedenen Unternehmen oder Branchen ‚aufzuteilen'. Auch die diskutierte ‚Pflicht zur Internalisierung' von Dahm und Scherhorn (↑ Kapitel III) weist in diese Richtung. Und schließlich entspricht das Mindestziel der Netto-Neutralität auch mehr dem Prinzip Starker Nachhaltigkeit als der Fokus auf die Einhaltung von Belastungsgrenzen – *Business practice which sustains the planet must [...] only take from the planet that amount which will leave the planet no worse off at the end of any period that it was at the beginning* (↑ Kapitel I).[62] Bezogen auf das AESA Framework von Bjørn et al. (2018) würde dies bedeuten, Schritt III (*Comparison*

---

[62] Siehe auch: Dahm 2019, S. 154.

of pressure to allocated carrying capacities) auszulassen und durch *internalization of all environmental pressures* zu ersetzen.

Offenkundig ergeben sich hieraus ebenfalls diverse methodische Folgefragen. Wichtig ist, dass sich die Betrachtung der unternehmerischen Wirkungen dann nichtmehr (nur) an den planetaren Grenzen orientiert, sondern an den verschiedenen Typen von Ökosystemen und Naturkapital, den Bedingungen ihres Erhalts und (Wieder-)Aufbaus. Dies ist ein Bereich, der methodisch noch weniger weit entwickelt ist als unternehmerisches Naturkapitalaccounting. Außer der Kauf von CO_2-Zertifikaten für den Ausgleich von Emissionen stehen Unternehmen bisher kaum Methoden zur Verfügung, um gezielt in Naturkapital zu investieren.[63] Dabei wäre es gedanklich kein weiter Schritt, Ausgleichsverfahren und entsprechende Zertifikate entlang anderer Naturkapital- und Ökosystemtypen zu entwickeln. Eine enorme Vielzahl von Organisationen und Initiativen ist heute bereits im Bereich Ecosystem Restoration tätig, jedoch gibt es bisher nur ein internationales Zertifizierungsprogramme für Restaurationsprojekte, das *Certified Ecological Restoration Practitioner* (CERP) Program[64] des UN-Dekade-Partners Society for Ecological Restoration (SER) und noch keinen internationalen Zertifikatshandel. Offenkundig könnten hierdurch jedoch die Bemühungen im Bereich Ecosystem Restoration, ähnlich, wie der CO_2-Zertifikatshandel zu einem Boom an Aufforstungsprojekten geführt hat, finanziert und folglich skaliert werden. Konsequent umgesetzt, verlang der ESRS genau nach einem solchen System.

Darüber hinaus ist folgendes denkbar. Wie wir gesehen haben, ist ein System, das auf der Kalkulation ökonomischer Intensitätsgrenzen entlang der planetaren Grenzen beruht, mit enormen kalkulativen Aufwänden verbunden. Gleichzeitig ist es, beispielsweise auf Basis der Daten des Global Footprint Network sowie den diversen Studien zu den negativen Externalitäten verschiedener Branchen, die in dieser Arbeit beispielsweise im Kontext des Agrarsektors zitiert wurden (↑ Kapitel I), vergleichsweise einfach, zumindest nöherungsweise die negativen Externalitäten von Sektoren und ihren einzelnen Unternehmen zu bestimmen, beziehungsweise die *wahren Kosten* (true costs)[65]. Zur Sicherheit könnte man beispielsweise festlegen, dass diese mit 10 % oder 20 % überkompensiert werden müssen und auf dieser basis ‚monetäre Ausgleichsquoten' für Unternehmen ableiten.[66] Die entsprechenden Mittel könnten dann auf der anderen

---

[63] In Deutschland kommt das Biotopwertverfahren hinzu (↑ Kapitel III).

[64] ser.org/page/certification.

[65] Siehe hierzu exemplarisch: TMG & WWF 2021.

[66] Hierbei stellt sich erneut die Frage der Monetarisierung, die in dieser Arbeit nicht explizit behandelt wird. Siehe hierzu: Fourcade 2011.

5.2 Naturkapitalaccounting als Datengrundlage

Seite, entweder durch die öffentliche Hand oder Handelsplattformen, an zertifizierte Ecosystem Restoration Projekte und Initiativen gegeben werden. Da, wie zu Beginn des Kapitel 5 kurz beschrieben, die Summe der ökologischen Folgekosten der Weltwirtschaft die notwendigen Investitionen zu deren Wiederaufbau um ein Vielfaches übersteigen, sollten hierdurch theoretisch genügend Mittel bereitgestellt werden können. An die Stelle der planetaren Belastungsgrenzen, die der Wirtschaft als Grundlage für die Berechnung von EIBs dienen, würden dann die ökologischen Aufbauziele von FAO, UNEP und den wissenschaftlichen Organisationen in ihrem Umfeld, die auch die UN-Dekade orientieren, treten. FAO und UNEP (2022) haben hierzu für die verschiedenen Ökosystemtypen die geeignetsten Indikatoren (*indicators for monitoring ecosystem restoration*) zusammengetragen.[67]

Die Mittelverwendung muss hierbei nicht mit der Mittelherkunft, also der Methodik, mittels derer die Ausgleichquoten quantifiziert werden, übereinstimmen. Anders also als beim CO_2-Handel, wo Unternehmen ihre klimarelevanten CO_2e-Emissionen mit ebenfalls klimarelevanten Wirkungen, also vor allem Aufforstung, ausgleichen, müssten sich die Ecosystem Restoration Ausgleichsmaßnahmen nicht nach den Wirkungen des Unternehmens richten. Dies würde zum einen die Ermittlung der Ausgleichsquoten erleichtern (anstatt die negativen Wirkungen exakt zu quantifizieren und qualitativ genau voneinander abzugrenzen, könnten pauschale Mindestwerte festgelegt werden), aber vor allem für Unabhängigkeit in der Mittelverwendung sorgen. Welche Ecosystem Restoration Projekte und Initiativen zu welchem Zeitpunkt und in welcher Höhe Mittel erhalten, könnte sich dann nach ökologischen Notwendigkeiten richten. So würden also beispielsweise Maßnahmen für den Erhalt von Biodiversitäts-Hotspots[68] gefördert werden, ohne genau bestimmen zu können, welche Wirtschaftsaktivitäten und Unternehmen in welchem Maße für ihre etwaige Gefährdung oder Degradation verantwortlich sind. Maßnahmen könnten dann unter Umständen ganzheitlicher und effektiver gestaltet werden, anstatt sich an den einzelnen Wirkungsbereichen der Unternehmen orientieren zu müssen. Auch könnte so flexibel auf neue Erkenntnisse über die ökologischen Krisen und die Möglichkeiten ihrer Eindämmung reagiert werden, ohne sich hierbei an unternehmensstrategischen Gesichtspunkten orientieren zu müssen. Droht beispielsweise ein Kipppunkt (tipping point) (↑ Abschnitt 2.6.) erreicht zu werden (durch das Überschreiten einer globalen oder lokalen Belastungsgrenze), können die Mittel stärker auf Maßnahmen zur Vermeidung oder Abmilderung dessen konzentriert werden.

---

[67] Siehe auch: UNEP-WCMC & CBD 2022.
[68] Siehe für eine Erläuterung des Begriffs: Reid 1998.

Man könnte sagen, dass durch ein solches Vorgehen (naturwissenschaftliche) *Relevanz* über (betriebswirtschaftliche) *Präzision* gestellt, und ökologisch Notwendigkeit von unternehmensstrategischer entkoppelt würde. Die Externalisierung positiver Wirkungen hätte in der Betrachtung Vorrang gegenüber der genauen Quantifizierung der negativen. Und die Detailfragen, ob und wie sich diese Aufbauziele auf Unternehmen anwenden, beziehungsweise für die Wirtschaft operationalisieren lassen, würden sich erübrigen.

5.3 Risikomanagement – Die Verbindung der Mikro- mit der Makroebene

Auch vor dem Hintergrund der fortgeschrittenen Methoden der Capitals Coalition läuft das Management von Nachhaltigkeitsrisiken stets Gefahr, den finanziellen Zielen des Managements untergeordnet zu werden (↑ Abschnitt 5.2). Wie lässt sich dieser Problematik begegnen und die strategische Perspektive auf Nachhaltigkeitsrisikomanagement (Mikroebene) mit der systemischen (Makroebene) harmonisieren (↑ Abschnitt 4.3.2)?

Stellen wir uns hierfür folgendes Szenario vor: In der Abteilung für (Nachhaltigkeits-)Risikomanagement eines Unternehmens (das über die entsprechenden Ressourcen für eine solche Abteilung verfügt) wird vermutlich versucht, ein möglichst vollständiges Bild von den Abhängigkeiten des Unternehmens von Naturkapitalen und Ökosystemdienstleistungen (und anderen Kapitalien) und ihren systemischen Zusammenhängen zu zeichnen und diese näherungsweise monetär zu evaluieren. Die Capitals Coalition bietet hierzu geeignete Methoden, die, wie im vorhergegangenen Abschnitt beschrieben, die quantitative Grundlage für tatsächliche Nachhaltigkeitsberichterstattung bieten können. Denn sie gibt einen Standard vor, was auf welche Weise gemessen und bewertet werden soll. Gegenwärtig ist das Problem, dass dies nicht verpflichtend ist, die meisten Unternehmen daher weder über alle diese Wirkungen und Abhängigkeiten berichten noch die Sorgfaltspflicht für alle übernehmen (↑ Kapitel IV). Weder liegt es in ihrem Interesse, gegenüber der Öffentlichkeit und ihren sonstigen Stakeholdern (insbesondere ihren Gläubigern) ein vollständiges Bild zu zeichnen (denn es könnte nachteilig auf sie zurückfallen), noch die Kosten einer solchen Sorgfaltspflicht zu tragen. Vielmehr wird die Firma unter Zuhilfenahme einer Methode der Risikobewertung entscheiden, wie hinsichtlich der einzelnen Risiken getreu der Interessen des Unternehmens zu verfahren ist. Hierzu muss sie Kenntnis von der Dynamik der Risiken erlangen, was sich konkret auf folgende

Frage herunterbrechen lässt: Mit (a) welcher Wahrscheinlichkeit und (b) zu welchem Zeitpunkt wird sich das Risiko für das Unternehmen materialisieren? Dies betrifft sowohl die Abhängigkeiten von Naturkapitalien und Ökosystemdienstleistungen (outside-in Perspektive), denn aus diesen folgen unternehmerische Risiken, beispielsweise wenn eine Kapitale unter den für die Tätigkeiten des Unternehmens notwenige Maß ausgezehrt wird, als auch (zumindest bedingt) die Wirkungen auf Naturkapitalien (inside-out Perspektive) denn aus diesen folgen Risiken durch zukünftige politische Regulationen, Reputationsschäden oder dergleichen (↑ Abschnitt 4.3.1). Teil dieses Prozesses wird eine Form der Szenarioanalyse sein. Sofern die Risiken sich erst in der Zukunft materialisieren, werden sie voraussichtlich mit einem Zinsfaktor verrechnet.

Wenn die auf diese Weise errechnete Risikohöhe die zu erwartenden Kosten einer Risikovermeidung, beispielsweise durch strategische Umsteuerung, übertreffen, wird das Unternehmen versuchen, die Risiken zu vermeiden – andernfalls nicht. Diese Frage kann in folgender Formel dargestellt werden:

Risikohöhe x Eintrittswahrscheinlichkeit x Zinsfaktor ≥ erwartete Kosten der Risikovermeidung x Zinsfaktor

Weitestgehend unberührt hiervor bleibt zunächst die Frage, welche der betrachteten Risiken das Unternehmen in seinem Nachhaltigkeitsreporting aufnehmen wird. Wie wir gesehen haben, sind die gegenwärtigen Methoden nicht dazu geeignet, ein vollständiges Bild hierüber zu zeichnen und werden von den Unternehmen vor allem zu Marketingzecken verwendet, wohingegen ein Reporting Starker Nachhaltigkeit sich eins zu eins aus einem ihm zugrundeliegenden Naturkapital-Accounting ergeben muss.

Vor dem Hintergrund der Forderungen nach mehr Transparenz und Informationsgüte (↑ Abschnitt 3.4.2) und vor allem vor dem Hintergrund der Notwendigkeit tatsächlicher Umsteuerung im Anbetracht der drohenden ökologischen Katastrophen, scheint es dem Autor der einzig gangbare Weg, Unternehmen dazu zu verpflichten, (1) zunächst *alle* Abhängigkeiten und Wirkungen zu erheben und darüber hinaus auch (2) über alle transparent zu berichten. Punkt (1) ist eine methodische Frage; wir haben diese im vorhergegangenen Abschnitt diskutiert. Punkt (2) ist jedoch eine regulatorische.

Die Inhalte des Berichts sollten dann maschinell lesbar und in einem standardisierten Datenformat verfügbar sein.[69] Große Finanzinstitutionen könnten

---

[69] Auch die EFRAG (2022, S. 23) fordert: „Sustainability information shall be presented […] under a structure that facilitates access to and understanding of the sustainability statements, both in human and machine-readable formats."

die Ergebnisse ihre Risikoanalysen, wie wir sie am Beispiel des EZB *climate stress test* betrachtet haben, in die gleiche Datenstruktur einspeisen und mit den Daten der Unternehmen (und Naturkapital-Datenbanken) verbinden. Hieraus würde folgendes möglich:

(1) Die Risiken könnten mit einem höheren Grad an Genauigkeit und vor allem Granularität quantifiziert werden. „Granularity is essential to capture climate-related risks given that their impact can be extremely heterogeneous across sectoral and geographical dimensions."[70] Gleichzeitig findet die Analyse der EZB aber auf Firmenebene statt (*firm-level information*[71]) und vermag es somit primär, eine Risikobewertung für das Unternehmen als *Ganzes* vorzunehmen, nicht aber für die einzelnen Geschäftszweige oder gar Unternehmensprozesse. Je höher jedoch die Granularität der Risikoanalyse, desto eher lässt sie sich strategisch für das Unternehmensmanagement und die Möglichkeiten unternehmerischer Umsteuerung nutzen. Die Unternehmen könnten also die granularen Daten über die Wirkungen und Abhängigkeiten der einzelnen Unternehmensaktivitäten liefern, die EZB und Andere würden diese mit globalen (und unternehmensexternen) Daten über geografische, geopolitische und nationalökonomische Spezifika anreichern. Im besten Fall entstünde hieraus ein beidseitiger Synergieeffekt, (und eine wechselseitige Bereicherung der Methoden) durch den Finanzinstitutionen und Unternehmen zum beidseitigen Vorteil an der strategischen Umsteuerung und der Erreichung von Nachhaltigkeitszielen arbeiten könnten, anstatt wechselseitige Unsicherheit über die tatsächlichen Risiken – und folglich, aus der Perspektive der Unternehmen, die strategischen Implikationen für die Unternehmenssteuerung, auf der Seite der Finanzinstitutionen die Investitions- und Kreditwürdigkeit einzelner Unternehmen und ihrer Sparten – zu generieren. Dies entspräche der in Abschnitt 4.3.2 beschriebenen Potenziale der systematischen Verbindung der Makroebene des Risikomanagements mit der Mikroebene. Erinnerung wir uns an dieser Stelle an die von Investorinnen beklagte Unzulänglichkeit von ESG-Daten (↑ Abschnitt 3.4.2), die enormen gesamtökonomischen Gewinne früher ökonomischer Umsteuerung (↑ Kapitel II) sowie die Verpflichtung vieler europäischer Unternehmen, vermutlich spätestens ab 2024 im Zuge der Anwendung des ESRS, ihre Wirkungen auf Naturkapital und Ökosysteme zu quantifizieren (↑ Kapitel 5).

---

[70] EZB 2021: S. 75.
[71] Ebd.

5.3 Risikomanagement – Die Verbindung der Mikro- mit ...

(2) Man kann es auch folgendermaßen betrachten: Die Verbindung der Risikoanalysen der unternehmerischen Mikro- mit der gesamtökonomischen Makroebene könnte zur Auflösung der Debatte um Wesentlichkeit beitragen. Denn die reduktionistische Auslegung von Wesentlichkeit als finanzielle Wesentlichkeit (oder einer dynamischen Wesentlichkeit, die, wie im Falle der in Abschnitt 4.1.10 betrachteten ISSB-Methodenvorschläge[72], primär finanziell motiviert ist) würde hierdurch mitunter ein konstruktiveres Potenzial entfalten. Anders formuliert: Im derzeitigen System für Nachhaltigkeitsmanagement ist ein bisher ungelöstes Problem, dass die enormen gesamtökonomischen Gewinne einer frühen Nachhaltigkeitstransformation sich für Unternehmen nicht lokal realisieren lassen. Die lokalen Incentivierungen (Profitabilität, positives Unternehmensimage) stehen in Konflikt mit den globalen (nämlich der Bewahrung der natürlichen Lebensgrundlagen und Realisierung der damit verbundenen ökonomischen Gewinne). Diese Incentivierungsstrukturen würde somit vielleicht miteinander harmonisiert.

(3) Auf der Basis dieser umfassenden Daten zu den unternehmerischen Wirkungen auf, und Abhängigkeiten von Naturkapital, kombiniert mit den quantitativen Informationen aus nationalökonomischen Naturkapitalaccountings sowie den gesamtökonomischen Risikoanalysen großer Finanzinstitutionen, könnten andere Institutionen ihre jeweils eigenen Auslegungen von Wesentlichkeit anwenden. Dahm et al. schreiben hierzu in ihrem Kommentar zu den Methodenvorschlägen des ISSB: „Das ISSB hat sich entschieden, seinen Standard ausschließlich an Investoren, Kreditgeberinnen und andere Gläubiger zu richten. Dies ist insofern sinnvoll, als die IFRS Foundation in erster Linie für die Interessen dieser Stakeholdergruppen zuständig ist, beziehungsweise ihre Standards nach finanziellen Interessen [und somit finanzieller Wesentlichkeit] gestaltet. Da die ISSB-Standards aber für das internationale Feld der Nachhaltigkeitsberichterstattung (und -bilanzierung) von überragender Bedeutung sein werden, und dieser Bereich auch für andere Stakeholder von großer Bedeutung ist, sollte die IFRS Foundation, zumindest nachrangig, auch die Informationsbedürfnisse dieser Stakeholder berücksichtigen, wenn sie ihrer bedeutenden Rolle gerecht werden möchte. Hierzu müsste das ISSB berichtende Unternehmen dazu verpflichten, die Gesamtheit ihrer Umwelt- und Klimawirkungen darzustellen. Die Standards anderer Organisationen, zum Beispiel im Bereich des Umweltschutzes oder der Menschenrechte, könnten dann ihre eigenen ‚Wesentlichkeitslinsen' auf die Berichtsinhalte anwenden.

---

[72] Siehe hierzu: Dahm et al. 2022.

Außerdem wäre der ISSB-Standard nur dann mit dem EFRAG-Entwurf für den ESRS und dem neuen GRI-2021 kompatibel."[73]

Wichtig ist bei alledem, dies soll an dieser Stelle nochmal unterstrichen werden, dass die Betrachtungen möglichst granular und auf Ebene der einzelnen Aktivitäten, Produkte und Dienstleistungen des Unternehmens erfolgen muss. Nur so können spezifische Schlüsse für die strategische Umsteuerung im Zuge der Nachhaltigkeitstransformation des Unternehmens abgeleitet werden, wie in Punkt (3) zu Beginn dieses Kapitels gefordert.

5.4 Ecosystem Restoration und Stakeholderinklusion

Welche methodischen Ansätze existieren, die einen verbindlicheren Rahmen für die Inklusion von Stakeholdern schaffen und über die derzeitige Bevorzugung strategisch relevanter Stakeholder im unternehmerischen Stakeholdermanagement hinausweisen?

Im Kontext der Praxis von Ecosystem Restoration hat die Inklusion von Stakeholdern, von lokalen Gemeinschaften, indigenen Bevölkerungsgruppen, Führungs- und Ältestenräten und sonstigen regionalen Interessengruppen eine hohe Priorität. Denn es sind diese Gemeinschaften, die in der Regel nicht nur die eigentliche Arbeit in Ecosystem Restoration Projekten stemmen, sondern die auch über das hierzu notwendige tradierte Wissen verfügen, beispielsweise über Anbaupraktiken lokaler Pflanzenarten, die unter den Bedingungen des jeweiligen Restorationskontextes geeignet sind sowie über die bestehenden Governancestrukturen, Nutzungsinteressen und -rechte an den Standorten, deren Berücksichtigung essenziell für das Gelingen von Ecosystem Restoration Projekten ist.[74] Eine Studie von Garnett et al. (2018) ergab beispielsweise, dass indigene Völker weltweit 28 Prozent der Landfläche bewirtschaften und für 37 Prozent aller verbleibenden naturbelassenen Flächen verantwortlich sind und daher eine herausragende Rolle beim Management von Biodiversität und Kohlenstoffspeichern spielen. Die Organisation Commonland, ein Partner der UN-Dekade, schreibt:

> „Successful holistic landscape restoration is a long-term endeavour that only works if it is grounded and owned by the people in the landscape. [...] [T]he people on the ground, whether farmers, fisherfolk, indigenous peoples or other local communities, are all crucial partners to success. They are central to the process and are often drivers

---

[73] Dahm et al. 2022, S. 4. Übersetzung durch den Autor.
[74] Siehe hierzu: Sterling et al. 2017; UNEP & FAO 2021.

5.4 Ecosystem Restoration und Stakeholderinklusion

of positive change; their views and understanding are critically important. Their engagement helps to ensure that trade-offs are addressed within a large landscape setting that includes conservation, restoration and sustainable land use. If the people living in the area are not actively engaged or do not support an initiative, it has far less chance of succeeding, or of meeting wider considerations of fairness and social justice."[75]

Das bedeutet auch, dass die Inklusion lokaler Stakeholdergruppen am Anfang der Lieferketten zum zentralen Erfolgskriterium des Managements von Unternehmen wird, die Naturkapitalien und Ökosystemdienstleitungen am Anfang ihrer Lieferketten aufbauen und stärken möchten oder müssen. Dies sind vor allem jene Gruppen, deren Interessen, wie wir gesehen haben (↑ Abschnitt 4.4.1), durch unternehmerisches Stakeholdermanagement bisher oft wenig geachtet wurden, da sie aus der Perspektive finanzieller Wesentlichkeit von geringem strategischem Interesse für Unternehmen sind und gleichzeitig öffentlicher Sichtbarkeit und Interessenvertretung ermangeln.

Zur Umsetzung erfolgreicher Ecosystem Restoration Projekte müssen demnach jene Gruppen identifiziert werden, die Rechte und Nutzungsinteressen an den jeweiligen Ökosystemen und Naturkapitalbeständen haben. UNEP und FAO haben hierzu gemeinsam mit Partnerorganisationen im Kontext der UN-Dekade und darüber hinaus diverse Studien zu Erfolgsprinzipien und gelingenden Praxisbeispielen erarbeitet. In Kooperation mit der IUCN und der Society for Ecological Restoration (SER) (2021) haben die beiden UN-Organisationen beispielsweise Prinzipien für die Steuerung der UN-Dekade und ihrer Ziele entwickelt, innerhalb derer die Berücksichtigung lokaler Stakeholdergruppen, insbesondere die Gestaltung entsprechender Governancestrukturen und Kooperations- und Wissensplattformen eine zentrale Rolle spielen. Sie schreiben (S. 6):

„All stakeholders, right-holders, and especially under-represented groups [...], should be equitably and inclusively provided with opportunities to be engaged and integrated in meaningful, free and active ways. Such inclusive participation is necessary for achieving the desired outcomes of restoration over the long term, and should be promoted as much as possible throughout the process, from planning to monitoring."

Sowie (S. 1):

„Ecosystem restoration should strive to integrate all types of knowledge – including, but not limited to, Indigenous, traditional, local and scientific ways of knowing – and practices [...]. Such integration will foster inclusive and consensual decision-making throughout the process, while enabling full participation of local stakeholders and

---

[75] Baker et al. 2021: S. 5.

right-holders. Likewise, capacity-development efforts should be focused on promoting mutual learning, as well as knowledge-sharing among stakeholders and communities of practice at local, national and global levels."[76]

FAO, UNEP und Partnerorganisationen bauen gleichzeitig diverse Plattformen für die Umsetzung dieser Prinzipien auf und stellen Publikationen und Lerninhalte niedrigschwellig zur Verfügung.[77]

Im Leitbild der Ecosystem Restoration liegt, so möchte der Autor argumentieren, eine große Chance für die bessere Integration aller Stakeholder in das Nachhaltigkeitsmanagement von Unternehmen, welche den Aufbau und die Stärkung von Ökosystemen und Naturkapitalien zum Gegenstand dieses Managements machen wollen oder müssen, da sie beispielsweise unter die neue CSRD und die Vorgaben der EFRAG hinsichtlich quantitativer Naturkapital- und Biodiversitätsziele fallen. Sofern sie, was für die Erreichung dieser Ziele und die Bewahrung des Naturkapitals innerhalb ihrer organisationalen Grenzen unumgänglich ist, in Ecosystem Restoration partizipieren oder zumindest das in diesen Projekten generierte Wissen um die Beschaffenheit und Dynamiken der Naturkapitalien, Ökosysteme und ihren Ökosystemdienstleistungen in ihrem Abhängigkeits- und Wirkungsbereich für ihre strategische Nachhaltigkeits(risiko)planung anwenden möchten, müssen sie eng mit den in diesen Projekten engagierten lokalen Stakeholdergruppen am Anfang ihrer Lieferketten zusammenarbeiten. Die Position dieser Stakeholder und ihr Einfluss auf das Nachhaltigkeitsmanagment von Unternehmen könnte hierdurch substanziell gestärkt werden.

---

[76] UNEP und FAO (2021a) schreiben in einer Studie zum weltweiten Bedarf an Kapazitäten zum Gelingen der Ziele der UN-Dekade: „[…] [G]governments, NGOs and CBOs at the subnational or local level are more able to engage with community leaders and local organizations. This asset should be leveraged and reinforced to enable the engagement of other local land and ecosystem users, communities and interest groups, and to support local and community restoration initiatives. This engagement strategy will range from […] facilitating and engaging in multi-stakeholder platforms and networks, formulating alternatives for generating livelihoods for local communities, and establishing or strengthening local producer organizations and value chains, among other things."

[77] Siehe beispielsweise: elearning.fao.org.

Schluss 6

Die Arbeit hat die grundlegenden methodischen Unzulänglichkeiten der gegenwärtigen Methodenstandards für das Management von Nachhaltigkeit in Unternehmen aufgezeigt. Sie hat hierzu zunächst die zentralen ideengeschichtlichen Konflikte der Nachhaltigkeit und ihrer Institutionalisierung analysiert, und vor diesem Hintergrund alsdann die wichtigsten Methoden des Nachhaltigkeitsreportings, -accountings und -risikomanagements untersucht. Starke Nachhaltigkeit, die den Erhalt der natürlichen Lebensgrundlagen zum normativen Maßstab von Nachhaltigkeit macht, hat ihr hierbei als normative Orientierung gedient. Vor dem Hintergrund dieser Analyse hat sie ab der zweiten Hälfte des Kapitel 4 sowie alsdann vor allem im Kapitel 5, Ideen und methodische Ansätze für die Auflösung und Überwindung dieser Unzulänglichkeiten und die Entwicklung eines Methodenstandards für eine Regenerative Ökonomie und die Stärkung der UN-Dekade betrachtet.

Im Rahmen der vorliegenden Arbeit konnten in diesem Teil nur manche der methodischen Detailfragen aufgeworfen, und noch weniger erschöpfend behandelt werden. In einer weiterführenden Forschung bedarf es hier einer systematischen Analyse der bestehenden Ansätze und ihrer methodischen und konzeptionellen Grundlagen. Nur vor diesem Hintergrund können die Aushandlungsprozesse und Diskurse um einen zukünftigen Methodenstandard geführt werden, ohne die Fehler der Vergangenheit zu reproduzieren. Gegenwärtige Versuche seitens der Politik, wie die EU-Taxonomie, sind hieran bislang gescheitert. Die akute Gefährdung der Lebensgrundlagen des Großteils der Menschen auf dem Planeten Erde verlangen jedoch unbedingt danach, diese Diskurse konsequent zu führen. Weiterführende Forschungen müssen hierbei auch, stärker als das im Rahmen dieser Arbeit möglich war, systemkritische Argumente, Fragen der

Klima- und Verteilungsgerechtigkeit und andere Wissensformen in die Diskurse integrieren.

Der Erfolg der Diskurse um Nachhaltigkeitsmanagement wird derzeit vor allem dadurch gefährdet, dass sich ein Großteil des internationalen Feldes, wie die Methodenvorschläge des ISSB der IFRS Foundation eindrücklich zeigen, auf eine Fortsetzung der Reduktion von Nachhaltigkeitsreporting auf finanzielle Wesentlichkeit verständigt zu haben scheinen. Dabei drängt die Zeit, die Unterordnung von Nachhaltigkeitsmanagement unter finanzielle Gesichtspunkte zu beenden, und dieses wieder in den Dienst einer tatsächlich nachhaltigen Entwicklung zu stellen – *we need a real cultural shift* (↑ Kapitel 4). Der ESRS-Methodenvorschlags der EFRAG sowie teilweise auch der neue GRI 2021 sind erste Anzeichen dieses kulturellen Wandels. Es wird nun vor allem darum gehen, auch die methodische Detailarbeit zu leisten, die Vorgaben des ESRS auch verbindlich in die wirtschaftliche Praxis zu übersetzen – in Form eines unternehmerischen Naturkapitalaccountings. Darüber hinaus bedarf es einer besseren Verständigung der Standardsetzern mit der Politik, der Zivilgesellschaft und vor allem den anderen wissenschaftlichen Disziplinen (nicht nur innerhalb der Accounting- und Managementliteratur), insbesondere den Naturwissenschaften, über die Rolle und Bedeutung von Nachhaltigkeitsmanagement und Accounting. Denn zentrale Konzepte wie die planetaren Belastungsgrenzen schaffen bisher nur selten ihren Weg in die Managementtheorie und spiegeln sich folglich bisher kaum in der unternehmerischen Praxis wider. Diese Beobachtungen helfen maßgeblich dabei zu verstehen, weshalb die Wirtschaft, trotz der unbestreitbaren und allseits anerkannten Notwendigkeit für eine wahrhaftige Transformation, weitestgehend auf kurzfristige Profitmaximierung und Shareholderinteressen ausgerichtet bleibt. Es fehlt ihr quasi der ‚methodische Hebel', um die lokalen Incentivierungen einzelner Wirtschaftsakteure mit den globalen Incentivierungen der Menschheit, ihre Lebensgrundlagen und die zukünftiger Generationen zu bewahren, zu koppeln.

In der enormen Aufmerksamkeit, die Nachhaltigkeitsrisiken, auch über Klimarisiken hinaus, unter großen, institutionellen Finanzverwaltern sowie innerhalb des Zentralbanksystems erlangt haben, beziehungsweise im Erkennen der enormen (finanz-)wirtschaftlichen Vorteile der Vermeidung dieser Risiken, schient dem Autor derzeit das größte Momentum für die Arbeit an der Entwicklung dieses methodischen Hebels und den damit verbundenen Konflikten zu liegen. Hierzu bedarf es einer Vereinheitlichung der Methoden mittels derer diese Risiken auf der unternehmerischen Ebene gemessen und gesteuert werden, mit den Methoden der Makro-Betrachtungsebene. Und es bedarf einer

6 Schluss

einheitlichen, gemeinsamen Datengrundlage, auf deren Grundlage diese Vereinheitlichung erfolgen kann, und auf der die unterschiedlichen Zielsetzungen der Akteure innerhalb des Nachhaltigkeitsmanagements miteinander ausgehandelt werden können.

In der Arbeit wurde auch argumentiert, dass der Wandel zu einem Starken Nachhaltigkeitsmanagement wahrscheinlich nicht alleinig seitens der Wirtschaft und der Standardsetzer herbeigeführt werden wird. Zu stark ist das Verharren des derzeitigen Systems und des CSR-Leitbilds in Selbstreferenzialität. Hierdurch wurden inkrementelle Erweiterungen bisher zu oft gegenüber der Integration neuer Konzepte und Ideen favorisiert, und substanzielle Verbesserungen blieben aus. Es bedarf also politischer Regulationen, welche die notwendigen Wandel unterstützen. Diese konnten in dieser Arbeit jedoch nur am Rande behandelt werden. Es bedarf in diesem Zusammenhang einer systematischen Analyse der bestehenden Literatur zu (ordnungs)politischen Regulationen, beziehungsweise einer Bewertung derselben vor dem Hintergrund eines zukünftigen Methodenstandards regenerativer Ökonomie.

Auf die ein oder andere Weise wird sich in diesem Zuge verändern müssen, was wir als wirtschaftliche Wertschöpfung begreifen, und wie wir diese messen. Wenn Unternehmen, wie es im Vorschlag der EFRAG gefordert wird, ökologische Aufbauleistungen zum Wiederaufbau der Ökosysteme und ihrer Biodiversität erbringen sollen, muss sich dies für die Unternehmen nicht nur bilanzieren lassen, sondern auch wirtschaftlich lohnen. Ein Verbot von Externalisierung, wie es in dieser Arbeit diskutiert wurde, wäre hierbei ein entscheidender Schritt. Hierdurch alleine werden Unternehmen jedoch nur zur Internalisierung ihrer negativen Wirkungen motiviert, noch nicht zu Externalisierung positiver Aufbauleistungen. Die Ausweitung des Zertifikathandels auf verschiedene Sphären von Naturkapitalien und Ökosystemdienstleistungen stellt hierbei in dem Sinne einen praktikablen Ansatz dar, dass es im Kontext von CO_2 bereits politisch erprobt und ökonomisch umgesetzt wurde. Dies kann jedoch nur als Ausgangspunkt für die Entwicklung neuer Ideen dienen.

Hierzu bedarf es Mut, über den Tellerrand des ökonomischen Status quo hinauszublicken. Wenn dies im Nachhaltigkeitsmanagement in der Vergangenheit nicht gelang, lag dies oft an einer misslungenen Verständigung zwischen den Befürwortern der Ausrichtung des Feldes auf Managementinteressen und dessen Kritikern. So konnten sich vor allem jene Ideen durchsetzen, die wenig kontrovers und zudem anschlussfähig für die bestehende wirtschaftliche Ordnung waren, während originellere Ideen, die jedoch unbequem oder kritisch erschienen, aus ihren wissenschaftlichen Silos nicht den Weg in die Praxis fanden. Die Verständigung dieser beiden Lager scheitert oft bis heute, wird aber für eine gelingende Nachhaltigkeitstransformation unbedingt von Nöten sein.

Erschwert wird diese Herausforderung durch einen Wust an Initiativen, Standards, Siegeln, Preisen und Expertinnengremien, die sich in den sozialen Medien inszenieren, befeuert durch die Popularität und die neuen unternehmerischen Möglichkeiten der Geschäftsfelder der Nachhaltigkeit, und es für Beobachterinnen zunehmend unmöglich machen, jene Ideen zu erkennen, die tatsächlich Relevanz und Neuheitswert haben. Vor diesem Hintergrund, angesichts des jahrzehntelangen Scheiterns tatsächlichen Wandels, der schwindenden Zeit und den eskalierenden ökonomischen Krisen, bedarf es neben Mut auch zunehmend einer gewissen Resilienz gegen Zynismus. In Sachs' Analogie des Autos, das auf einen Abhang zufährt (↑ Abschnitt 2.4), haben wir demnach mit der Überforderung zu kämpfen, dass wir zwar anerkennen müssen, dass es wahrscheinlich zu spät ist, um noch zum Stehen zu kommen, wir uns gleichzeitig aber, anstatt über diese Einsicht zu verzweifeln, schon Gedanken darüber machen müssen, ob und wie der Aufprall für die Insassen des Autos noch abgefedert werden kann. Und dies, während wir von vielen Stellen neue Versionen der alten Leier hören, dass wir das Auto schon noch rechtzeitig zum Fliegen werden bringen können.

Literaturverzeichnis[1]

A4S (2022): Initial Feedback on the ISSB's Sustainability Reporting Exposure Drafts. London: A4S. (Link)
Accountancy Europe (2020): Interconnected Standard Setting for Corporate Reporting. Brüssel: Accountancy Europe. (pdf)
Adams, C. A. & Whelan, G. (2009): Conceptualising future change in corporate sustainability reporting. Accounting, Auditing & Accountability Journal, 22(1): S. 118–143.
Agora Energiewende (2019): Die Energiewende im Stromsektor: Stand der Dinge 2019. Berlin: Agora Energiewende. (pdf)
Aguilera, R. V.; Rupp, D. E.; Williams, C. A.; Ganapathi, J. (2007): Putting the S back in Corporate Social Responsibility: A Mulitlevel Theory of Social Change in Organizations. Academy of Management Review, 32(3): S. 836–863.
Ali, M. (2013): Sustainability Assessment. Context of Resource and Environmental Policy. Cambridge: Academic Press.
Andes, L. (2019): Methodensammlung zur Nachhaltigkeitsbewertung. Grundlagen, Indikatoren, Hilfsmittel. Karlsruher Institut für Technologie. (pdf)
Antheaume, N. (2004): Valuing external costs. From theory to practice: implications fo full cost environmental accounting. European Accounting Review, 13(3): S. 443–464.
Aras, G. & Crowther, D. (2009): Corporate sustainability reporting: a study in disingenuity? Journal of Business Ethics Supplement, 87: S. 279–88.
Baard, V. C. & Dumay, J. (2018): Interventionist research in accounting: reflections on the good, the bad and the ugly. Accounting & Finance 60(2020): S. 1979–2006.
Baard, V. C. & Dumay, J. (2021): Interventionist Research in Accounting. A Methodological Approach. London: Routledge.
Bagstad, K. J.; Ingram, J. C.; Shapiro, C. D.; La Notte, A.; Maes, J. et al. (2021): Lessons learned from development of natural capital accounts in the United States and European Union. Ecosystem Services, 52.

---

[1] Alle Links des Literaturverzeichnisses, ebenso wie in den Fußnoten des Fließtextes, wurden frühestens am 1. August 2022 zuletzt aufgerufen. Unter https://bit.ly/3SJ3tSj ist eine digitale Version des Literaturverzeichnisses abrufbar. Hierin können alle hinter den Quellen hinterlegten Internetverweise per Mausklick geöffnet werden.

© Der/die Herausgeber bzw. der/die Autor(en), exklusiv lizenziert an Springer Fachmedien Wiesbaden GmbH, ein Teil von Springer Nature 2024
H. Matt, *Erzählungen und Wirklichkeit unternehmerischer Nachhaltigkeit*, BestMasters, https://doi.org/10.1007/978-3-658-46540-7

Baker, C.; Chatterton, P.; Dudley, N.; Ferwerda, W.; Gutierrez, V. (2021): The 4 Returns Framework for Landscape Restoration. UN Decade on Ecosystem Restoration Report published by Commonland, Wetlands International Landscape Finance Lab and IUCN Commission on Ecosystem Management. (pdf)

Balmford, R.; Bruner, A.; Cooper, P.; Costanza, R.; Farber, S. (2017): Economic Reasons for Conserving Wild Nature, 297(5583): S. 950–953.

Barker, R. & Eccles, R. G. (2018). Should FASB and IASB be responsible for setting standards for nonfinancial information? University of Oxford, Saïd Business School. (pdf)

Barnett, M. L. (2005): Stakeholder influence capacity and the variability of financial returns to corporate social responsibility. Academy of Management Review, 32: S. 794–816.

Barnett, M. L. (2016): The Business Case for Corporate Social Responsibility: A Critique and an Indirect Path Forward. Business & Society 58(1): S. 1–24.

Barth, T. (2010): Die Überwindung ökologischer Grenzen. Die Rolle der ökologischen Kritik in der Dynamik des Kapitalismus. In: Becker, K.; Gertenbach, L.; Laux, H.; Reitz, T. (Hrsg.): Grenzverschiebungen des Kapitalismus. Umkämpfte Räume und Orte des Widerstands. Frankfurt & New York: Campus.

Battiston, S.; Monasterolo, I.; Riahi, K.; van Ruijven, B. J. (2021): Accounting for finance is key for climate mitigation pathways. Science, 372(6545): S. 918–920.

Bauwens, M. (2021): Are the circular economy and economic growth compatible? A case for post-growth circularity. Resources, Conservation and Recycling, 175(4): 105852.

Bebbington, J. & Gray, R. (2001): An account of sustainability: failure, success and a reconceptualization. Critical Perspectives on Accounting, 12(5): S. 557–588.

Bebbington, J. & Gray, R. (2007): Corporate Accountability and the Physical Environment: Social responsibility and accounting beyond profit. Business Strategy and the Environment, 2(2): S. 1–11.

Bebbington, J. & Larrinaga-González, C. (2008): Carbon Trading: Accounting and Reporting Issues. European Accounting Review, 17(4): S. 497–717.

Berg, C. (2020): Ist Nachhaltigkeit utopisch? Wie wir Barrieren überwinden und zukunftsfähig handeln. München: oekom

Berg, F.; Köbel, J. F.; Rigobon, R. (2019): Aggregate Confusion: The Divergence of ESG Ratings. Forthcoming Review of Finance.

Bjørn, A.; Bey, N.; Georg, S.; Røpke, I.; Hauschild, M. Z. (2017): Is Earth recognized as a finite system in corporate responsibility reporting? Journal of Cleaner Production, 163: S. 106–117.

Bjørn, A.; Richardson, K.; Hausschild, M. Z. (2018): A Framework for Development and Communication of Absolute Environmental Sustainability Assessment Methods. Journal of Industrial Ecology, 23(4): S. 838–854.

Blawat, K. (2012): 50 Jahre stummer Frühling. Wie Öko anfing. München: Süddeutsche Zeitung. (Link)

Blühdorn, I.; Butzlaff, F.; Deflorian, M.; Hausknost, D.; Mock, M. (2020): Nachhaltige Nicht-Nachhaltigkeit. Warum die ökologische Transformation in der Gesellschaft nicht stattfindet. Bielefeld: transcript.

Boltanski, L. & Chiapello, E. (2003): Der neue Geist des Kapitalismus. Konstanz: UVK.

Bommel, K. van (2014): Towards a legitimate compromise? Accounting, Auditing & Accountability Journal, 27(7): S. 1157–1189.

Borucke, M.; Moore, D.; Cranston, G.; Gracey, K.; Iha, K. (2013): Accounting for demand and supply of the biosphere's regenerative capacity: The National Footprint Accounts' underlying methodology and framework. Ecological Indicators, 24: S. 518–533.

Bowen, H. R. (1953): Social Responsibilities of the Businessman, New York: Harper & Brothers.

bpb (2018): Vor fünf Jahren: Textilfabrik Rana Plaza in Bangladesch eingestürzt. Bonn: Bundeszentrale für politische Bildung. (Link)

Brand, K.-W. (2018): Disruptive Transformationen. Gesellschaftliche Umbrüche und sozialökologische Transformationsdynamiken kapitalistischer Industriegesellschaften – ein zyklisch-struktureller Erklärungsansatz, Berliner Journal für Soziologie, 28: S. 479–509.

Brown, H. S.; de Jong, M.; Levy, D. L. (2009): Building institutions based on information disclosure: lessons from GRI's sustainability reporting. Journal of Cleaner Production 17: S. 571–580.

Brunk K. H. & Blümelhuber C. (2011): One strike and you're out: Qualitative insights into the formation of consumers' ethical company or brand perceptions. Journal of Business Research 64(2): S. 134–141.

BSI (2015): ISO 14001:2015. Leitfaden zur Implementierung. London: BSI Standards Limited. (pdf)

BSI (2021): Natural Capital Accounting for Organizations. Specification. London: BSI Standards Limited.

Buhr, N.; Gray, R.; Milne, M. J. (2014): Histories, rationales, voluntary standards and future prospects for sustainability reporting. CSR, GRI, IIRC and beyond. In: Unerman, J.; Bebbington, J.; O'Dwyer, B. (Hrsg.): Sustainability Accounting and Accountability, London: Routledge.

Bundesverfassungsgericht (2021): Beschluss vom 24. März 2021 – 1 BvR 2656/18. (Link)

Bündnis 90/Die Grünen (2021): Deutschland. Alles ist drin. Bundestagswahlprogramm 2021. (pdf)

Bunsen, J.; Berger, M.; Finkbeiner, M. (2021): Planetary boundaries for water – A review. Ecological Indicators 121.

Buriti, R. (2018): "Deep" or "Strong" Sustainability. In: Filho, W. L. (Hrsg.): Encyclopedia of Sustainability in Higher Education. Basel: Springer International Publishing.

Burritt, R. (2002): Environmental reporting in Australia: current practices and issues for the future, Business Strategy and the Environment, 11(6): S. 391–406.

Burritt, R. & Schaltegger, S. (2010): Sustainability Accounting and Reporting: Fad or Trend. Accounting Auditing & Accountability Journal, 23: S. 829–846.

Busch, T.; Johnson, M.; Pioch, T. (2020): Corporate carbon performance data: Quo vadis? Journal of Industrial Ecology, 26(1): S. 350–363.

Butz, C.; Liechti, J.; Bodin, J.; Cornell, S. E. (2018): Towards defining an environmental investment universe within planetary boundaries. Sustainability Science, 13: S. 1031–1044.

Capitals Coalition (2021): Principles of integrated capitals assessments. Den Haag: Capitals Coalition. (pdf)

Carson, R. (1962): Silent Spring. Boston: Houghton Mifflin Company.

CBD (2021): Natural Capital. Montreal: CBD. (Link)

CBD (2021): First Draft of the Post-2020 Global Biodiversity Framework. Montreal: CBD. (pdf)

CDP (2009): The Carbon Chasm. London: CDP
CDP; CDSB; GRI; IIRC; SASB (2020): Statement of Intent to Work Together Towards Comprehensive Corporate Reporting. Summary of alignment discussions among leading sustainability and integrated reporting organisations CDP, CDSB, GRI, IIRC and SASB. (pdf)
CDSB (2022): CDSB Framework for reporting environmental & social information. London: CDSB. (pdf)
CFA Institute (2017): Environmental, Social and Governance (ESG) Survey. Charlottesville: CFA Institute. (pdf)
Cheng, B.; Ioannou, I.; Serafeim, G. (2014): Corporate social responsibility and access to finance. Strategic Management Journal, 35: S. 1–23.
Coulson, A.; Adams, C.; Nugent, M. & Haynes, K. (2015): Exploring metaphors of capitals and the framing of multiple capitals: challenges and opportunities for IR. In: Sustainability Accounting, Management and Policy Journal, 6(3): S. 290–314.
Crutzen, P. J. (2002): Geology of mankind. Nature, 415: S. 23.
CPA Australia (2020): Integrated Report. Melbourne: CPA Australia.
Dahm, D. (2012): Spannungsfeld Global Overshoot: Wettbewerb und Zukunftsfähigkeit. Vortrag, 1. Runder Tisch Wirtschaft „Zukunftsfähiger Wettbewerb", 26. November 2012, Berlin: BMW Stiftung Herbert Quandt.
Dahm, D. (2013): Zum Bedarf der Internalisierung externer Kosten. Vortragsskript zur Konferenz »Nachhaltigkeit – Verantwortung für eine begrenzte Welt«, Georg-August-Universität Göttingen.
Dahm, D. (2013a): Marktwirtschaft ohne Externalisierung oder: die Überwindung des Overshoot. Toblacher Gespräche 27.9.-29.9.2013.
Dahm, D. (2015): Corporate Sustainable Restructuring (CSR): Die planetaren Commons konstituieren Zukunftsfähigkeit. In: Walden, D. & Depping, A. (Hrsg.): CSR und Recht. Juristische Aspekte nachhaltiger Unternehmensführung erkennen und verstehen. Heidelberg: Springer Gabler.
Dahm, D. (2019): Benchmark Nachhaltigkeit. Sustainability Zeroline. Das Maß für eine zukunftsfähige Ökonomie. Bielefeld: Transkript.
Dahm, D. (2021): Re:generative Ökonomie statt Raubbau an der Welt. GLS Bank Blog. (Link)
Dahm, D.; Koch, G.; Matt, H.; Meyer, A.-K. (2022): Comment letter on [draft] IFRS S1 General requirements for disclosures about sustainability- related financial information and [draft] IFRS S2 Climate-related disclosures. (pdf)
Dahm, D. & Rossner, A. (2015): Machbarkeitsstudie: Land- und Forstwirtschaftsfonds. Berlin: United Sustainability Holding GmbH.
Dakos, V.; Matthews, B.; Hendry, A. P.; Levine, J.; Loeuille, N.; Norberg, J.; Nosil, P.; Scheffer, M.; & De Meester, L. (2019): Ecosystem tipping points in an evolving world, Nature Ecology & Evolution, 3: S. 355–362.
Dalal-Clayton, B. & Sadler, B. (2014): Sustainability appraisal. A sourcebook and reference guide to international experience. London: Routledge.
Daly, H. (1990): Sustainable Growth: An Impossible Theorem. Development, 3/4: S. 45–47.
Dasgupta, P. (2021): The Economics of Biodiversity: The Dasgupta Review.
De Nederlandsche Bank (2019): Value at risk? Sustainability risks and goals in the Dutch financial sector. Amsterdam: De Nederlandsche Bank. (pdf)

Literaturverzeichnis

De Nederlandsche Bank (2020): Indebted to nature Exploring biodiversity risks for the Dutch financial sector. Amsterdam: De Nederlandsche Bank. (pdf)

Deegan, C. (2020): The <IR> Framework. An example of what unfortunately happens when people who fail to comprehend the meaning of 'accountability' take control of an important reporting initiative. In: Villiers, C. De, Hsiao, P.-C. K.; Maroun, W. (Hrsg.): The Routledge Handbook of Integrated Reporting. London: Routledge.

Deloitte (2021): Rahmenkonzept für die integrierte Berichterstattung (<IR>-Rahmenkonzept). (Link)

Deloitte Touche Tohmatsu International; International Institute for Sustainable Development (IISD); Sustain Ability (1993): Coming Clean: Corporate Environmental Reporting, London: Deloitte Touche Tohmatsu International.

Dentoni, D.; Waddell, S.; Waddock, S. (2017): Pathways of transformation in global food and agricultural systems: Implications from a large systems change theory perspective. Current Opinion in Environmental Sustainability, 29: S. 8–13.

Deutsche Bundesregierung (2020): Deutsche Nachhaltigkeitsstrategie. Weiterentwicklung 2021. (pdf)

Deutscher Bundestag (1994): Die Industriegesellschaft gestalten. Perspektiven für einen nachhaltigen Umgang mit Stoff- und Materialströmen. Bericht der EnqueteKommission „Schutz des Menschen und der Umwelt – Bewertungskriterien und Perspektiven für Umweltverträgliche Stoffkreisläufe in der Industriegesellschaft" des 12. Deutschen Bundestages. Bonn: Economica-Verlag.

Deutscher Bundestag (1997): Konzept Nachhaltigkeit. Fundamente für die Gesellschaft von morgen. Zwischenbericht der Enquete-Kommission „Schutz des Menschen und der Umwelt – Ziele und Rahmenbedingungen einer nachhaltig zukunftsverträglichen Entwicklung" des 13. Deutschen Bundestages. Berlin: Deutscher Bundestag.

Deutscher Bundestag (1998): Abschlußbericht der Enquete-Kommission „Schutz des Menschen und der Umwelt – Ziele und Rahmenbedingungen einer nachhaltig zukunftsverträglichen Entwicklung" Konzept Nachhaltigkeit Vom Leitbild zur Umsetzung. Berlin: Deutscher Bundestag.

Deutscher Bundestag (2020): Vorlagen zum nachhaltigen Wachstum abgestimmt. Textarchiv. (Link)

Die Grünen/EFA (2022): EU-Renaturierungsgesetz: Countdown für mehr Naturschutz in Europa. Brüssel: Die Grünen/EFA. (Link)

van Dieren, W. (1995): Mit der Natur rechnen. Der neue Club-of-Rome-Bericht. Basel: Birkhäuser.

Dinda, S. (2004): Environmental Kuznets Curve Hypothesis: A Survey. Ecological Economics 49, S. 431–455.

Dixson-Declève, S.; Gaffney, O.; Ghosh, J.; Randers, J.; Rockström, J.; Stocknes, P. E. (2022): Earth for All: A Survival Guide for Humanity. Gabriola Island: New Society Publishers.

Dohmen, C. (2021): Regenerative Ökonomie. Mit der Natur arbeiten, nicht gegen sie. Köln: Deutschlandradio. (Link)

Döpfner, C.; & Schneider, A.-H. (2012): Nachhaltigkeitsratings auf dem Prüfstand. Pilotstudie zu Charakter, Qualität und Vergleichbarkeit von Nachhaltigkeitsratings. Frankfurt a.M.: CRIC e.V.

Döring, R. (2004): Wie stark ist schwache, wie schwach starke Nachhaltigkeit? Ernst-Moritz-Arndt-Universität Greifswald, Lehrstuhl für Landschaftsökonomie, Diskussionspapier 08/2004.

Döring, R.; von Egan-Krieger, T.; Ott, K. (2007): Eine Naturkapitaldefinition oder Natur in der Kapitaltheorie. Wirtschaftswissenschaftliche Diskussionspapiere, No. 10/2007, Universität Greifswald, Rechts- und Staatswissenschaftliche Fakultät, Greifswald.

Döring, R. & Muraca, B. (2010): Sustainability Science – The Greifswalder Theory of Strong Sustainability and its relevance for policy advice in Germany and the EU. Conference: ISEE 2010 – "Advancing Sustainability in a Time of Crises", Oldenburg.

Döring, R. & Ott, K. (2001): Nachhaltigkeitskonzepte. Zeitschrift für Wirtschafts- und Unternehmensethik, 2(3): S. 315–342.

Dumrose, M.; Rink, S.; Eckert, J. (2022): Disaggregating confusion? The EU Taxonomy and its relation to ESG rating. Finance Research Letters, 48 (pre-published).

Dunlap, R. E.; Catton, W. R. (1994): Struggling with human exemptionalism: The rise, decline and revitalization of environmental sociology. The American Sociologist, 25: S. 5–30.

Dyllick, T. & Muff, K. (2015): Clarifying the Meaning of Sustainable Business: Introducing a Typology From Business-as-Usual to True Business Sustainability. Organization & Environment, 29(2): S. 1–19.

Edenhofer, O.; Flachsland, C.; Lorentz, B. (2014): Die Atmosphäre als globales Gemeingut. In: Helfrich, S. & Heinrich-Böll-Stiftung (Hrsg.): Commons. Für eine neue Politik jenseits von Markt und Staat. Bielefeld: transcript.

EFRAG (2021): Proposal for a Relevant and Dynamic EU Sustainability Reporting Standard Setting. Final Report. (pdf)

EFRAG (2022): Exposure Draft: ESRS 1. General Principles. Brüssel: EFRAG. (pdf)

EFRAG (2022a): Exposure Draft: ESRS 2. General, strategy, governance, and materiality assessment. Brüssel: EFRAG. (pdf)

EFRAG (2022b): Exposure Draft: ESRS E4. Brüssel: EFRAG. (pdf)

EFRAG (2022c): Cover Note for Public Consultation: Draft European Sustainability Reporting Standards. Brüssel: EFRAG. (pdf)

von Egan-Krieger, T.; Ott, K.; Voget, L. (2007): Der Schutz des Naturerbes als Postulat der Zukunftsverantwortung. Aus Politik und Zeitgeschichte, 24/2007.

Elkington, J. (1997): Cannibals with Forks: The Triple Bottom Line of 21st Century Business, Oxford: Capstone Publishing.

Elkington, J. (2004): Enter the Triple Bottom Line. In Henriques, A. & Richardson, J. (Hrsg.): The Triple Bottom Line: Does it All Add Up? London: Earthscan.

McElroy, M. (2017): Is It Possible That GRI Has Never Really Been About Sustainability Reporting at All? Sustainable Life Media. (Link)

McElroy, M. (2019): Happy Birthday, GRI – Time Now to Put the Horse Before the Cart. Sustainable Life Media. (Link)

Erker (2020): Klimawandel: Klimaforscher Georg Kaser im Interview. Sterzing: Erker. (Link)

Europäische Kommission (2006): Reporting Intellectual Capital to Augment Research, Development and Innovation in SMEs. Report to the Commission of the High Level Expert Group on RICARDIS. Brüssel: Europäische Kommission. (pdf)

Literaturverzeichnis

Europäische Kommission (2019): Mitteilung der Kommission an das Europäische Parlament, den Europäischen Rat, den Rat, den Europäischen Wirtschafts- und Sozialausschuss und den Ausschuss der Regionen. Der europäische Gründe Deal. Luxemburg: Amt für Veröffentlichungen der Europäischen Union.

Europäische Kommission (2019a): Guidelines on reporting climate-related information. Brüssel: Europäische Kommission. (pdf)

Europäische Kommission (2019b): Natural Capital Accounting: Overview and Progress in the European Union. 6th report. Luxemburg: Amt für Veröffentlichungen der Europäischen Union. (pdf)

Europäische Kommission (2020): Mitteilung der Kommission an das Europäische Parlament, den Europäischen Rat, den Rat, den Europäischen Wirtschafts- und Sozialausschuss und den Ausschuss der Regionen. EU-Biodiversitätsstrategie bis 2030. Mehr Raum für die Natur in unserem Leben.

Europäische Kommission (2021): Vorschlag für eine Richtlinie des Europäischen Parlaments und des Rates zur Änderung der Richtlinien 2013/34/EU, 2004/109/EG und 2006/43/EG und der Verordnung (EU) Nr. 537/2014 hinsichtlich der Nachhaltigkeitsberichterstattung von Unternehmen. Luxemburg: Amt für Veröffentlichungen der Europäischen Union.

Europäische Kommission (2022): Proposal for a Regulation it the European Parliament and the Council on nature restoration. Luxemburg: Amt für Veröffentlichungen der Europäischen Union.

Europäisches Parlament & Rat (2009): Verordnung (EG) Nr. 1221/2009 des Europäischen Parlaments und des Rates vom 25. November 2009 über die freiwillige Teilnahme von Organisationen an einem Gemeinschaftssystem für Umweltmanagement und Umweltbetriebsprüfung und zur Aufhebung der Verordnung (EG) Nr. 761/2001, sowie der Beschlüsse der Kommission 2001/681/EG und 2006/193/EG. Luxemburg: Amt für Veröffentlichungen der Europäischen Union.

Europäisches Parlament & Rat (2014): Richtlinie 2014/95/EU des europäischen Parlaments und des Rates vom 22. Oktober 2014 zur Änderung der Richtlinie 2013/34/EU im Hinblick auf die Angabe nichtfinanzieller und die Diversität betreffender Informationen durch bestimmte große Unternehmen und Gruppen. Luxemburg: Amt für Veröffentlichungen der Europäischen Union.

Europäisches Parlament & Rat (2020): Verordnung (EU) 2020/852 des Europäischen Parlaments und des Rates vom Juni 2020 über die Einrichtung eines Rahmens zur Erleichterung nachhaltiger Investitionen und zur Änderung der Verordnung (EU) 2019/2088. Luxemburg: Amt für Veröffentlichungen der Europäischen Union.

Europäisches Parlament & Rat (2021): Vorschlag für eine Richtlinie des Europäischen Parlaments und des Rates zur Änderung der Richtlinien 2013/34/EU, 2004/109/EG und 2006/43/EG und der Verordnung (EU) Nr. 537/2014 hinsichtlich der Nachhaltigkeitsberichterstattung von Unternehmen. Luxemburg: Amt für Veröffentlichungen der Europäischen Union.

Europäische Union (2012): Vertrag über die Europäische Union (Konsolidierte Fassung). Luxemburg: Amt für Veröffentlichungen der Europäischen Union.

Ewing B.; Moore, D.; Goldfinger, S.; Oursler, A.; Reed, A.; Wackernagel, M. (2010): The Ecological Footprint Atlas 2010. Oakland: Global Footprint Network. (pdf)

Extinction Rebellion UK (2019): Greta Thunberg | COP 25 High Level Event on Climate Emergency | Extinction Rebellion.* (Link)

EZB (2021): EZB economy-wide climate stress test. EZB Occasional Paper Series No 281 / September 2021. (pdf)

FAO; IUCN; CEM; SER (2021): Principles for ecosystem restoration to guide the United Nations Decade 2021–2030. Rome: FAO. (pdf)

FAO & UNEP (2022): Global indicators for monitoring ecosystem restoration. A contribution to the UN Decade on Ecosystem Restoration. Rom: FAO. (pdf)

Ferreira, A.; Moulang, C.; Hendro, B. (2010): Environmental management accounting and innovation: an exploratory analysis, Accounting, Auditing & Accountability Journal, 23(7), S. 920–948.

Fleming, P.; Roberts, J.; Garsten, C. (2013): In search of corporate social responsibility: Introduction to special issue, Organization 20(3): S. 337–348.

Fombrun, C. J.; Gardberg, N. A.; Barnett, M. L. (2000): Opportunity platforms and safety nets: Corporate citizenship and reputational risk. Business and Society Review, 105: S. 85–106.

Foster, J. (2014): After Sustainability: Denial, Hope, Retrieval. London: Routledge.

Fourcade, M. (2011): Cents and sensibility: Economic valuation and the nature of "nature", American Journal of Sociology, 116(6): S. 1721–1777.

Fraser, M. (2012): "Fleshing out" an engagement with a social accounting technology. Accounting, Auditing & Accountability Journal, 25(3): S. 508–534.

Friedman, M. (1970): The social responsibility of business is to increase its profits. New York Times Magazine, 13: S. 32–33.

Gabler Banklexikon (2018): Stranded Assets. (Link)

Gabler Wirtschaftslexikon (2018): Elastizität. (Link)

Gabler Wirtschaftslexikon (2018a): Cobb-Douglas-Funktion. (Link)

Gabler Wirtschaftslexikon (2018b): Verursacherprinzip. (Link)

Gabler Wirtschaftslexikon (2019): Business Judgement Rule. (Link)

Garnett, S. T.; Burgess, N. D.; Fa, J. E.; Fernández-Llamazares, Á.; Molnár Z. et al. (2018): A spatial overview of the global importance of Indigenous lands for conservation. Nature Sustainability 1(7): S. 369–374.

Gehmayr, B. (2021): Neue GRI-Standards 2021: Steigt die Messlatte für Transparenz? London: Ernst & Young. (Link)

Gleeson-White, J. (2015): Six Capitals, or Can Accountants Save the Planet? Rethinking Capitalism for the Twenty-First Century. London & New York: W. W. Norton & Company.

Gleeson-White, J. (2020): Six Capitals. Capitalism, Climate Change and the Accounting Revolution that Can Save the Planet. Crows Nest: George Allen & Unwin.

Global Footprint Network (2010): The Ecological Wealth of Nations. Earth's biocapacity as a new framework for international cooperation Contents. Oakland: GFN.

Global Footprint Network (2020): Ecological Footprint Accounting: Limitations and Criticism. Oakland: GFN. (pdf)

GLS Bank (2019): Folgekosten: Richtig rechnen. Bochum: GLS Bank Blog. (Link)

GLS Bank (2019): Re:generative Ökonomie statt Raubbau an der Welt. Bochum: GLS Bank Blog. (Link)

Goodland, R. & Daly, H. (1995): Universal environmental sustainability and the principle of integrity. In: Westra, L. & Lemons, J. (Hg.): Perspectives on ecological integrity. Dordrecht, Boston, London: Kluwer.

Göpel, M. (2020): Unsere Welt neu denken. Eine Einladung. Berlin: Ullstein.
McGuinness, M. (2021): Brief der EU Kommissionarin für Finanzdienstleistungen, Finanzstabilität und die Kapitalmarktunion Mairead McGuinness an die Vorstände der EFRAG Task Force on European corporate sustainability reporting standards. (pdf)
Guo, Y. (2020): A Reconsideration of Inter-Group Cooperation with Defect Problem, with an Application to the Climate Change Issue. Bundeswehr University Munich. (pdf)
Guthrie, J. & Parker, L. D. (1989): Corporate Social Reporting: A Rebuttal of Legitimacy Theory, Accounting and Business Research, 19(76): S. 343–52.
Gutteres, A. (2020): The UN Secretary-General speaks on the state of the planet. New York: United Nations. (Link)
Gray, R. (1991): „Sustainability: Do you REALLY want to know what it means?" In: Environment Newsletter, CBI Environment Programme, Environment newsletter.
Gray, R. (1992): Accounting and environmentalism: an exploration of the challenge of gently accounting for accountability, transparency and sustainability. Accounting, Organizations and Society, 17(5): S. 399–425.
Gray, R. (1994): Corporate Reporting for Sustainable Development: Accounting for Sustainability in 2000AD. Environmental Values 3(1): S. 17–45.
Gray, R. (2002): The cloak of sustainability: A modern fable. Social and Environmental Accountability Journal, 22(2): S. 10.
Gray, R. (2006): Social, environmental and sustainability reporting and organisational value creation? Whose value? Whose creation? Accounting, Auditing & Accountability Journal, 19(6): S. 793–819.
Gray, R. (2006a): Does sustainability reporting improve corporate behaviour?: Wrong question? Right time?, Accounting and Business Research, 36(sup1): S. 65–88.
Gray, R. (2018b): Towards an Ecological Accounting: Tensions and possibilities in social and environmental accounting. In Birkin, F. & Polesie, T. (Hrsg.): Intrinsic Capability: using empirical science & traditions for sustainability. Singapur: World Scientific.
Gray, R.; Adams, C.; Owen, D. (2014): Accountability, social responsibility and sustainability: Accounting for society and the environment. London: Pearson Higher Education.
Gray, R. & Bebbington, J. (2000): Environmental accounting, managerialism and sustainability: is the planet safe in the hands of business and accounting?, Advances in Environmental Accounting & Management, 1: S. 1–44.
Gray, R.; Dey, C.; Owen, D.; Evans, R.; Zadek, S. (1997): Struggling with the praxis of social accounting: Stakeholders, accountability, audits and procedures. Accounting, Auditing & Accountability, 10(3): S. 325–64.
Gray, R. & Milne, M. (2002): Sustainable reporting: who's kidding whom?, Chartered Accountants Journal of New Zealand, 81(6): S. 66–74.
Gray, R. & Milne, M. (2004): Towards reporting on the triple bottom line: mirages, methods and myths. In Henriques, A. & Richardson, J. (Hrsg.): The Triple Bottom Line: Does it all Add Up? London: Earthscan.
Gray, R. & Milne, M. (2018): Species Extinction and Closing the Loop of Argument: Imagining accounting and finance as the potential cause of human extinction 1. In: Atkins and Atkins (Hrsg.): Around the worlds in 80 species: Exploring the business of extinction. Sheffield: Greenleaf.
Gray, R.; Owen, D.; Maunders, K. (1987): Corporate social reporting: Accounting and accountability. Hoboken: Prentice-Hall International.

Green, M.; Harmacek, J.; Htitich, M. (2021): 2021 Social Progress Index. Executive Summary. Washington, DC: Social Progress Imperative. (Link)
Grossman, G. M.; Krueger, A. B. (1995): Economic Growth and the Environment. In: Quarterly Journal of Economics 110(2): S. 353–377.
GRI (2016): GRI 101: Grundlagen. Amsterdam: GRI.
GRI (2016a): GRI 302: Energie. Amsterdam: GRI.
GRI (2016b): GRI 412: Prüfung auf Einhaltung der Menschenrechte. Amsterdam: GRI.
GRI (2016c): Glossar der GRI-Standards 2016. Amsterdam: GRI.
GRI (2016d): GRI 102: Allgemeine Angaben. Amsterdam: GRI.
GRI (2019): GRI Sector Program. Program Description. Amsterdam: GRI.
GRI (2021): GRI 1: Foundation 2021. Amsterdam: GRI.
GRI (2021a): GRI 3: Material Topics 2021. Amsterdam: GRI.
GRI Secretary (2020): GRI Sector Standards Program – Introduction. Amsterdam: GRI. (Link)
Guix, M.; M. J. Bonilla-Priego; Font, X. (2017): The process of sustainability reporting in international hotel groups: an analysis of stakeholder inclusiveness, materiality and responsiveness. Journal of Sustainable Tourism, 26(7).
Hahn, T. & Wagner, M. (2001): Sustainability Balanced Scorecard. Von der Theorie zur Umsetzung. Lüneburg: Centrum für Nachhaltigkeitsmanagement (CNM) e.V.
Hajer, M. A. (1995): The Politics of Environmental Discourse. Oxford: Oxford University Press.
Hamilton, K. & Clemens, M. (1999): Genuine Savings Rates in Developing Countries. World Bank Economic Review, 13(2): S. 333–356.
Hardin, G. (1968): The Tragedy of the Commons. In: Science, 162(3859).
Harrison, J. S. & van der Laan Smith, J. (2015): Responsible Accounting for Stakeholders. Journal of Management Studies, 52(7): S 935–960.
Hart, C. (2001). Doing a literature search. London: Sage.
Hartwick, J. M. (1977), Intergenerational Equity and the Investing of Rents from Exhaustible Resources. American Economic Review 67(5): S. 972–974.
Hauff, V. (Hrsg.) (1987): Unsere gemeinsame Zukunft. Der Brundtland Bericht der Weltkommission für Umwelt und Entwicklung. Köln: Greven.
Hawken, P. (2002): On Corporate Responsibility / A Ronald McDonald Fantasy. San Francisco Chronicle. San Francisco: SFGATE. (Link)
Handrich, L.; Kemfert, C.; Mattes, A.; Pavel, F.; Traber, T. (2015): Turning point: Decoupling Greenhouse Gas Emissions from Economic Growth. Berlin: Heinrich-Böll-Stiftung.
Helliwell, J. F.; Layard, R.; Sachs, J. D.; De Neve, J.-E.; Aknin, L. B.; Wang, S. (2022): World Happiness Report 2022. New York: Sustainable Development Solutions Network.
Henriques, I. (2018): Addressing Wicked Problems Using New Business Models, Economic Alternatives, 4: S. 463–466.
Henriques, I. (2020): Navigating wicked problems: do businesses have a role? Sinergie Italian Journal of Management 38(1): S. 15–20.
Herbohn, K. (2005): A full cost environmental accounting experiment. Accounting, Organizations and Society, 30(6): S. 519–536.
Hertwich, E. G. (2021): Increased carbon footprint of materials production driven by rise in investments. Nature Geoscience 14(3): S. 1–5.

Hickel, J. & Kallis, G. (2019): Is Green Growth Possible? New Political Economy 25(7576): S. 1–18.
Hines, R. D. (1988): Financial accounting: In communicating reality, we construct reality. Accounting. Organizations and Society, 13(3): S. 251–61.
Hitachi Group (2020): Hitachi Integrated Report. Tokio: Hitachi Group.
Hogner, R. H. (1982): Corporate Social Reporting: Eight Decades of Development at U.S. Steel, Research in Corporate Social Performance and Policy, 4: S. 243–50.
Humphrey, C.; O'Dwyer, B; Unerman, J. (2017): Re-theorizing the configuration of organizational fields: the IIRC and the pursuit of ‚Enlightened' corporate reporting, Accounting and Business Research, 47(1): S. 30–63.
IIRC (2013): Capitals. Background Paper for <IR>. London: IIRC (pdf)
IIRC (2021): International <IR> Framework. London: IIRC (pdf)
IFRS Foundation (2018): Definition of Material. Amendments to IAS 1 and IAS 8. London: IFRS Foundation. (pdf)
IFRS Foundation (2021): Value Reporting Foundation. (Link)
IFRS Foundation (2022): [Draft] IFRS S1 General Requirements for Disclosure of Sustainability-related Financial Information. London: IFRS Foundation. (pdf)
IFRS Foundation (2022a): [Draft] IFRS S2 Climate-related Disclosures. London: IFRS Foundation. (pdf)
IFRS Foundation (2022b): Integrated Reporting—articulating a future path. (Link)
IFRS Foundation (2022c): Basis for Conclusions on [Draft] IFRS S1 General Requirements for Disclosure of Sustainability-related Financial Information. (pdf)
IFRS Foundation (2022d): ISSB delivers proposals that create comprehensive global baseline of sustainability disclosures. London: IFRS Foundation. (Link)
Initiative Lieferkettengesetz (2020): Verhältnismäßig und zumutbar: Haftung nach dem Lieferkettengesetz. Berlin: Initiative Lieferkettengesetz. (pdf)
IPCC (2018): Special Report: Global Warming of 1.5 °C. Summary for Policymakers. (pdf)
IPCC (2021): Summary for Policymakers. In: Masson-Delmotte, V.; P. Zhai, A.; Pirani, S. L.; Connors, C.; Péan, S.; et al. (Hrsg.): Climate Change 2021: The Physical Science Basis. Contribution of Working Group I to the Sixth Assessment Report of the Intergovernmental Panel on Climate Change. Cambridge & New York: Cambridge University Press.
IPCC, Deutsche Koordinierungsstelle (2022): Der sechste Berichtszyklus des Weltklimarats IPCC. Bonn: Deutsches Zentrum für Luft- und Raumfahrt e.V. (pdf)
IPCC, WGII (2022): Sechster IPCC-Sachstandsbericht (AR6) Beitrag von Arbeitsgruppe II: Folgen, Anpassung und Verwundbarkeit. Hauptaussagen aus der Zusammenfassung für die politische Entscheidungsfindung (SPM). (pdf).
IPCC, WGIII (2022): Sechster IPCC-Sachstandsbericht (AR6) Beitrag von Arbeitsgruppe III: Minderung des Klimawandels. Hauptaussagen aus der Zusammenfassung für die politische Entscheidungsfindung (SPM). (pdf).
ISO (2009): ISO 31000: Principles and Guidelines, Geneva: ISO.
ISO (2019): Monetary valuation of environmental impacts and related environmental aspects. Geneva: ISO.
ISO (2020): Umweltmanagement – Leitlinien zur Ermittlung von Umweltkosten und -nutzen (ISO 14007:2019). Geneva: ISO.
ITOCHU Corporation (2020): Annual Report 2020. Tokio: ITOCHU Corporation.

Jacobs, M. (2013): Green Growth. In: Robert Falkner (Hrsg.): The Handbook of Global Climate and Environment Policy. Hoboken: John Wiley & Sons.

Jeuther, B.; Schubert, E.; Hettrich, R.; Ruff, A.; Gussmann, E. (2018): Evaluation der Ökokonto-Verordnung Baden-Württemberg. München: PAN Planungsbüro für angewandten Naturschutz GmbH.

Jollands, S.; Burns, J.; Milne, M. (2019): Natural Capital Accounting: Revisiting the elephant in the boardroom. CIMA Executive Research Summary, 15(2).

Jones, T. A. (2017): Ecosystem restoration: recent advances in theory and practice. The Rangeland Journal, 39(5).

Kahlenborn, W.; Clausen, J.; Behrendt, S.; Göll, E. (2019): Auf dem Weg zu einer Green Economy. Wie die sozialökologische Transformation gelingen kann. Bielefeld: transcript.

Kallis, G.; Gómez-Baggethun, E.; Zografos, C. (2013): To value or not to value? That is not the question. Ecological Economics, 94: S. 97–105.

Kates, R. W.; Travis, W. R.; Wilbanks, T. J. (2012): Transformational adaptation when incremental adaptations to climate change are insufficient. Proceedings of the National Academy of Sciences 109(19): S. 7156–7161.

Kaufmann, M. (2020): The carbon footprint sham. A ‚successful, deceptive' PR campaign. Mashable. (Link)

Kedward, K.; Ryan-Collins, J.; Chenet, H. (2020): Managing nature-related financial risks: a precautionary policy approach for central banks and financial supervisors. Working Paper WP 2020–09, UCL Institute for Innovation and Public Purpose (IIPP).

Kent, L. (2022): Big oil companies are spending millions to appear ‚green.' Their investments tell a different story, report shows. Atlanta: CNN. (Link)

Khadka, N. S. (2022): How phantom forests are used for greenwashing. London: BBC. (Link)

Kind, C.; Duwe, S.; Tänzler, D.; Reuster, L.; Kleemann, M.; Krebs, J.-M. (2020): Analyse des deutschen Marktes zur freiwilligen Kompensation von Treibhausgasemissionen. Dessau-Roßlau: Deutsche Emissionshandelsstelle im UBA.

Knight, F. (1921): Risk, Uncertainty, and Profit. Boston & New York: Houghton Mifflin Harcourt.

Knobloch, C. (2015): „The Tragedy of the Commons" – Anatomie einer Erfolgsgeschichte. In: Deus, F.; Dießelmann, A.-L.; Fischer, L.; Knobloch, C. (Hrsg.): Die Kultur des Neoevolutionismus. Zur diskursiven Renaturalisierung von Mensch und Gesellschaft, Bielefeld: Transkript.

Knopf, J.; Mundt, I.; Kirchner, R.; Kahlenborn, W.; adelphi (2016): Ökologische Modernisierung der Wirtschaft durch eine moderne Umweltpolitik. Dessau-Roßlau: UBA.

Kolbert, E. (2014): The Sixth Extinction: An Unnatural History. New York: Macmillan.

KPMG (2020): The time has come. The KPMG Survey of Sustainability Reporting 2020. Amstelveen: KPMG. (pdf)

KPMG (2022): Corporate Sustainability Reporting Directive (CSRD). Was die neue CSRD der EU für Unternehmen bedeutet. Amstelveen: KPMG. (Link)

Kungl, G. (2021): Ein grüner Geist des Kapitalismus? Konturen einer neuen Wirtschaftsgesinnung. SOI Discussion Paper 2021–01. Universität Stuttgart: Institut für Sozialwissenschaften Organisations- und Innovationssoziologie. (pdf)

Literaturverzeichnis 201

Laine, M. & Michelon, G. (2020): Some reflections on the Consultation Paper on Sustainability Reporting published by the IFRS Foundation. Brüssel: European Accounting Association (EAA). (Link)

Landrum N. E. (2017): Stages of corporate sustainability: integrating the strong sustainability worldview. Organization and Environment. Organization & Environment, 4(4).

Landrum, N. E. & Ohsowski, B. (2017): Identifying Worldviews on Corporate Sustainability: A Content Analysis of Corporate Sustainability Reports. Business Strategy and the Environment, 27(5).

Lanfermann, G. (2021): Der neue EU-CSR-Richtlinien-Entwurf und die Frage, wer formuliert die Standards für die CSR-Berichterstattung. Berlin: Deutsches Rechnungslegungs Standards Committee e.V. (DRSC)

Leavitt, S. M.; Cook-Pattonet, S. C.; Marx, L.; Drever, C. R.; Carrasco- Denney, V. al. (2021): Natural Climate Solutions Handbook: A Technical Guide for Assessing Nature- Based Mitigation Opportunities in Countries. Arlington: The Nature Conservancy.

Lenton, T. M.; Held, H.; Kriegler, E.; Hall, J. W.; Lucht, W. (2008): Tipping elements in the Earth's climate system. Proceedings of the National Academy of Sciences of the United States of America 105(6): 1786–1793.

Lin, D.; Hanscom, L.; Murthy, A.; Galli, A.; Evans, M. et al. (2018): Ecological Footprint Accounting for Countries: Updates and Results of the National Footprint Accounts, 2012–2018. Ressources, 7(3): S. 58–79.

Lindahl, M. (1999): E-FMEA–A new Promising Tool for Efficient Design for Environment. Proceedings of the First International Symposium on Environmentally Conscious Design and Inverse Manufacturing, Tokyo, Japan, 1–3 February 1999: S. 734–740.

Maes, J.; Teller, A.; Erhard, M.; Condé, S.; Vallecillo, S. et al. (2020): Mapping and Assessment of Ecosystems and their Services: An EU ecosystem assessment. Luxemburg: Amt für Veröffentlichungen der Europäischen Union. (pdf)

Manab, N. A. & Aziz, N. A. A. (2019): Integrating knowledge management in sustainability risk management practices for company survival. Management Science Letters 9(4): S. 585–594.

Mathews, M. R. (1984): A suggested classification for social accounting research. Journal of Accounting and Public Policy, 3(3): S. 199–221.

Maunders, K. T. & Burritt, R. L. (1991): Accounting and ecological crisis, Accounting, Auditing & Accountability Journal, 4(3): S. 9–26.

Meadows, D. H.; Meadows, D. L.; Randers, J. (1992): Beyond the Limits. Post Mills: Chelsea Green Publishing.

Meadows, D. H.; Randers, J.; Meadows, D. L (2004): Limits to Growth: The 30 Year Update. London: Earthscan.

Meadows, D. H.; Meadows, D. L.; Randers, J.; Behrens III, W. B. (1972): The Limits to Growth. A Report for the Club of Rome's Project on the Predicament of Mankind, New York: Universe Books. (pdf) In der deutschen Übersetzung: Die Grenzen des Wachstums. Übersetzung von Hans-Dieter Heck, Stuttgart: Deutsche Verlags-Anstalt.

Michelon, G. (2021): Accountability, Sustainability and Governance Academic Roundtable: "The ISSB and the Materiality Debate" Brussels: EEA. (Link)

Michelon, G.; Cooper, S.; Guo, Z.; Giner, B.; O'Dwyer, B. et al. (2022): Subject: Open letter about the Materiality Debate. University of Bristol. (pdf)

Miles, S. (2019): Stakeholder Theory and Accounting. In: Harrison, J. S.; Barney, J. B.; Freeman, E. E.; Phillips, R. A. (Hrsg.): The Cambridge Handbook of Stakeholder Theory. Cambridge & New York: Cambridge University Press.

Milne, M. J. (1991): Accounting, environmental resource values, and non-market valuation techniques for environmental resources: A review. Accounting, Auditing & Accountability Journal, 4(3): S. 81–109.

Milne, M. J. (2007): Downsizing Reg (me and you)! Addressing the 'real' sustainability agenda at work and home. Social Accounting, Mega Accounting and Beyond: A Festschrift in Honour of MR Mathews, Centre for Social and Environmental Accounting Research, St. Andrews, S. 49–66.

Milne, M. J. & Gray, R. (2013): W(h)ither Ecology? The Triple Bottom Line, the Global Reporting Initiative, and Corporate Sustainability Reporting. Journal of Business Ethics 118: S. 13–29.

Mitchell, R. K.; Van Burren II; H., Greenwood, M.; Freeman, R. E. (2015): Stakeholder Inclusion and Accounting for Stakeholders. Journal of Management Studies, 52(7): S. 851–877.

Murdoch, J. (2001): Ecologising Sociology: Actor-Network Theory, Co-construction and the Problem of Human Exemptionalism. Cambridge & New York: Cambridge University Press.

Natural Capital Coalition (2016): Natural Capital Protocol. Den Haag: Capitals Coalition. (pdf)

Natural Capital Coalition (2019): Data use in natural capital assessments. Assessing challenges and identifying solutions. Full report. Den Haag: Capitals Coalition (Link)

NEF (2009): The Happy Planet Index 2.0. London: NEF. (pdf)

Neumann, F. (1980): Wirtschaft und Wirtschaftspolitik der USA Mitte der 70er Jahre. Jahrbücher für Nationalökonomie und Statistik, Band 195, Heft 3.

NGFS (2022): Statement on Nature-Related Financial Risks. Paris: Network of Greening the Financial System (NGFS). (pdf)

NGFS & INSPIRE (2022): Central banking and supervision in the biosphere: An agenda for action on biodiversity loss, financial risk and system stability. Final Report of the NGFS-INSPIRE Study Group on Biodiversity and Financial Stability. Paris: Network of Greening the Financial System (NGFS). (pdf)

Nike (2017): Commitment is Everything. Beaverton: NIKE, Inc. (pdf)

Nike (2020): FY20 NIKE, Inc. Impact Report. Breaking Barriers. Beaverton: NIKE, Inc. (pdf)

O'Brien, K. (2013): Global environmental change III: Closing the gap between knowledge and action. Progress in Human Geography 37(4): S. 587–596.

OECD (1992): OCDE/GD(92)81. The Polluter-Pays Principle. OECD Analyses and Recommendations. Paris: OECD. (pdf)

OECD (2009): Declaration on Green Growth. Adopted at the Meeting of the Council at Ministerial Level on 25 June 2009 [C/MIN(2009)5/ADD1/FINAL]. Paris: OECD.

OECD (2011): Towards green growth. A summary for policy makers May 2011. Paris: OECD. (pdf)

OECD (2022): Recommendation of the Council on the Implementation of the Polluter-Pays Principle, OECD/LEGAL/0132. Paris: OECD.

oekom (2017): Zukunftsfähiges Deutschland. Wann, wenn nicht jetzt? München: oekom e.V. (pdf)
oekom (2022): Billig ist teuer: Das Ringen um den wahren Preis. München: oekom GmbH (Link)
Oil Change International (2022): Big Oil Reality Check. Updated Assessment of Oil and Gas Company Climate Plans. Washington: Oil Change International. (pdf)
Oprean-Stan, C.; Oncioiu, I.; Iuga, I. C.; Stan, S. (2020): Impact of Sustainability Reporting and Inadequate Management of ESG Factors on Corporate Performance and Sustainable Growth. Sustainability, 12(20), 8536.
Ostrom, E. (1990): Governing the Commons. The evolution of institutions for collective action. Cambridge & New York: Cambridge University Press.
Pajuelo Moreno, M. L. (2013): Assessment of the Impact of Business Activity in Sustainability Terms. Empirical Confirmation of its Determination in Spanish Companies. Sustainability, 5(6): S. 2389–2420.
Palousis, N.; Luong, L.; Abhary, K. (2008): An integrated LCA/LCC framework for assessing product sustainability risk. WIT Transactions on Information and Communication, Vol. 39.
Parker, L. D. (2005): Social and environmental accountability research: A view from the commentary box. Accounting, Auditing & Accountability Journal, 18(6): S. 842–60.
PBL Netherlands Environmental Assessment Agency (2020): Global Restoration Commitments database. Den Haag: PBL Netherlands Environmental Assessment Agency. (Excel)
Persson, L. M.; Almroth, B. C.; Cornell, S. E.; Collins, C. D., de Wit, C. A. et al. (2022): Outside the Safe Operating Space of the Planetary Boundary for Novel Entities. Environmental Science and Technology, 56(3): S. 1510–1521.
PIK (2022): Update planetare Grenzen: Grenze für Süsswasser überschritten. Potsdam Institut für Klimafolgenforschung (PIK). (Link)
Plattform Footprint Deutschland e.V. (2022): Overshoot. Hamburg: Plattform Footprint Deutschland e.V. (Link)
Pörtner, H. O.; Scholes, R. J.; Agard, J.; Archer, E.; Arneth, A. et al. (2021): IPBES-IPCC co-sponsored workshop report on biodiversity and climate change. IPBES & IPCC.
Pressenza IPA (2015): Earth Overshoot Day fällt dieses Jahr auf den 13. August: Ab diesem Tag lebt die Menschheit über ihre Verhältnisse. (Link)
Project TRANSPARENT (2021): Corporate Natural Capital Accounting – From building blocks to a path for standardization. Understanding the landscape, leading applications, challenges and opportunities. (pdf)
Prugh, T; Costanza, R.; Cumberland, J. H.; Daly, H.; Goodland, R.; Norgaard R. B. (1995): Natural capital and human economic survival. Solomon Islands: ISEE Press.
Pucker, K. P. (2021): Overselling Sustainability Reporting. Watertown: Harvard Business Review. (Link)
Reid, W. V. (1998): Biodiversity hotspots. Trends in Ecology & Evolution 13(7): S. 275–280.
Ringham, K. & Miles, S. (2018): The boundary of corporate social responsibility reporting: the case of the airline industry. Journal of Sustainable Tourism 26(7): S. 1–20.
RNE (2020): Der Deutsche Nachhaltigkeitskodex. Maßstab für nachhaltiges Wirtschaften. Berlin: Rat für Nachhaltige Entwicklung. (pdf)

Rockström, J.; Steffen, W.; Noone, K.; Persson, Å.; Chapin, F. S. III et al. (2009): Planetary boundaries: Exploring the safe operating space for humanity. Ecology and Society 14(2): S. 32.
Rogl, G. (2021): Neue Regelungen zur Nachhaltigkeitsberichterstattung – was bedeutet das für mein Unternehmen? London: Ernst & Young. (Link)
Roscoe, P. (2014): I Spend, Therefore I am: The True Cost of Economics. London: Viking
Roy, A. D.; Davison, W. T.; Skinner, R. A.; Ropes & Gray LLP (2022): Litigation Risks Posed by "Greenwashing" Claims for ESG Funds. Harvard Law School Forum on Corporate Governance. (Link)
Russell, S.; Milne, M.; Dey, C. (2017): Accounts of Nature and the Nature of Accounts: Critical reflections on environmental accounting and propositions for ecologically informed accounting. Accounting, Auditing & Accountability Journal, 30(7): S. 1426–1458.
Sachs, W. (1999): Planet Dialectics: Exploitations in Environment and Development. London: Zed Books.
Sachverständigenrat für Umweltfragen (2008): Umweltgutachten 2008 – Umweltschutz im Zeichen des Klimawandels. Berlin: Sachverständigenrat für Umweltfragen. (Link)
Sagoff, M. (1995): Carrying capacity and ecological economics. BioScience, 45(9): S. 610–620.
Sandbach, F. (1978): The Rise and Fall of the Limits to Growth Debate. Social Studies of Science, 8(4): S. 495–520.
Sandel, M. J. (2012): What Money Can't Buy: The Moral Limits of Markets, London: Macmillan.
SASB (2017): SASB Conceptual Framework. San Francisco: SASB (pdf)
SASB (2018): Agricultural Products. Sustainability Accounting Standard. San Francisco: SASB (pdf)
SASB (2020): Proposed Changes to the SASB Conceptual Framework & Rules for Procedure. San Francisco: SASB (pdf)
Schaltegger, S. & Sturm, A. (1992): Environmentally Oriented Decisions in Firms: Ecological Accounting Instead of LCA: Necessity, Criteria, Concepts, Haupt, Bern/Stuttgart (in German).
Schaltegger, S. (2017): Linking Environmental Management Accounting: A Reflection on (Missing) Links to Sustainability and Planetary Boundaries. Social and Environmental Accountability Journal, 38(1): S. 19–29.
Schendler, A. (2009): Getting Green Done. Hard Truths from the Front Lines of the Sustainability Revolution. New York: PublicAffairs.
Scherhorn, G. (2004): Natur und Kapital. Über die Bedingungen nachhaltigen Wirtschaftens. Natur und Kultur, 5(1): S. 65–81.
Scherhorn, G. (2005): Markt und Wettbewerb unter dem Nachhaltigkeitsziel, Zeitschrift für Umweltpolitik und Umweltrecht, 2: S. 135–154.
Scherhorn, G. (2010): Die Politik in der Wachstumsfalle, Wirtschaftspolitische Blätter, 57(4).
Scherhorn, G. (2011): Die Welt als Allmende. Für ein gemeingütersensitives Wettbewerbsrecht. Berlin: de Gruyter.
Schlacke, S. (2018): Umweltrecht. In: Akademie für Raumforschung und Landesplanung (Hrsg.): Handwörterbuch der Stadt- und Raumentwicklung. (pdf)
Schneidewind, U. (2018): Die Große Transformation: Eine Einführung in die Kunst gesellschaftlichen Wandels. Frankfurt a.M.: Fischer

Schulte, J. & Hallstedt, S. I. (2018): Company Risk Management in Light of the Sustainability Transition, Sustainability 10(11): S. 4137.
Schulte, J. & Knuts, S. (2022): Sustainability impact and effects analysis – A risk management tool for sustainable product development. Sustainable Production and Consumption 30(2022): S 737–751.
Schulte, J., Villamil, C.; Hallstedt, S. I. (2020): Strategic Sustainability Risk Management in Product Development Companies: Key Aspects and Conceptual Approach, Sustainability 12(24): S. 10531.
Semieniuk, G.; Holden, P. B.; Mercure, J.-F.; Salas, P.; Pollitt, H. et al. (2022): Stranded fossil-fuel assets translate to major losses for investors in advanced economies.
Sheldon, E. B. & Land, K. C. (1972): Social Reporting for the 1970's. A Review and Programmatic Statement. Amsterdam: Elsevier Publishing Company.
Smit, L.; Bright, C.; McCorquodale, R.; Bauer, M.; Deringer, M. (2020): Study on due diligence requirements through the supply chain. Report an die Europäische Kommission. Luxemburg: Amt für Veröffentlichungen der Europäischen Union.
Social & Human Capital Coalition (2019): Social & Human Capital Protocol. Den Haag: Capitals Coalition. (pdf)
Solow, R. M. (1974): Intergenerational Equity and Exhaustible Resources. The Review of Economic Studies, 41: S. 29–45.
Solow, R. M. (1974a): The Economics of Resources or the Resources of Economics. The American Economic Review, 64(2): S. 1–14.
Soll, J. (2014): The Reckoning. Financial Accountability and the Rise and Fall on Nations, New York: Jacob Soll.
Spence, C.; Husillos, J.; Correa-Ruiz, C. (2010): Cargo cult science and the death of politics: A critical review of social and environmental accounting research. Critical Perspectives on Accounting 21: S. 76–89.
Statista Research Department (2022): Anteil Erneuerbarer Energien am weltweiten Primärenergieverbrauch in den Jahren 1990 bis 2019. (Link)
Statista Research Department (2022a): Umsatz von Nike weltweit in den Geschäftsjahren 2002/2003 bis 2020/2021. (Link)
Statista Research Department (2022b): Primärenergieverbrauch in den OECD-Staaten in den Jahren von 1980 bis 2020. (Link)
Statista Research Department (2022c): Entwicklung des CO_2-Emissionsfaktors für den Strommix in Deutschland in den Jahren 1990 bis 2021. (Link)
Steen, B. & Knecht, F. (2020): Introduction and application of ISO 14007 and 14008. Conveners of the ISO Workgroups in TC 207/SC1. (Link)
Steffen, B.; & Schmidt, T. S. (2021): Strengthen finance in sustainability transitions research Environmental innovation and Societal Transitions. Environmental Innovation and Societal Transitions, 41: S. 77–80.
Steffen, W.; Richardson, K., Rockström, J., Cornell, S. E., Fetzer, I. (2015): Planetary boundaries: Guiding human development on a changing planet. Science, 347(6223).
Stiglitz, J. (1974): Growth with Exhaustible Natural Resources: Efficient and Optimal Growth Paths. The Review of Economic Studies, 41, Symposium on the Economics of Exhaustible Resources: S. 123–137.

Sterling, E. J.; Betley, E.; Sigouin, A.; Gomez, A.; Toomey, A. et al. (2017): Assessing the evidence for stakeholder engagement in biodiversity conservation. Biological Conservation 209: S. 159–171.

Sullivan, S. (2017): On 'natural capital', 'fairy tales' and ideology. Development and Change 48(2): S. 397–423.

Sustainalytics (2022): Oil and Natural Gas Corporation Limited. Amsterdam: Sustainalytics. (Link)

Taibi, S.; Antheaume, N.; Gibassier, D. (2020): Accounting for strong sustainability: an intervention-research based approach. In: Sustainability Accounting, Management and Policy Journal, Emerald, 2020, 11(7), S. 1213–1243.

Täger, M. (2021): 'Double materiality': what is it and why does it matter? Grantham Research Institute at the London School of Economics and Political Science. (Link).

TCFD (2017): Recommendations of the Task Force on Climate-related Financial Disclosures. Basel: TCFD. (pdf)

TEEB (2010): Die ökonomische Bedeutung der Natur in Entscheidungsprozesse integrieren. Ansatz, Schlussfolgerungen und Empfehlungen von TEEB – Eine Synthese. (pdf)

TMG & WWF (2021): True Cost Accounting and Dietary Patterns: The Opportunity for Coherent Food System Policy. Berlin: TMG.

TNFD (2022): The TNFD Nature-related Risk & Opportunity Management and Disclosure Framework. Beta v0.1 Release. Executive Summary. Basel: TNFD. (pdf)

Tukker, A.; Bulavskaya, T.; Giljum, S.; de Koning, A.; Lutter, F. S et al, (2014): The Global Resource Footprint of Nations: Carbon, water, land and materials embodied in trade and final consumption calculated with EXIOBASE 2.1. Leiden; Delft; Vienna; Trondheim.

Turban, D. B., & Greening, D. W. (1997): Corporate social performance and organizational attractiveness to prospective employees. Academy of Management Journal, 40: S. 658–672.

UN (1992): Rio-Erklärung über Umwelt und Entwicklung. (pdf)

UN (1992b): Agenda 21. Konferenz der Vereinten Nationen für Umwelt und Entwicklung. (pdf)

UN (2002): Erklärung von Johannesburg über nachhaltige Entwicklung. (pdf)

UN et al. (2014): System of Environmental-Economic Accounting 2012. Central Framework. New York: UNSD. (pdf)

UN (2019): Resolution 73/284. United Nations Decade on Ecosystem Restoration (2021–2030). (pdf)

UNDP (2020): Human Development Report 2020. The next frontier. Human development and the Anthropocene. New York: UNEP.

UNEP (2019): Global Environmental Outlook 6. New York: UNEP.

UNEP (2021): Making Peace with Nature: A Scientific Blueprint to Tackle the Climate, Biodiversity and Pollution Emergencies. New York: UNEP. (Link)

UNEP-WCMC & CBD (2022): Indicator metadata sheet. Cambridge: UNEP-WCMC. (pdf)

UNEP & FAO (2021): Becoming #RestorationGeneration. Ecosystem Restoration for People, Nature and Climate. Rome: FAO. (pdf)

UNEP & FAO (2021a): Global Capacity Needs Assessment: Key Gaps and Capacity Priorities for Restoration to Supports the United Nations Decade on Ecosystem Restoration. Rome: FAO. (pdf)

UNEP, WEF, ELD (2021): State of Finance for Nature: Tripling Investments in Nature-based Solutions by 2030. Nairobi: UNEP, WEF and ELD. (pdf)

Unerman, J.; Bebbington, J.; O'Dwyer, B. (2018): Corporate reporting and accounting for externalities, Accounting and Business Research, 2018, 48(5), S. 497–522.

United States Department of Defense (1949): MIL-P-1629 – procedures for performing a failure mode effect and critical analysis. Washington: United States Department of Defense.

United States Environmental Protection Agency (1996): Environmental accounting case studies: Full cost accounting for decision making at Ontario Hydro. Washington: United States Environmental Protection Agency.

Vanham, D.; Leip, A.; Galli, A.; Kastner, T.; Bruckner, M. et al. (2019): Environmental footprint family to address local to planetary sustainability and deliver on the SDGs. Science of the Total Environment, 25(693).

Villamil, C.; Schulte, J.; Hallstedt, S. (2021): Sustainability risk and portfolio management—A strategic scenario method for sustainable product development. Business Strategy and the Environment.

de Villiers, C. De & Hsiao, P.-C. K. (2017): Integrated reporting. In: Villiers, C. De & Maroun, W. (Hrsg.): Sustainability Accounting and Integrated Reporting. London: Routledge.

de Villiers, C.; La Torre, M.; Molinari, M. (2022): The Global Reporting Initiative's (GRI) past, present and future: critical reflections and a research agenda on sustainability reporting (standard-setting). Pacific Accounting Review, ahead-of-print.

Vogt, Markus (2009): Prinzip Nachhaltigkeit. Ein Entwurf aus theologisch-ethischer Perspektive. München: oekom.

Vysna, V; Maes, J.; Petersen, J.-E.; La Notte, A.; Vallecillo, S.; et al. (2021): Accounting for Ecosystems and Their Services in the European Union (INCA): Final report from phase II of the INCA project aiming to develop a pilot for an integrated system of ecosystem accounts for the EU. Luxembourg: Publications Office of the European Union. (pdf)

Wang-Erlandsson, L.; Tobian, A.; van der Ent, R. J.; Fetzer, I.; te Wierik, S. et al. (2022): A planetary boundary for green water. Nature Reviews Earth & Environment, 3: 380–392.

WBCSD; IUCN; ERM; PwC (2011): Guide to Corporate Ecosystem Valuation. Conches-Geneva: WBCSD. (pdf)

WBCSD & WRI (2004): The Greenhouse Gas Protocoll. A Corporate Reporting and Accounting Standard. Chonches-Geneva & Washington: WBCSD & WRI. (pdf)

Weidema, B. P.; & Brandão, M. (2015): Ethical perspectives on planetary boundaries and LCIA. Extended Abstract. Presentation at the SETAC Europe 25th Annual Meeting in Barcelona 3–7 May 2015, Society of Environmental Toxicology and Chemistry (SETAC), Brüssel: Belgium.

WEF (2019): The Global Risks Report 2019. Cologny & Geneva: WEF (pdf)

WEF (2020): Embracing the New Age of Materiality. Harnessing the Pace of Change in ESG. White Paper, March 2020. Cologny & Geneva: WEF. (pdf)

WEF (2020a): Measuring Stakeholder Capitalism Towards Common Metrics and Consistent Reporting of Sustainable Value Creation. White Paper, September 2020. Cologny & Geneva: WEF.

Wegner, H. (1972): Das Umweltprogramm der Bundesregierung. Sozialer Fortschritt, 21(3): S. 62–65.

Westley, F. R.; Tjornbo, O.; Schultz, L.; Olsson, P.; Folke, C. et al. (2013): A theory of transformative agency in linked social-ecological systems, Ecology and Society 18(3).

Weyland, R. (2022): Auftakt für mögliche Zeitenwende: Das EU-Renaturierungsgesetz. Brüssel: NABU. (Link)

Wheeler, D. & Elkington, J. (2001): The End of the Corporate Environmental Report? Or the Advent of Cybernetic Sustainability Reporting and Communication?, Business Strategy and the Environment, 10(1): S. 1–14.

McWilliams, A.; Siegel, D. S.; Wright, P. M. (2006): Corporate social responsibility: Strategic implications. Journal of Management Studies, 43(1): S. 1–18.

WMO (2022): Global Annual to Decadal Climate Update. Genf: WMO. (pdf)

WMO (2022a): WMO update: 50:50 chance of global temperature temporarily reaching 1.5°C threshold in next five years. Genf: WMO. (Link)

Wong, C.; Brackley, A.; Petroy, E. (2019): Rate the Raters 2019: Expert Views on ESG Ratings. (pdf)

Wong, C.; Petroy, E.; (2020): Rate the Raters 2020: Investor Survey and Interview Results. (pdf)

Worldwatch Institute (2014): Vital Signs Volume 21: The Trends That Are Shaping Our Future. Washington D.C.: Worldwatch Institute.

WRI (2010): Millenium Ecosystem Assessment: Ecosystems and Human Well-being: Synthesis. Washington D.C.: Island Press. (Link)

WWF (2020): Living Planet Report 2020 – Bending the curve of biodiversity loss. Gland: WFF. (pdf)

Zah, R.; Böni, H.; Gauch, M.; Hischier, R.; Lehmann, M.; Wäger, P. (2007): Ökobilanz von Energieprodukten: Ökologische Bewertung von Biotreibstoffen, Bericht im Auftrag des Bundesamtes für Energie, des Bundesamtes für Umwelt und des Bundesamtes für Landwirtschaft.

Zappettini, F & Unerman, J. (2016): "Mixing" and "Bending": The recontextualisation of discourses of sustainability in integrated reporting, Discourse & Communication, 10(5): S. 521–542.

Zerbe S. (2019): Renaturierung von Ökosystemen im Spannungsfeld von Mensch und Umwelt. Ein interdisziplinäres Fachbuch. Berlin: Springer Spektrum.

Zyznarska-Dworczak, B. (2020): Sustainability Accounting—Cognitive and Conceptual Approach, Sustainability 12(23): S. 1–24.

SPRINGER NATURE

GPSR Compliance

The European Union's (EU) General Product Safety Regulation (GPSR) is a set of rules that requires consumer products to be safe and our obligations to ensure this.

If you have any concerns about our products, you can contact us on ProductSafety@springernature.com

In case Publisher is established outside the EU, the EU authorized representative is:

Springer Nature Customer Service Center GmbH
Europaplatz 3
69115 Heidelberg, Germany

The manufacturer's authorised representative in the EU is Springer Nature Customer Service Centre GmbH, Europaplatz 3, 69115 Heidelberg, Germany. If you have any concerns regarding our products, please contact ProductSafety@springernature.com

Printed and bound by CPI Group (UK) Ltd, Croydon, CR0 4YY

26/03/2026

02078853-0004